LE CANAL DE SUEZ

PAR

VOISIN BEY

INSPECTEUR GÉNÉRAL DES PONTS ET CHAUSSÉES EN RETRAITE
ANCIEN DIRECTEUR GÉNÉRAL DES TRAVAUX DE CONSTRUCTION DU CANAL

TOME SIXIÈME

2

II

DESCRIPTION DES TRAVAUX DE PREMIER ÉTABLISSEMENT

DEUXIÈME PARTIE

EXÉCUTION DES TRAVAUX

(*Suite*)

PARIS (VIe)
H. DUNOD ET E. PINAT, ÉDITEURS
SUCCESSEURS DE Vve CH. DUNOD
49, Quai des Grands-Augustins, 49

1906

LE
CANAL DE SUEZ

TOME SIXIÈME

2

LE
CANAL DE SUEZ

PAR

VOISIN BEY

INSPECTEUR GÉNÉRAL DES PONTS ET CHAUSSÉES EN RETRAITE
ANCIEN DIRECTEUR GÉNÉRAL DES TRAVAUX DE CONSTRUCTION DU CANAL

TOME SIXIÈME
2

II
DESCRIPTION
DES TRAVAUX DE PREMIER ÉTABLISSEMENT

DEUXIÈME PARTIE

EXÉCUTION DES TRAVAUX

(*Suite*)

PARIS (VIe)
H. DUNOD ET E. PINAT, ÉDITEURS
SUCCESSEURS DE Vve CH. DUNOD
49, Quai des Grands-Augustins, 49

1906

LE CANAL DE SUEZ

DESCRIPTION
DES TRAVAUX DE PREMIER ÉTABLISSEMENT

DEUXIÈME PARTIE

EXÉCUTION DES TRAVAUX

(Suite)

ÉTABLISSEMENT HYDRAULIQUE D'ISMAÏLIA ET DISTRIBUTION D'EAU DOUCE D'ISMAÏLIA A PORT-SAÏD

MARCHÉS LASSERON DES 11 JUILLET 1862, 15 DÉCEMBRE 1864 ET 27 MARS 1865

L'article premier du cahier des charges annexé à l'acte de concession du 5 janvier 1856 stipulait, — comme on le sait, — que la Société fondée par M. de Lesseps en vertu de la concession précédente du 30 novembre 1854, devrait exécuter à ses frais, risques et périls tous les travaux nécessaires pour l'établissement :

1° D'un canal approprié à la grande navigation entre Suez, dans la mer Rouge, et le golfe de Péluse dans la mer Méditerranée ;

2° D'un canal d'irrigation approprié à la navigation fluviale du Nil joignant le fleuve au canal maritine sus-mentionné ;

3° De deux branches d'irrigation et d'alimentation dérivées du précédent canal et portant les eaux dans les deux directions de Suez et de Péluse.

En ce qui était spécialement de la dérivation dans la direction de Péluse mentionnée au paragraphe 3°, les ingénieurs du Vice-Roi, dans leur avant-projet du 20 mars 1855, avaient — ainsi qu'on l'a vu précédemment[1] — proposé « la construction d'une conduite d'eau, système Chameroi, d'une longueur totale d'environ 80 kilomètres, destinée à être remplacée plus tard par une rigole à ciel ouvert, et dont les tuyaux serviraient alors à créer une distribution d'eau douce dans la ville qui devait s'élever au port de Timsah ». Au détail estimatif des dépenses de l'ensemble des travaux faisant l'objet de la concession, la dépense du canal d'eau douce et des deux dérivations figurait pour un chiffre de 8.790.000 francs, auquel devait s'ajouter la part de ces derniers travaux dans les sommes portées finalement au détail estimatif pour les frais d'administration et pour l'imprévu.

On a vu de même précédemment que la Commission internationale, dans son rapport de décembre 1856[2], tout en adoptant les dispositions générales proposées par les auteurs de l'avant-projet pour le canal d'eau douce et ses deux dérivations, considérant que le Gouvernement égyptien s'était chargé (à cette époque) de leur exécution à forfait moyennant le prix porté au détail estimatif, soit pour une somme ronde de 9 millions de francs, avait conclu en s'en remettant pour les dispositions définitives à adopter aux ingénieurs qui seraient chargés de l'exécution.

Il a été expliqué, enfin, au chapitre concernant la description du canal d'eau douce[3], qu'après entente avec le Gouvernement égyptien, il avait été décidé, en 1858, que la Compagnie resterait chargée de l'exécution du canal; que, par suite de cette entente, un canal provisoire avait été construit par la Compagnie, ayant son origine à Zagazig, empruntant d'abord le canal de l'Ouady, puis, à partir de l'extrémité de ce canal, se prolongeant jusqu'à Ismaïlia, où l'eau douce ainsi dérivée du Nil arriva dans le courant de janvier 1862; que les travaux de la dérivation de Suez avaient

1. Voir tome IV, p. 21.
2. Voir tome IV, p. 78.
3. Voir tome IV, p. 339.

été commencés dans la seconde quinzaine de novembre 1862, — alors que venait d'être achevée la rigole maritime de 15 mètres de largeur à la ligne d'eau et de 1m.50 à 2 mètres de profondeur ouverte entre Port-Saïd et le lac Timsah — et que la mise en eau de la dérivation jusqu'à Suez avait été inaugurée le 29 décembre 1863.

I. — Établissement hydraulique d'Ismaïlia et 1re distribution d'eau douce d'Ismaïlia à Port-Saïd.

(PREMIER MARCHÉ LASSERON, DU 11 JUILLET 1862)

La question de l'établissement d'une conduite d'eau de Timsah (ou Ismaïlia) à Port-Saïd fut mise à l'étude dès le mois de mai 1862[1].

Dans l'esprit des auteurs de l'avant-projet, aussi bien que d'après les vues de la Commission internationale, la conduite d'eau primitivement projetée était certainement destinée tout à la fois à assurer l'alimentation en eau douce des chantiers entre les deux points extrêmes pendant toute la période des travaux et à assurer dans l'avenir l'alimentation de la future ville de Port-Saïd.

Il suffisait de se rendre compte, d'une part, des énormes dépenses et des constantes préoccupations qu'occasionnaient — au moment des nouvelles études — les divers modes d'alimentation en eau douce des chantiers ; d'autre part, d'examiner les diverses combinaisons, autres que celle de la conduite d'eau, qui avaient été déjà étudiées pour l'alimentation de Port-Saïd, pour reconnaître l'utilité incontestable que présentait l'établissement aussi prochain que possible de la conduite d'eau et pour constater en même temps que

1. La conduite d'eau devant, à la traversée des lacs Ballah et du lac Menzaleh, être assise sur la digue Afrique du canal maritime encore peu consistante, n'aurait pu, sans de grands risques, être établie plus tôt qu'elle ne l'a été.
(Voir plus loin, page 20, pour plus amples détails à ce sujet.)

cette solution était véritablement la meilleure, la seule que l'on pût alors adopter.

PREMIERS MODES D'ALIMENTATION EN EAU DOUCE DES CHANTIERS DU CANAL MARITIME

Avant d'entreprendre la description des dispositions qui ont été adoptées pour l'établissement de la distribution d'eau, nous rappellerons d'abord quels étaient, à cette époque, les divers modes d'alimentation en eau douce des chantiers et les prix moyens du mètre cube d'eau sur la partie du canal comprise entre le lac Timsah et Port-Saïd.

Dans l'étendue du seuil d'El Guisr (d'environ 14 kilomètres de longueur, d'El Ferdane au lac de Timsah, comportant 6 grands chantiers de terrassements), les différents chantiers, avant l'arrivée du canal d'eau douce à Ismaïlia, étaient alimentés au moyen de quatre puits situés à une distance moyenne d'environ 15 kilomètres des lieux de consommation et dont l'eau était transportée par des caravanes de chameaux : le puits principal était celui d'Abou Souer, situé dans le voisinage de Makfar, dans la région ouest du Seuil; c'était ce puits qui fournissait de l'eau douce à tous les chantiers; un peu plus rapproché du Seuil était l'ancien puits de Néfiche, fournissant une eau saumâtre, bonne pourtant pour les animaux et pour les constructions; entre les deux, le puits de Saba-Biars donnant une eau douceâtre; enfin, non loin d'El Ferdane, dans la région nord-est du Seuil on avait le puits d'Abou-Eurouq, fournissant de l'eau saumâtre également bonne pour les animaux. En outre, pendant les crues du Nil, une rigole dérivée du lac Maxamah et arrivant jusqu'à Bir-abou-Ballah servait à l'alimentation du campement d'El Guisr (5e chantier du Seuil)[1]. L'eau revenait sur les chantiers, compte tenu de toutes les dépenses, au prix moyen d'environ 15 francs le mètre cube[2]. Indépendamment de son prix élevé,

1. Voir, au sujet de cette rigole, tome IV, p. 347 (chapitre concernant le canal d'eau douce de Zagazig au lac Timsah, — Exécution des travaux).

2. Les chameaux employés au transport de l'eau ne portaient — bien que la charge dite normale d'un chameau soit de 250 kilogrammes — que deux barils contenant chacun 60 litres à l'arrivée à destination. La distance parcourue par un chameau ne pouvait excéder 45 kilomètres dans une journée. Avec des puits situés à une distance moyenne de 15 kilomètres, le chameau faisait donc trois voyages d'aller et trois voyages de retour en deux jours, et, par conséquent, il apportait 180 litres d'eau par jour sur les chantiers. Le prix de la journée du chameau étant en moyenne de 2 fr. 50, le prix du mètre cube d'eau, pour le transport seulement, c'est-à-dire sans les frais accessoires, se trouvait être de $\frac{2 \text{ fr. } 50}{0{,}180} = 14$ francs. Pour des distances un peu moindres, le prix de revient du mètre cube d'eau restait le même, le chameau ne faisant que le même nombre de voyages en deux jours.

ce mode d'alimentation exigeait, par suite de la grande distance à parcourir, un nombre de chameaux disproportionné avec le nombre des travailleurs. Il devenait presque impossible avec un contingent prévu de 20.000 hommes[1]. L'arrivée du canal d'eau douce jusqu'à Ismaïlia, au commencement de 1862, permit d'améliorer sous ce rapport la situation. De l'extrémité de ce canal on fit partir une rigole qui longeant le contour du lac Timsah, aboutissait, à l'extrémité du Seuil, près du débouché de la rigole maritime dans le lac, à un grand réservoir creusé simplement dans le terrain, et capable de contenir la consommation de plusieurs jours; et ce fut, depuis lors, à ce réservoir que les caravanes de chameaux allaient puiser l'eau pour la porter sur les chantiers. En outre, pour assurer la régularité de l'alimentation, on avait construit le long du Seuil 45 bassins en maçonnerie d'une capacité de 16 et de 10 mètres cubes, espacés les uns à 400 mètres, les autres à 800 mètres, suivant la hauteur variable du terrain qui devait exiger une concentration plus ou moins grande d'ouvriers[2]. Dans les conditions nouvelles de l'alimentation, pour un contingent de 20.000 ouvriers, il suffisait d'environ 500 chameaux. L'eau revenait encore néanmoins, compte tenu de tous les frais accessoires, à environ 10 francs le mètre cube. Et il y avait lieu de ne pas perdre de vue que lorsque l'eau de la Méditerranée aurait rempli le lac Timsah, le réservoir et sa rigole d'alimentation se trouveraient par là même supprimés, en sorte que les caravanes de chameaux auraient à aller chercher l'eau à Ismaïlia même, à l'extrémité du canal d'eau douce, se trouvant ainsi avoir à parcourir une distance supplémentaire d'environ 3 kilomètres.

Dans l'étendue des lacs Ballah, on s'approvisionnait au puits d'Abou Eurouq qui fournissait, ainsi qu'il est dit plus haut, une eau légèrement

---

1. Avec un contingent de 20.000 ouvriers indigènes à 10 litres d'eau par jour et de 1.500 Européens sédentaires à 20 litres, la consommation journalière des chantiers du Seuil devait être de 230.000 litres. Un chameau n'apportant que 180 litres par jour, il faudrait au minimum un nombre de chameaux de $\frac{230.000}{180} = 1.280$; et, encore ce nombre devrait-il être augmenté d'environ 15 0/0, pour tenir compte des animaux malades et des jours de repos forcé, nécessaires pour éviter le surmenage. On arrivait ainsi à un chiffre total d'environ 1.500 chameaux.

Pendant une certaine période des travaux on a eu effectivement à employer de 1.500 à 1.600 chameaux pour le service de l'eau sur les chantiers du Seuil.

2. On avait eu d'abord l'idée, vers le milieu de l'année 1861, pendant que s'achevait le canal d'eau douce, de créer à l'extrémité de ce canal, à Ismaïlia, un établissement hydraulique pour envoyer l'eau, au moyen de conduites en fonte, au point culminant du Seuil, d'où elle devait être distribuée sur toute l'étendue des chantiers, également au moyen de conduites en fonte.

Cette idée, comme on le voit, était un acheminement à l'idée de l'établissement plus complet qui a été finalement réalisé.

jaunâtre, laquelle revenait, comme sur les chantiers du Seuil, à environ 15 francs le mètre cube.

A Kantara, il existait, pour l'alimentation du campement même et des chantiers voisins, un puits dont l'eau, bien que légèrement saumâtre, était acceptée par les animaux. Pendant longtemps on alla chercher l'eau pour les hommes, à l'aide de caravanes de chameaux, dans l'ancienne branche pélusiaque, près de son extrémité à Tell-Daphné, à une distance d'environ 20 kilomètres. L'eau obtenue par ce procédé revenait, par suite de la grande distance, à 25 francs le mètre cube. Afin d'éviter l'énorme dépense qu'entraînerait un prix aussi élevé avec un nombre un peu considérable d'ouvriers, et aussi en vue de se procurer de ce côté un moyen supplémentaire d'alimentation pour les chantiers des lacs Ballah, et pour les chantiers de la partie nord du seuil d'El Guisr, on avait, vers le milieu de l'année 1861, prit le parti de dériver les eaux de la branche Pélusiaque à Tell-Daphné, — où elles seraient retenues et auraient leur niveau exhaussé par un barrage, — au moyen d'une rigole qui les amènerait en quantité suffisante jusqu'à Kantara. Le barrage fut effectivement construit ainsi qu'une longueur d'environ 5 kilomètres de la rigole. Mais sur ces entrefaites, en août 1861, on découvrit un nouveau puits d'eau excellente, le puits de Shénan, situé à 8 kilomètres seulement de Kantara, qui put suffire, à lui seul, aux besoins du campement et à ceux des chantiers voisins pour lesquels la distance moyenne à parcourir était d'environ 12 kilomètres. Les travaux du barrage et de la rigole de Tell-Daphné furent alors abandonnés. L'eau provenant du puits de Shénan revenait encore sur les chantiers à 15 francs le mètre cube.

A Port-Saïd, au début de l'installation sur le lido, l'eau douce était amenée d'Alexandrie par un bateau à vapeur qui, par certains états de la mer, ne pouvait pas la débarquer. Au bout de peu de temps, trois machines distillatoires avaient été montées; chaque machine produisait, par vingt-quatre heures, 4 mètres cubes et demi d'une eau qui, bien que peu aérée, était supportable ; l'eau revenait, y compris l'amortissement du matériel, à 20 francs le mètre cube. De l'eau était aussi apportée par des barques du lac Menzaleh venant de Damiette et de Matarieh, et le prix de revient en était à peu près le même. Ce mode d'alimentation en eau douce, non seulement de Port-Saïd, mais aussi des divers chantiers du canal maritime à la traversée du lac Menzaleh, par des barques du lac, fut l'objet, dans les premiers mois de l'année 1861, d'un marché passé avec un grand propriétaire de barques. Les machines distillatoires ne marchèrent plus dès lors qu'accidentellement, dans les circonstances, encore assez fréquentes, où malgré le zèle et le bon vouloir de l'entrepreneur, faute d'une profondeur d'eau suffisante dans le lac, dans les temps d'étiage du Nil, ou bien, par suite du retrait des eaux (parfois à des distances de plusieurs kilomètres) le long des rivages, sous l'action de certains vents, les barques ne pouvaient plus, soit naviguer sur le lac même, soit approcher des points d'approvisionnement ou de Port-Saïd. Les barques allaient charger l'eau suivant la saison, soit à Sâne, à l'extrémité de l'ancienne branche Tanitique, soit à Matarieh, dans l'ancienne branche Mandésienne, à une distance d'environ 35 kilomètres de Port-Saïd; chaque barque portait deux caisses en tôle, fournies par la Compagnie, d'une contenance, chacune, d'un mètre cube. A l'arrivée à Port-Saïd, l'eau était transvasée à l'aide d'une pompe aspirante et foulante dans un réservoir ou château d'eau en tôle, d'où elle était ensuite distribuée aux habitants. Ce réservoir, d'une contenance de 32 mètres cubes, était à deux compartiments; il était monté sur une charpente en bois et entouré d'un pavillon à parois en persiennes pour la circulation de l'air. Le prix du mètre cube d'eau payé à l'entrepreneur, tant pour Port-Saïd que pour les chantiers du lac, avait été de 16 francs jusqu'en 1862. [Ce prix n'a plus été que de 10 francs à partir de 1862. Le marché a naturellement pris fin lors de l'arrivée à Port-Saïd, en avril 1864, de l'eau envoyée par l'établissement hydraulique d'Ismaïlia.]

Ce simple exposé montre clairement combien était précaire et coûteux le mode, alors en usage, d'alimentation en eau douce des divers chantiers de travaux échelonnés depuis Port-Saïd jusqu'au lac Timsah; combien même ce mode d'alimentation devait devenir promptement insuffisant avec le grand développement prévu des chantiers.

En ce qui était de la question du mode définitif d'alimentation de la future ville de Port-Saïd :

Ainsi qu'il est dit plus haut, vers le milieu de l'année 1861, sous la vive préoccupation d'assurer l'alimentation des chantiers du seuil d'El Guisr où l'on espérait pouvoir réunir jusqu'à 40.000 travailleurs, on avait barré l'ancienne branche Pélusiaque, à quelques kilomètres en amont de Tell-Daphné, et commencé la construction d'une rigole — qui devait avoir une longueur de 18 à 20 kilomètres — destinée à conduire l'eau ainsi retenue jusqu'à Kantara. De ce point, l'eau devait être amenée au moyen de barques, par la rigole maritime, jusqu'à El Ferdane. Il entrait en outre, dans les vues d'alors, de construire un établissement hydraulique à Kantara avec une conduite d'eau jusqu'à Port-Saïd.

Il a été également expliqué ci-dessus dans quelles circonstances la construction de la rigole avait été momentanément interrompue. On devait la reprendre plus tard — ce qui, du reste n'a pas eu lieu, — mais seulement en vue de permettre des arrosages dans les environs de Kantara. On s'était récemment rendu compte qu'elle ne pourrait servir à l'alimentation définitive de Port-Saïd ; on avait constaté en effet, pendant le récent étiage du Nil, que l'eau retenue derrière le barrage de Tell-Daphné prenait, par suite des infiltrations, un goût légèrement saumâtre, qu'elle eût ainsi conservé pendant trois ou quatre mois de l'année.

On ne pouvait pas songer davantage, en vue de réduire les dépenses de première construction, à installer l'établissement hydraulique, soit à Sâne, soit à Matarieh, en dirigeant la conduite d'eau vers Port-Saïd à travers le lac Menzaleh, attendu qu'une pareille solution aurait eu le triple inconvénient d'être d'une exécution difficile, de donner lieu à un entretien également difficile, enfin de ne profiter en rien à l'alimentation des chantiers de travaux pendant la période de construction non plus qu'à celle des stations intermédiaires qui seraient probablement conservées sur la ligne du canal maritime pour la période d'exploitation.

La conduite d'eau primitivement projetée le long du canal maritime était donc à tous égards la meilleure solution à adopter, et il importait de procéder à son établissement le plus promptement possible.

A cet effet, un marché fut passé à la date du 11 juillet 1862 avec M. Lasseron, ingénieur civil, non seulement pour la construction d'une distribution d'eau de Timsah (ou Ismaïlia) à Port-Saïd, mais aussi, en vue d'assurer la bonne exécution des travaux, pour l'exploitation de cette distribution d'eau pendant une période de trois années pouvant s'étendre jusqu'à dix années.

La description des travaux, tels qu'ils ont été effectivement exécutés, et les conditions de l'exploitation ressortiront suffisamment de l'extrait suivant du marché.

PRINCIPALES CONDITIONS DU MARCHÉ LASSERON DU 11 JUILLET 1862

Article premier. — L'entrepreneur s'engageait, moyennant le prix à forfait de 2.360.000 francs, à établir tous les ouvrages d'une distribution d'eau capable de débiter 350 mètres cubes d'eau douce par vingt-quatre heures le long du canal maritime entre le lac Timsah et Port-Saïd, la dite quantité devant être aménagée et distribuée de manière à pouvoir être dépensée par la Compagnie pendant les douze heures de jour, soit en totalité à Port-Saïd, soit en des points et suivant une répartition quelconque entre les deux extrémités de la conduite projetée [1].

L'entrepreneur s'engageait en outre, pour assurer et garantir la bonne exécution des ouvrages, à exploiter à ses frais, risques et périls la distribution d'eau pendant une période de trois années à partir de l'expiration du délai fixé à l'article 3 pour l'achèvement des travaux. Il fournirait l'eau à la Compagnie sur un point quelconque du parcours de la conduite aux prix suivants, savoir : à raison de 1 fr. 70 le mètre cube pour la quantité de 200 mètres cubes, débit minimum qui lui était assuré ; de 1 fr. 25 par mètre cube supplémentaire, jusqu'à 100 mètres cubes ; enfin, de 1 franc par mètre cube pour les 50 mètres suivants.

---

1. Dans les premiers pourparlers avec l'entrepreneur, la quantité d'eau à débiter par vingt-quatre heures avait été fixée à 250 mètres cubes, les tuyaux

Art. 2. — Les ouvrages à construire devaient consister :

1° Dans l'érection d'un établissement hydraulique à Timsah, à proximité du canal d'eau douce, mais en dehors du périmètre de la ville projetée, au point qui lui serait désigné ;

2° Dans l'établissement d'au moins 10 colonnes de charge de 25 à 30 mètres de hauteur, échelonnées sur le parcours de la conduite entre Timsah et Port-Saïd ;

3° Dans l'établissement d'une conduite d'eau en fonte avec ses accessoires, et notamment avec réservoirs et appareils de distribution le long de la même rive du canal, depuis Timsah jusqu'à Port-Saïd.

Établissement hydraulique de Timsah. — L'établissement hydraulique devait contenir, savoir :

1° Deux machines à vapeur entièrement semblables, à haute pression et à détente variable, sans condensation. Ces machines seraient conçues de manière à fonctionner à raison de 10 tours de volant par minute, de telle sorte que les pistons des pompes et des machines à vapeur n'eussent qu'une vitesse de $0^m,25$ par seconde ; elles devraient, chacune, dans ces conditions, en fonctionnant à pleine vapeur, faire une force de 8 chevaux mesurés au frein de Prony ;

2° 3 chaudières munies de tous leurs appareils de sûreté et timbrées à 6 atmosphères.

---

de conduite devaient avoir un diamètre intérieur de $0^m,110$ et un établissement hydraulique de relai devait être établi à Kantara. Le détail estimatif des dépenses se résumait comme suit :

	Francs
Établissement hydraulique d'Ismaïlia	135.000
Distribution entre Ismaïlia et Kantara, y compris un réservoir de 300 mètres cubes au seuil d'El Guisr	675.000
Établissement hydraulique de Kantara	155.000
Distribution entre Kantara et Port-Saïd, y compris un réservoir de 300 mètres cubes à Port-Saïd	848.500
Direction des travaux	32.000
	1.845.500
5 0/0 pour faux frais	92.270
10 0/0 pour bénéfice de l'Entrepreneur	184.550
Estimation totale	2.122.320

Après nouvelle étude, il fut finalement décidé que la distribution serait établie de manière à pouvoir débiter 350 mètres cubes d'eau par vingt-quatre heures et qu'elle serait constituée à cet effet par des tuyaux de $0^m,162$ de diamètre intérieur. Avec des tuyaux de ce diamètre, l'eau pouvait être conduite d'Ismaïlia à Port-Saïd avec le seul établissement hydraulique d'Ismaïlia, en sorte que celui projeté à Kantara pouvait être supprimé. Il fut décidé en même temps que la capacité du réservoir d'El Guisr serait portée à 500 mètres cubes et celle du réservoir de Port-Saïd à 700 mètres.

C'est dans ces nouvelles conditions que le marché a été définitivement établi, et c'est par suite des modifications aux dispositions primitives que le chiffre total de la dépense ou du forfait a été porté à 2.360.000 francs. Ce chiffre représentait une augmentation de 237.680 francs, soit d'environ 11 0/0, sur le chiffre de l'estimation primitive, alors que l'accroissement du débit possible de la distribution était de 40 0/0.

3° 2 compteurs destinés à constater chaque jour le nombre de coups de piston ;

4° 2 machines hydrauliques, y compris robinets et accessoires; les pompes seraient à double effet et elles seraient pourvues de réservoirs d'air à l'aspiration comme au refoulement.

5° Un atelier de réparation.

Le bâtiment des pompes contiendrait, indépendamment des emplacements pour les machines à vapeur et hydrauliques et pour les chaudières, une pièce pour l'atelier de réparation, un magasin pour les pièces de rechange et la robinetterie, des logements pour le contremaître et pour le directeur de l'exploitation[1].

Les eaux seraient amenées depuis le canal ou la citerne d'alimentation jusqu'au puisard des pompes au moyen d'un canal couvert d'un mètre de largeur au moins et d'une longueur d'environ 30 mètres[2].

Conduite d'eau et accessoires. — La conduite d'eau principale partirait de Timsah en se dirigeant vers le campement du seuil d'El Guisr ; elle longerait ensuite le canal maritime jusqu'à Port-Saïd où elle déboucherait dans un réservoir de 700 mètres cubes.

Cette conduite principale serait établie sur tout son développement avec des tuyaux de $0^m,162$ de diamètre intérieur et de $0^m,0105$ d'épaisseur, ayant un poids moyen minimum de 47 kilogrammes par mètre courant, manchons, tubulures non compris.

Les tuyaux seraient éprouvés sous une charge de 10 atmosphères, non seulement avant leur emploi, mais encore après la pose et avant de les recouvrir, par longueur de 500 mètres, afin de s'assurer de la bonne confection des joints.

Indépendamment de la conduite principale, il serait établi, savoir : aux environs du Seuil, un branchement destiné à desservir les chantiers du canal maritime jusqu'au lac Timsah ; à Kantara, un branchement passant en siphon sous le canal maritime et appelé à desservir une borne-fontaine placée au centre du campement; enfin, à Port-Saïd, un branchement d'au moins 1.200 mètres de développement, appelé à desservir 5 bornes-fontaines réparties sur différents points de la ville. Toutes ces conduites secondaires seraient en tuyaux de $0^m,06$ de diamètre et seraient éprouvées avant comme après la pose sous une charge de 10 atmosphères.

Toutes les conduites sans exception seraient munies de tous leurs

1. L'établissement hydraulique s'est trouvé occuper un espace d'environ 485 mètres carrés dont 400 mètres de surface couverte par les bâtiments et 85 mètres pour la cour attenante.

2. Après la construction du canal de ceinture d'Ismaïlia, en août 1863, les pompes de l'établissement hydraulique ont été alimentées par un réservoir installé dans le jardin de l'établissement (situé derrière les bâtiments) et alimenté lui-même par le canal de ceinture.

accessoires, tels que robinets, ventouses, regards, soupapes de sûreté.

Réservoirs d'El Guisr et de Port-Saïd et bassins de distribution. — Il serait construit au point culminant du seuil d'El Guisr un réservoir en maçonnerie couvert en briques, d'une capacité totale de 500 mètres cubes et partagé en deux compartiments égaux.

Il serait construit de même un réservoir de 700 mètres cubes à Port-Saïd, à l'extrémité de la conduite principale, établi à une hauteur suffisante pour pouvoir desservir les bornes-fontaines.

Enfin, il serait établi sur la longueur de la conduite et latéralement à elle, aux points que désignerait la Compagnie, 40 bassins de distribution en tôle, montés sur pieds en fonte et munis chacun d'un appareil à flotteur à niveau constant et de tampons de lavage.

Art. 9. — Tous les travaux devaient être complètement terminés dans un délai de huit mois et demi à partir de la signature du marché.

Art. 10. — La Compagnie restait maîtresse, à de certaines conditions, qui étaient indiquées, de faire cesser le marché relatif à la fourniture de l'eau à une époque quelconque avant l'expiration des trois années. Elle pouvait aussi proroger ce marché d'année en année pendant sept années après l'expiration des trois premières, en prévenant l'entrepreneur trois mois d'avance.

La conduite d'eau douce était arrivée à Kantara dans le courant de novembre 1863. On l'utilisait, au fur et à mesure de l'avancement, pour l'alimentation des chantiers.

Les travaux ont été terminés le 9 avril 1864, et l'eau a été distribuée dès le lendemain dans la ville de Port-Saïd au moyen des bornes-fontaines.

II. — Deuxième conduite d'eau douce entre Ismaïlia et l'îlot du Cap.

(DEUXIÈME MARCHÉ LASSERON, DU 15 DÉCEMBE 1864)

Dès le commencement de l'année 1864, c'est-à-dire peu après que la première conduite d'eau venait d'être achevée, la nécessité fut reconnue de pourvoir au moyen d'une conduite d'eau spéciale aux besoins des chantiers de terrassements du seuil d'El Guisr (dont les travaux avaient été donnés à l'entreprise le 1er octobre 1863), afin de laisser à la conduite déjà posée toute sa puissance d'alimentation au-delà du Seuil et, ainsi, d'assurer aussi largement que possible l'alimentation de Port-Saïd et de tous les chantiers à travers le lac Menzaleh et les lacs Ballah jusqu'à El Ferdane. A ce point de vue, même, une conduite unique ne pouvait complètement rassurer. Il était à prévoir, en outre, que dans un avenir assez rapproché, cette conduite deviendrait insuffisante. On fut amené finalement à reconnaître qu'au lieu de se borner à l'établissement d'une nouvelle conduite assurant seulement l'alimentation des chantiers du Seuil, il conviendrait de pourvoir à cette alimentation par une conduite d'un plus grand diamètre que la conduite existante, doublant celle-ci, destinée à se prolonger plus tard jusqu'à Port-Saïd, et qui, même arrêtée provisoirement à l'extrémité du Seuil, à El Ferdane, pourrait fournir à l'entrepreneur des travaux de dragages dans les lacs un très utile supplément d'eau pour l'alimentation, non seulement des machines accessoires, mais des dragues elles-mêmes.

L'étude de l'établissement d'une seconde conduite doublant la première fut poursuivie dans cet ordre d'idées, et l'on s'arrêta définitivement à une combinaison consistant à pousser la nouvelle conduite jusqu'à l'îlot du Cap, point situé à peu près à mi-distance entre Ismaïlia et Port-Saïd.

La consommation journalière en eau douce des chantiers de travaux et des campements atteignant déjà 400 mètres cubes, bien que les travaux n'eussent encore, alors, qu'un développement très restreint comparé à celui qu'ils devaient prendre, il fut décidé en même temps, pour assurer l'avenir et en prévision du prolongement de la nouvelle conduite jusqu'à Port-Saïd, que cette conduite serait établie en tuyaux de $0^{m},216$ de diamètre intérieur.

Un nouveau marché fut finalement passé, à la date du 15 décembre 1864, avec l'entrepreneur de la première distribution d'eau douce, M. Lasseron, pour l'établissement de la nouvelle conduite, dans les conditions indiquées ci-dessus, et pour l'exploitation de l'ensemble de la distribution pendant un certain nombre d'années.

Les extraits ci-dessous du marché donnent la description des travaux tels qu'ils étaient prévus et qu'ils ont été effectivement exécutés et font connaître les nouvelles conditions de l'exploitation.

PRINCIPALES CONDITIONS DU MARCHÉ LASSERON DU 15 DÉCEMBRE 1864

ARTICLE PREMIER. — L'entrepreneur s'engageait, moyennant le prix à forfait de 1.418.736 francs[1], à établir une conduite d'eau de $0^{m},216$ de diamètre intérieur, parallèle à la conduite déjà établie et capable de débiter, en sus des 350 mètres cubes que devait fournir cette première conduite, une quantité de 550 mètres cubes d'eau douce par vingt-quatre heures le long du canal maritime, entre Ismaïlia et l'îlot du Cap situé au point $39^{km},200$, la dite quantité devant être aménagée et distribuée de manière à pouvoir être dépensée par la Compagnie pendant les douze heures de jour, soit en totalité à l'extrémité de la conduite, soit en des points et suivant une répartition quelconque entre les deux extrémités.

La nouvelle conduite serait mise en communication avec la conduite déjà existante au moyen de raccords avec robinets d'arrêt. Les tuyaux seraient à emboîtement et conforme aux types de la ville de Paris; leur poids moyen serait de 70 kilogrammes par mètre courant de conduite posée; les tuyaux d'un poids moyen de 68 kilogrammes le mètre courant seraient refusés.

L'entrepreneur s'engageait, en outre, pour garantir la bonne exécution des ouvrages, à continuer à ses frais, risques et périls l'exploitation de la deuxième conduite d'eau avec celle de la première pendant une période d'au moins trois années à partir de l'expiration du délai stipulé à l'article 4 pour l'achèvement des travaux. Il fournirait l'eau à la Compagnie sur un point quelconque du parcours au moyen des deux

1. Le chiffre estimatif des dépenses se résumait comme suit :

	Francs
39.000 mètres de tuyaux à $26^{f},92$ le mètre courant	1.049.880
Robinets, raccords, appareils de sûrete	41.880
Surpoids pour tubulures, manchons, etc.	16.220
Modification aux pompes de l'établissement hydraulique d'Ismaïlia	8.000
Réservoir du Cap	46.300
Direction des travaux	20.000
	1.182.280
10 0/0 pour frais généraux, pertes d'intérêts et imprévus.	118.228
10 0/0 pour bénéfices de l'Entrepreneur	118.228
ESTIMATION TOTALE	1.418.736

conduites réunies au prix de 1 fr. 70 le mètre cube pour les 200 premiers mètres, 1 fr. 25 pour les 100 mètres suivants jusqu'à 300 mètres et 1 franc pour toutes les quantités excédantes qui lui seraient demandées[1].

Un débit minimum de 400 mètres cubes par jour était assuré à l'entrepreneur.

Art. 3. — Les ouvrages à construire devaient consister :

1° Dans le simple changement des pompes existantes qui devraient être remplacées par d'autres d'un plus grand diamètre, les mêmes machines à vapeur pouvant suffire pour faire le service des deux conduites;

2° Dans l'établissement de la nouvelle conduite d'eau en fonte avec les accessoires tels que raccords, robinets d'arrêt, appareils de sûreté, etc., et avec un réservoir en maçonnerie d'une capacité de 500 mètres cubes à l'extrémité.

La conduite d'eau partirait de l'établissement d'Ismaïlia en se dirigeant vers le chantier n° 6 (du seuil d'El Guisr); puis, elle suivrait le canal jusqu'au réservoir d'El Guisr avec lequel elle serait mise en communication au moyen d'appareils à soupapes à flotteur, comme ceux qui existaient pour la première conduite; elle continuerait ensuite à longer la berge du canal jusqu'au Cap, où elle viendrait déboucher dans le réservoir en maçonnerie.

La nouvelle conduite serait mise en communication avec l'ancienne au moyen de dix raccords avec robinets d'arrêt et regards ; elle serait pourvue de 40 robinets d'arrêt et de leurs regards et de 5 appareils de sûreté comme ceux déjà établis pour l'autre conduite.

La distribution comprendrait en outre deux appareils d'introduction pour la nouvelle conduite au réservoir d'El Guisr et deux robinets avec regards, ainsi que des appareils d'introduction pour les deux conduites au réservoir du Cap.

Le réservoir du Cap serait construit en maçonnerie hydraulique, couvert par des voutes en briques sur poutres en fer, avec enduits intérieurs en ciment romain. Sa capacité de 500 mètres cubes serait partagée en deux compartiments égaux.

Art. 4. — Les travaux devraient être complètement terminés dans les délais suivants, savoir :

La portion de la nouvelle conduite s'étendant depuis Ismaïlia jusqu'à l'extrémité du seuil d'El Guisr (point $60^{km},5$), dans le délai d'une année.

La conduite entière dans le délai de quinze mois.

---

1. On voit que les prix de l'eau restaient les mêmes qu'au premier marché pour les fournitures jusqu'à 300 mètres cubes; mais que le prix de 1 franc, qui ne s'appliquait précédemment qu'à un excédent de 50 mètres cubes au delà des premiers 300 mètres, s'appliquait désormais à un excédent de 600 mètres cubes.

Art. 11. — La Compagnie restait maîtresse, à de certaines conditions qui étaient indiquées, de faire cesser le marché relatif à la fourniture de l'eau pour l'ensemble des deux conduites à une époque quelconque avant l'expiration du délai de trois années stipulé à l'article 1er.

Elle pouvait aussi proroger ce marché d'année en année pendant six années après l'expiration des trois premières en prévenant l'entrepreneur six mois à l'avance.

Au cas où la Compagnie ferait cesser le marché avant l'expiration des neuf années d'exploitation prévues ci-dessus, elle devrait allouer à l'entrepreneur une indemnité fixe de 60.000 francs pour lui et son personnel.

Art. 14. — L'eau fournie par l'entrepreneur serait mesurée à l'aide de compteurs ou par telle autre méthode acceptée par les deux parties contractantes.

Dans le premier cas, le volume de l'eau serait déduit du nombre de coups de piston, au moyen de coefficients déterminés par des expériences qui seraient renouvelées aussi souvent que la Compagnie le jugerait nécessaire.

Art. 15. — Lorsque les agents de la Compagnie chargés de la surveillance des deux conduites d'eau y reconnaîtraient des fuites, le volume d'eau perdu par chacune de ces fuites et par heure serait évalué ou constaté par lesdits agents à l'aide de tels moyens qu'ils jugeraient convenables, et il serait fait à l'entrepreneur, sur ses comptes de fournitures d'eau, une déduction égale à la perte totale correspondante à une période d'existence de la fuite d'eau remontant à dix jours en arrière et se prolongeant jusqu'au moment de la réparation.

Art. 16. — A quelque époque que dût cesser l'exploitation de la distribution d'eau, jusqu'à l'expiration des neuf années constituant la durée totale du marché, l'entrepreneur devrait remettre à la Compagnie, en parfait état de conservation et d'entretien, les établissements hydrauliques ainsi que les conduites et tous les appareils de la distribution, les outils, machines, etc.

III. — Deuxième conduite d'eau douce, de l'îlot du Cap à Port-Saïd, et nouvelle machine hydraulique à Ismaïlia.

(TROISIÈME MARCHÉ LASSERON, DU 27 MARS 1865)

On a vu plus haut, dans l'exposé des considérations qui ont motivé l'établissement d'une seconde conduite d'eau, d'Ismaïlia à l'îlot du Cap, que la Compagnie prévoyait déjà, en décidant le travail, la nécessité plus ou moins prochaine du prolongement de cette seconde conduite d'eau jusqu'à Port-Saïd.

Cette nécessité ne tarda pas, en effet, à s'imposer par suite des besoins croissants dus au rapide développement des chantiers de travaux et à l'accroissement de la population de Port-Saïd.

La Compagnie fut ainsi amenée à passer avec M. Lasseron, à la date du 27 mars 1865, c'est-à-dire sans attendre l'achèvement de la pose de la seconde conduite d'eau en cours d'exécution jusqu'à l'îlot du Cap, un nouveau marché pour le prolongement de cette seconde conduite d'eau jusqu'à Port-Saïd.

Ce nouveau marché contenait les principales dispositions nouvelles énumérées ci-dessous.

PRINCIPALES CONDITIONS DU MARCHÉ LASSERON DU 27 MARS 1865

L'entrepreneur s'engageait à établir, moyennant le prix à forfait de 1.479.758 francs [1], savoir :

1° Une conduite d'eau de 0m,216 de diamètre intérieur destinée à continuer sur la berge du Canal maritime, du Cap à Port-Saïd, soit du point 39km,200 au réservoir de Port-Saïd, la conduite d'eau faisant l'objet du marché du 15 décembre 1864.

Cette conduite, raccordée à la précédente, dont elle n'était que le prolongement, serait mise en communication avec la conduite existante

1. Le détail estimatif des dépenses se résumait comme suit :

	Francs
39.200 mètres de tuyaux à 26f,78 le mètre courant	1.049.776
Robinets, raccords, appareils de sûreté	36.470
Surpoids pour tubulures, manchons, etc	16.220
Bâtiment annexe des machines et chaudières à Ismaïlia	25.000
Nouvelle machine à vapeur et appareils hydrauliques	35.000
Direction des travaux	21.500
	1.183.966
10 0/0 pour frais généraux	118.396
10 0/0 de bénéfice	118.396
	1.420.758
Modification des appareils existants pour les mettre en état de fonctionner à une pression de 6 atmosphères 1/2 et dépenses imprévues	20.000
8 maisons de cantonnier, à 3.000 francs l'une	24.000
Constructions pour logements d'ouvriers et surveillants	15.000
ESTIMATION TOTALE	1.479.758

au moyen de raccords et de robinets d'arrêt. Son établissement comprendrait en outre de la fourniture et de la pose des tuyaux, celle de 40 robinets avec regards, 10 raccords avec robinets et regards, 5 appareils de sûreté, 2 appareils d'introduction dans le réservoir de Port-Saïd, 2 robinets à ce réservoir, enfin toutes les pièces telles que tubulures, manchons, accessoires de toutes sortes.

2° Toute l'installation qu'il serait nécessaire d'établir à Ismaïlia pour pouvoir donner, avec l'ensemble des deux conduites de 0m,162 et de 0m,216 de diamètre, le long du canal maritime entre Ismaïlia et Port-Saïd, une quantité d'eau maxima de 1.500 mètres cubes par vingt-quatre heures, soit en totalité à l'extrémité des deux conduites, soit répartie en des points quelconques du canal maritime.

Cette installation comprendrait : une nouvelle machine à vapeur hydraulique plus forte que chacune des deux existantes; 2 chaudières de chacune 12 mètres carrés de surface de chauffe; un compteur; un bâtiment destiné à l'installation de ces appareils[1] et toutes les constructions hydrauliques accessoires destinées à assurer le fonctionnement du nouvel établissement.

L'entrepreneur serait chargé de l'exploitation de la nouvelle conduite aux conditions déjà fixées par le marché du 15 décembre 1864, mais le débit maximum exigible dans l'ensemble des deux conduites était porté à 1.200 mètres cubes et le débit minimum garanti à 1.000 mètres cubes par vingt-quatre heures.

Chaque mètre cube au-delà de la consommation de 900 mètres cubes par vingt-quatre heures réglée par le marché du 15 décembre 1864 serait payé au prix de 0 fr. 80.

L'entrepreneur garantissait que le nouvel établissement était suffisant pour obtenir un débit de 1.500 mètres cubes par jour dans l'ensemble des deux conduites, avec une pression maximum de 6 atmosphères et demi, mais il restait bien entendu que les prix des mètres cubes d'eau mentionnés ci-dessus n'étaient applicables qu'aux 1.200 premiers mètres et que si la Compagnie reconnaissait plus tard le besoin de dépasser ce débit, les prix des mètres cubes supplémentaires seraient établis suivant de nouvelles conventions, les prix maximum étant toutefois fixés à 1 fr. 50 pour les fournitures de 1.200 à 1.300 mètres cubes, et à 2 francs pour les fournitures de 1.300 à 1.500 mètres cubes.

L'entrepeneur s'engageait à avoir terminé l'ensemble des travaux de la seconde conduite, d'Ismaïlia à Port-Saïd, pour le 15 juin 1866.

Enfin, la durée de l'exploitation de l'ensemble des deux conduites serait celle même des travaux de percement du canal maritime.

1. Le bâtiment annexe des chaudières et machines a occupé une superficie de 142 mètres carrés.

La double conduite d'eau a fonctionné régulièrement depuis Ismaïlia jusqu'à Port-Saïd à partir de la fin de juillet 1866.

D'après les trois marchés à forfait passés avec M. Lasseron, la dépense totale de l'établissement hydraulique d'Ismaïlia et de la double conduite d'eau d'Ismaïlia à Port-Saïd s'établit comme suit :

	Francs
Marché du 11 juillet 1862	2.360.000
— du 15 décembre 1864............	1.418.736
— du 27 mars 1865	1.479.758
DÉPENSE TOTALE........	5.258.494[1]

1. Vers la fin de 1867, MM. Borel, Lavalley et Cie avaient établi une conduite d'eau en fonte entre l'extrémité du canal de ceinture à Ismaïlia et le chantier VI du seuil d'El Guisr, avec réservoir en tôle à l'extrémité de la conduite pour l'alimentation en eau douce de leur section du lac Timsah comprenant tous les chantiers de dragages qui s'étendaient de l'extrémité du Seuil jusqu'à Toussoum. Au commencement de 1868, ils demandèrent à la Compagnie de prendre en charge la dépense de cette installation, dont le montant était de 71.547 francs, faisant valoir à l'appui de leur demande : d'une part, que la Compagnie aurait à leur fournir l'eau pour la section du Lac au moyen des conduites Lasseron, et que la dépense d'une seule année s'élèverait à peu près à la somme indiquée ci-dessus ; d'autre part, que la facilité de se procurer, en dehors des conduites Lasseron, l'eau nécessaire à cette portion de leur entreprise, augmenterait la sécurité de l'alimentation de Port-Saïd et de toute la ligne des travaux au nord du Seuil. La Compagnie, prenant ces motifs en considération, consentit à prendre à sa charge la dépense de la conduite d'eau.

A l'inventaire général de l'actif et du passif de la Compagnie au 31 décembre 1869 présenté à l'Assemblée générale des actionnaires du 31 juillet 1872, la mention suivante figure à l'actif :

Service des eaux. — Usine d'Ismaïlia et distribution d'eau d'Ismaïlia à Port-Saïd.

	Francs
Matériel	1.873.140
Bâtiments	219.800
Frais de premier établissement...........................	3.016.595
Mobilier	535
	5.110.070
Distributions d'eau d'Ismaïlia et de Port-Saïd :	
Matériel	300.300
TOTAL..............................	5.410.370

Les distributions d'eau d'Ismaïlia et de Port-Saïd ne faisaient pas partie des marchés Lasseron.

IV. — Renseignements généraux sur la distribution d'eau douce d'Ismaïlia à Port-Saïd[1].

Premier établissement hydraulique d'Ismaïlia. — L'établissement hydraulique d'Ismaïlia, tel qu'il a été primitivement établi, comprenait deux machines à vapeur semblables, fonctionnant à tour de rôle, chacune étant suffisante pour assurer le service de la distribution d'eau.

Ces machines étaient horizontales, à haute pression, à détente variable sans condensation. Chaque machine commandait la pompe aspirante et foulante qui se trouvait dans le prolongement même de la machine et sur le même axe, ce qui avait permis de réunir entre elles les tiges des deux pistons. Le diamètre du piston de la pompe était de $0^m,195$; sa course, de $0^m,76$.

La vitesse de la machine variait entre 8 et 16 tours par minute. Pour la conservation des conduites et afin d'éviter les ruptures, la pression ne devait pas dépasser celle d'une colonne de mercure de $3^m,50$. A cet effet, un manomètre était installé à côté du moteur et guidait le mécanicien pour régler la vitesse de la machine.

Les machines étaient desservies par trois chaudières timbrées à 5 atmosphères ; mais deux suffisaient pour assurer le service ; la troisième servait de chaudière de secours permettant de maintenir constamment deux générateurs en activité.

Nouvelle machine à vapeur hydraulique à Ismaïlia. — La nouvelle machine était de même type que les deux premières.

Les deux premières machines marchant ensemble pouvaient suffire aux nouvelles conditions d'alimentation résultant de l'établissement de la seconde conduite d'eau. On adopta en conséquence une nouvelle machine d'une puissance double de celle des premières machines.

Ce fut le nouveau moteur qui fut principalement utilisé pour le nouveau service. Ce n'était qu'en cas d'accident ou de nettoyage que l'on recourait aux premières machines marchant alors ensemble.

Deux chaudières desservaient la nouvelle machine, mais une seule suffisait pour assurer le service.

Le diamètre du piston de la pompe actionnée par la nouvelle machine était de $0^m,248$, et sa course, de $1^m,10$.

Les prises de vapeur de tous les générateurs étaient doubles, c'est-à-dire que les grandes chaudières pouvaient également fournir la vapeur aux petites machines et que les petites chaudières pouvaient, de leur côté, fournir la vapeur à la grande machine.

Les différents essais sur la consommation de charbon par mètre cube d'eau élevée ont conduit aux résultats suivants :

	CHARBON CONSOMMÉ par heure	DÉBIT DE L'EAU ÉLEVÉE par heure	PRESSION dans la conduite
	kilogrammes	mètres cubes	mètres
Grande machine	51,75	70,86	38,45
Petites machines marchant ensemble	33,56	67,82	27,45

1. Ces renseignements sont extraits de l'ouvrage intitulé *Percement de l'Isthme de Suez*, publié en 1871 par M. Monteil, ancien ingénieur du matériel de la Compagnie.

Canalisation. — Les joints des tuyaux étaient à tulipe et cordon.

Pour la conduite de $0^{m},162$, deux types de joints avaient été adoptés : l'expérience ayant montré que les longues tulipes, sans donner beaucoup plus de sécurité aux joints, avaient l'inconvénient de se casser au moindre tassement des berges, on leur avait substitué des tulipes notablement plus courtes. Pour la conduite de $0^{m},216$, on adopta des tulipes moyennes (type de Paris).

La canalisation, partant de l'usine d'Ismaïlia, se dirigeait par les bas-fonds vers le chantier VI où elle s'élevait sur le plateau pour atteindre El Guisr. A partir du chantier VI, elle restait parallèle au canal et suivait les ondulations du terrain. Après El Ferdane jusqu'à Port-Saïd, elle était installée sur la berge du canal, à quelques mètres de distance de la ligne d'eau, à 1 mètre environ au-dessus du niveau de la Méditerranée.

Les deux conduites, posées à trois ans d'intervalle, étaient placées l'une à côté de l'autre et réunies tous les 4 kilomètres par des manchons et des robinets-vannes qui permettaient l'isolement de l'une ou de l'autre conduite en cas d'avarie. Les robinets étant ouverts, les deux conduites formaient une seule canalisation ayant sur tous les points la même pression dans les tuyaux.

Indépendamment des robinets de communication se trouvaient, tous les kilomètres, des robinets d'arrêt de même type qui complétaient le système d'isolement et qui permettaient, en cas d'accident, de ne pas laisser l'eau s'échapper et se perdre. Les ruptures de tuyaux, indépendamment de la perte d'eau qu'ils occasionnaient, constituaient un danger pour le canal : l'eau s'échappant, sous une pression de plusieurs atmosphères, de tuyaux de pareilles dimensions, occasionnait des ruptures de berges et des entraînements considérables de terres dans le canal.

Les ruptures de tuyaux étaient très rares entre Ismaïlia et El Ferdane ; mais de ce dernier point à Port-Saïd, elles étaient assez fréquentes. Elles avaient pour causes : la surcharge et, par suite, le tassement des berges par les dépôts des longs couloirs des dragues ; la négligence des dragueurs dans la pose de leurs ancres ; les dégradations des berges par le batillage. En outre, dans la partie comprise entre El Ferdane et Kantara (traversée des lacs Ballah), de fréquentes ruptures étaient occasionnées par les renards que faisaient naître la pression de l'eau du canal et la dissolution du gypse qui se trouvait dans les berges. Des équipes bien dressées réparaient promptement ces avaries. Dès qu'un accident était signalé ou observé au manomètre, les cantonnires fermaient les robinets d'arrêt en amont et en aval et se portaient au point de la fuite ; de la sorte, on ne perdait ni l'eau existante dans les conduites, ni celle refoulée d'Ismaïlia ; on évitait également l'introduction dans les conduites d'une grande quantité d'air toujours si préjudiciable au libre mouvement de l'eau [1].

Colonnes de charges. — Pour éviter les ruptures de tuyaux et de joints qui auraient pu résulter de la manœuvre des robinets, prises d'eau, mise en marche de la machine, etc., des colonnes de charge en communication

---

1. La première conduite d'eau douce avait été posée à une époque où la berge du Canal maritime dans laquelle elle devait être enfouie n'était encore, sur beaucoup de points, que simplement ébauchée. Mais il avait fallu poser quand même ; et il était résulté de cette nécessité de mise en place de la conduite d'eau simultanément pour ainsi dire avec la construction de la berge, que, sur de notables longueurs, la première conduite n'avait pu être placée à une distance suffisante de la ligne d'eau pour se trouver à l'abri des chances de rupture devant résulter des éboulements ou des adoucissements de talus ; à plus forte raison, sur les points en question, la place manqua-t-elle pour la

constante avec la conduite de 0m,162 avaient été placées, lors de l'installation de celle-ci, tous les 5 kilomètres. Ces colonnes d'eau étaient constituées par des tuyaux ordinaires de 0m,08 de diamètre maintenus verticaux par des haubans en fil de fer; elles avaient des hauteurs variables suivant les points où elles étaient posées; elles servaient de ventouses et correspondaient à la pression d'eau que devait avoir la conduite sur ces mêmes points. Ainsi qu'il sera expliqué ci-dessous, elles furent supprimées lors de l'établissement de la deuxième conduite; une seule fut conservée au chantier V (kil. 73), point où la conduite s'élevait rapidement, et où, par suite du voisinage de l'usine, les coups de bélier étaient le plus à redouter [1].

Appareils de sûreté. — Indépendamment des colonnes de charge, des soupapes de sûreté, équilibrées d'après la pression maxima à laquelle on voulait régler la distribution, étaient placées dans les maisons des cantonniers. Ces appareils ayant donné de bons résultats furent jugés suffisants lors de la pose de la seconde conduite et, comme il est dit plus haut, ils remplacèrent les colonnes de charge. Ils étaient placés tous les 10 kilomètres sur chaque conduite, en alternant de 5 kilomètres [2].

Bassins de distribution. — La distribution de l'eau le long de la ligne du canal était nécessaire non seulement dans les campements, mais aussi dans leurs intervalles, afin d'alimenter les chantiers volants, les travailleurs qui se rendaient d'un campement à un autre et, enfin, les bateliers faisant les transports sur le canal. Les prises d'eau ne pouvaient être à la merci des consommateurs au moyen de simples robinets qui eussent été soumis à maints accidents pouvant occasionner une grande déperdition d'eau et compromettre la distribution générale. La solution adoptée avait consisté dans l'établissement, tout le long de la ligne du canal d'Ismaïlia à Port-Saïd, à des distances de 5 kilomètres les uns des autres, de petits bassins à niveau constant, en tôle, supportés par des pieds en fonte [3].

---

pose de la seconde conduite. Cette situation obligea à un travail assez considérable de déplacement de conduites. Finalement, la nouvelle conduite s'est trouvée partout à 2 mètres au moins de distance de la crête du profit normal du canal. Au fur et à mesure du ripage des conduites on rétablissait le chemin de halage.

Il y a lieu de signaler encore que, sur un certain nombre de points, à la traversée du lac Menzaleh, par suite de la mauvaise tenue persistante des berges, il avait fallu installer la première conduite sur des passerelles en charpente reposant sur pilotis, et qui, plus tard, servirent également à supporter la seconde conduite.

1. Les coups de bélier se produisaient non seulement à la fermeture des robinets, mais encore dans de certaines circonstances à leur ouverture. Ainsi dans le cas mentionné plus haut d'une rupture de conduite obligeant à fermer les deux robinets voisins, voici ce qui arrivait : la fermeture des deux robinets produisait un premier coup de bélier ; après la réparation de l'accident, si l'on ouvrait d'abord un seul des deux robinets, l'eau se précipitait dans l'espace vide et venait frapper l'autre robinet, et, de là, un second coup de bélier : si l'on ouvrait les deux robinets en même temps, le coup de bélier résultait du choc des deux courants. On ne pouvait donc éviter les coups de bélier; on ne pouvait que les atténuer en manœuvrant les robinets avec une extrême précaution, surtout lorsqu'il n'y avait pas d'appareil de sûreté dans le voisinage.

2. Comme les soupapes de sûreté étaient appelées à recevoir des chocs, on leur avait donné, au moyen de ressorts, une extrême élasticité.

3. Ces petits bassins étaient rectangulaires et avaient les dimensions

Réservoirs. — La distribution d'eau était appelée à alimenter des chantiers de travaux variant d'importance et des appareils dont les services pouvaient être subitement supprimés. La consommation, d'ailleurs, diminuait forcément ou cessait pendant la nuit. L'emmagasinage de l'eau était donc indispensable. Il permettait d'éviter les variations brusques de la pression et du débit qui auraient profondément troublé le fonctionnement des pompes à vapeur. Avec leur marche régulière de jour et de nuit, ces appareils devaient, en vue du plus grand rendement possible, débiter tous les jours à peu près la même quantité d'eau.

C'est pour obtenir ce meilleur rendement des pompes et éviter les interruptions de distribution qui auraient pu résulter d'accidents à l'établissement hydraulique ou dans les conduites que, dans les marchés à forfait passés avec l'entrepreneur, s'est trouvée comprise la construction de trois grands réservoirs en maçonnerie installés, l'un au seuil d'El Guisr, un autre à l'îlot du Cap, le troisième à Port-Saïd [1].

Chacun de ces réservoirs était divisé en deux compartiments par un mur plein. En outre, un mur percé de baies et destiné à supporter le couvert, séparait en deux chacun de ces compartiments.

Réservoir d'El Guisr. — Le réservoir d'El Guisr, d'une contenance de 500 mètres cubes, était situé sur le point le plus élevé du Seuil. Le niveau de l'eau y atteignait la cote 40^{m},20, se trouvant alors à 22 mètres au-dessus du niveau de la mer. En cas d'accident dans les machines, il pouvait donc restituer à la conduite les 500 mètres cubes d'eau qu'il contenait à la pression de 22 mètres à l'origine. La hauteur d'eau maximum dans le réservoir était de 2 mètres.

Le réservoir était en communication avec la conduite, et, au moyen d'un robinet à flotteur, l'introduction était suspendue quand l'eau atteignait dans le réservoir le niveau fixé. Deux robinets d'arrêt et branchements étaient nécessaires : un pour l'introduction, l'autre pour l'évacuation.

Dans certains cas, pour augmenter la pression de l'eau vers Port-Saïd, l'introduction dans le réservoir était arrêtée pendant le jour. On supprimait alors totalement la communication entre la conduite et le réservoir; et celui-ci alimentait simplement le campement d'El Guisr au moyen d'une prise spéciale.

Dans d'autres cas, quand le débit de l'eau était considérable dans la conduite (il a atteint jusqu'à 2.000 mètres cubes par jour), et quand la pression y descendait au-dessous de 22 mètres, le robinet ou soupape d'évacuation s'ouvrait, et le réservoir faisait l'office d'un vase communiquant, dont la pression augmentait le débit de la conduite jusqu'à ce que l'équilibre fût rétabli entre la pression de la conduite et la hauteur correspondante du niveau de l'eau dans le réservoir.

Le niveau de la prise d'eau des puisards des machines était à la cote 22^{m},00, ce qui constituait une différence de 18^{m},20 entre ce niveau et celui de l'eau dans le réservoir.

---

suivantes : longueur, 4^{m},30 ; largeur, 0^{m},70 ; hauteur, 0^{m},50. L'eau s'y maintenait à une hauteur de 0^{m},35. Ils étaient installés, sur leurs pieds en fonte, à 0^{m},50 au-dessus du sol.

1. Le but principal des réservoirs était bien d'assurer l'alimentation en cas d'accident, car l'eau n'y était pas à un niveau assez élevé pour donner la charge correspondante à un débit de 1.500 mètres cubes. Les machines refoulaient donc directement l'eau jusqu'à Port-Saïd. Les réservoirs, entretenus à un niveau constant inférieur au niveau piézométrique, étaient, comme il est expliqué plus loin, alimentés par des robinets munis de flotteurs qui se fermaient automatiquement dès que l'eau atteignait le niveau fixé.

On voit, par ce qui précède, que le principal but du réservoir d'El Guisr était d'emmagasiner 500 mètres cubes d'eau à la pression la plus élevée possible afin de restituer cette eau jusqu'à Port-Saïd en cas d'accident dans les machines.

Réservoir de l'îlot du Cap. — Le réservoir de l'îlot du Cap, d'une contenance de 500 mètres cubes, comme celui d'El Guisr, était situé au point 39^{km},200, à la moitié de la conduite d'eau. Le niveau de l'eau y atteignait la cote 26^{m},50 et se trouvait ainsi à 8^{m},30 au-dessus du niveau de la mer ou 6^{m},30 au-dessus de la conduite de Port-Saïd. La hauteur d'eau maximum y était de 2^{m},30.

Le réservoir fonctionnait comme celui d'El Guisr et devait, en cas de besoin, alimenter toute la portion des chantiers comprise entre El Ferdane et Ras-el-Ech (du kil. 60 au kil. 14). Lorsque la charge sur la conduite de Port-Saïd était au-dessous de la pression de 6^{m},30 d'eau, la soupape du robinet d'évacuation du réservoir s'ouvrait et l'eau du réservoir s'ajoutait à celle de la conduite; le débit continuait jusqu'à ce qu'il y eût équilibre entre la pression de la conduite et la hauteur d'eau du réservoir.

Le tuyautage du réservoir se composait d'un tuyau avec coulotte pour la répartition de l'eau douce dans les deux compartiments. Sur chacun des tuyaux pénétrant dans les compartiments, un robinet était destiné à isoler le réservoir ou à établir la communication avec la conduite. Le tuyau, à partir du coude, montait verticalement jusqu'à la partie supérieure où se trouvait le robinet à flotteur. Entre le coude et le flotteur se trouvait le clapet d'évacuation. Ces divers robinets fonctionnaient de la manière suivante :

Le premier robinet dont il est parlé ci-dessus étant ouvert, si la pression de la conduite était supérieure à la pression du réservoir, le clapet d'évacuation se fermait et l'eau s'échappait par le robinet à flotteur jusqu'à ce que l'eau dans le réservoir eut atteint son niveau maximum, c'est-à-dire une hauteur de 2^{m},30. L'eau étant arrivée à cette hauteur, le robinet à flotteur se fermait. Le réservoir avait alors emmagasiné toute l'eau qu'il pouvait contenir et se trouvait prêt à la restituer à la conduite dès que la pression de celle-ci descendait au-dessous de la pression correspondante au niveau de l'eau dans le réservoir, auquel cas s'ouvrait le clapet d'évacuation.

L'installation était complétée par un tuyau de trop-plein ayant son origine à la limite fixée pour le niveau maximum de l'eau dans le réservoir, soit à 2^{m},30 au-dessus du plafond.

Réservoir de Port-Saïd. — Le réservoir de Port-Saïd, d'une contenance de 700 mètres cubes, formait la réserve spéciale de la ville. Le niveau de l'eau y était à 5^{m},70 au-dessus du niveau de la mer. La hauteur d'eau maximum que pouvait contenir le réservoir était de 3 mètres.

Ce réservoir fonctionnait comme les deux autres. Lorsque la pression dans la canalisation de Port-Saïd était supérieure à celle correspondant au niveau de l'eau du réservoir, le clapet de la soupape d'évacuation se fermait et l'eau s'échappait par le robinet à flotteur. L'eau en s'introduisant ainsi dans le réservoir n'arrêtait en aucune façon les prises d'eau de la ville ; ce n'était que l'excédent du débit sur la consommation qui était reçu dans le réservoir. Le radier étant à la cote 20^{m},90 et le sol de la ville à la cote 20^{m},20, la pression de la conduite dans la ville était au maximum de 3^{m},70, plus son enfoncement dans le sol.

La capacité du réservoir ayant été jugée suffisante, on devait, lorsqu'il était plein, ralentir le débit de l'usine d'Ismaïlia. On a vu, d'ailleurs, que le jeu des machines élévatoires était lui-même guidé par une pression dans la conduite correspondant à une colonne de mercure de 3^{m},50.

Réservoirs en tôle. — Les réservoirs en tôle servaient, comme les réservoirs en maçonnerie, à emmagasiner l'eau ; mais leur véritable but était de livrer rapidement aux bateaux qui venaient s'y approvisionner une grande quantité d'eau.

Dans le projet primitif d'installation de la distribution d'eau d'Ismaïlia à Port-Saïd, l'alimentation des appareils à vapeur employés aux travaux n'avait pas été prévu. Lorsque cette alimentation fut décidée, la Compagnie, ayant pris à sa charge la pose de la conduite de 0^{m},216 et la dépense de l'eau, laissa à la charge des entrepreneurs, MM. Borel, Lavalley et Cie, la fourniture des sept réservoirs jugés nécessaires.

Ces réservoirs étaient placés aux points suivants : kil. 75 (Chantier VI) ; kil. 59 ; kil. 44 (Kantara) ; kil. 34 ; kil. 20 ; kil. 14 (Ras-el-Ech) ; kil. 0,9 (Port-Saïd).

Ils étaient de forme cylindrique, d'un diamètre de 6^{m},97 et de 4^{m},87 de hauteur ; leur contenance était de 180 mètres cubes.

Ils étaient à double prise d'eau : l'une sur la maîtresse conduite, l'autre vers le canal.

Le tuyautage comprenait : un robinet à flotteur pour l'arrivée de l'eau dans le réservoir ; un robinet à clapet en communication avec la maîtresse conduite et qui s'ouvrait lorsque le réservoir se vidait, et se fermait dès que le niveau de l'eau atteignait la partie supérieure du réservoir ; enfin un mécanisme de prise d'eau avec clapet pour l'eau destinée aux appareils et qui leur était portée par une conduite reposant sur une estacade d'embarquement en charpente.

La prise d'eau avait un diamètre de 0,216 alors que l'introduction n'était que de 0^{m},07. Le réservoir étant plein, une citerne flottante de 110 mètres cubes se remplissait en une heure, tandis que quand le réservoir avait été vidé il fallait cinq à six heures [1].

---

1. *Bateaux-citernes.* — Pour compléter le système de distribution d'eau, il fallait un moyen simple et rapide d'alimenter les dragues et les appareils qui ne pouvaient se déplacer pour faire eux-mêmes leur approvisionnement. Quinze bateaux-citernes à vapeur furent construits par MM. Borel, Lavalley et Cie pour ce service : ils étaient chargés d'aller aux prises d'eau des réservoirs en tôle prendre l'eau qu'ils transportaient ensuite sur les appareils et plus particulièrement sur les dragues sans les arrêter dans leur fonctionnement ; les bateaux-citernes accostaient les dragues et y transbordaient leur contenu à l'aide d'un mécanisme spécial et d'une pompe rotative qui aspirait l'eau de la citerne et la refoulait dans des caisses ou réservoirs installés à bord de la drague.

JETÉES DE PORT-SAÏD

CONSTRUCTION D'UNE PARTIE DE LA JETÉE OUEST ET ENROCHEMENTS NATURELS

TRAVAUX EN RÉGIE

(PLANCHE XXII)

I. — Carrière du Mex. — Flotte de la Compagnie.

Avant d'entrer dans la description des travaux des jetées, nous croyons utile, en raison de l'emploi qui a été fait sur une assez grande échelle, de blocs naturels d'enrochements fournis par la carrière du Mex pour la construction d'une partie de la jetée Ouest de Port-Saïd, de donner tout d'abord quelques détails sur les travaux qu'a dû entreprendre la Compagnie en vue d'une bonne exploitation de cette carrière.

Mais, auparavant, nous ferons connaître les circonstances qui, au cours de cette exploitation, ont fait renoncer, d'abord à la carrière de l'Attaka, puis à celle de Gebel-Géneffé, sur le concours desquelles, dans les premiers temps, on avait successivement compté, pour la continuation et l'achèvement de la construction des jetées en blocs naturels.

D'après le programme d'exécution des jetées de Port-Saïd arrêté en août 1859, on devait — ainsi qu'il a été mentionné précédemment — employer d'abord à la construction des jetées les matériaux qui pourraient être apportés de la carrière du Mex ; puis, par la suite, dès que les deux extrémités du canal seraient mises en communication par un premier canal de petites dimensions, on comptait surtout sur les matériaux qui seraient fournis par la carrière de l'Attaka bordant le rivage ouest du golfe de Suez.

La nécessité qui fut reconnue, dès le début des travaux, de créer promptement, par la construction d'une certaine longueur de la jetée Ouest, un abri à Port-Saïd contre les vents régnants, obligea la Compagnie, en attendant le concours ultérieur, — que l'on supposait devoir être alors presque exclusif, — de la carrière de l'Attaka, à organiser de suite une exploitation en grand de la carrière du Mex, et comme complément, un service maritime pour le transport à Port-Saïd des blocs d'enrochements fournis par la carrière.

Les deux années 1860 et 1861 furent consacrées presque exclusivement à la construction, avec les pierres fournies par la carrière même, d'un petit port destiné à abriter les navires en chargement. Ce n'est qu'à partir de l'année 1862 que les expéditions de blocs pour Port-Saïd commencèrent à prendre de l'importance : pendant les deux premières années, la carrière n'avait expédié, en totalité, qu'environ 6.000 mètres cubes de matériaux divers (blocs d'enrochements pour la jetée Ouest, pierres de taille, moellons et chaux pour les constructions de la ville de Port-Saïd); l'importance des expéditions était alors forcément limitée, indépendamment des besoins de la construction même du petit port du Mex, par la double difficulté des chargements au Mex et des déchargements à Port-Saïd et par l'insuffisance des moyens de transport.

La carrière ne se trouva donc en exploitation régulière, au point de vue des expéditions de blocs d'enrochements pour la jetée Ouest de Port-Saïd, que dans les premiers mois de 1862, après l'achèvement du port du Mex, la constitution d'une flotte, — indépendamment des affrètements de navires du commerce, — pour le transport des blocs, enfin après l'amélioration des moyens de déchargement à Port-Saïd.

On ne tarda pas alors à se rendre compte que les blocs d'enrochements mis en œuvre revenaient à un prix notablement plus élevé que celui du devis. La Compagnie n'en dut pas moins continuer quand même l'exploitation de la carrière qui s'imposait impérieusement, — on ne saurait trop le rappeler, — en vue de l'abri à créer promptement à Port-Saïd.

A ce moment, l'idée d'un concours plus ou moins prochain, sur une grande échelle, de la carrière de l'Attaka pour la construction des jetées, n'avait pas encore été abandonnée. Mais, par suite de l'incertitude où l'on se trouva alors, — et qui s'est prolongée longtemps encore, — au sujet du mode de traversée des lacs Amers par le canal maritime, la Compagnie reconnut qu'il était impossible de réaliser, tout au moins à bref délai, l'idée d'une rigole maritime régnant sur toute la longueur du canal et établissant ainsi une communication entre les deux mers; que l'on devait se borner à achever, le plus promptement possible, la moitié nord de la dite rigole alors en cours de construction entre Port-Saïd et le lac Timsah, afin d'établir tout au moins une première communication par eau entre Port-Saïd et le centre de l'Isthme à Ismaïlia, où, d'autre part, arrivait le canal d'eau douce, établissant de son côté la communication avec le Delta.

Le canal d'eau douce venant de Zagazig pour aboutir à Ismaïlia, commencé en avril 1861, avait été achevé en janvier 1862; la rigole maritime venant de Port-Saïd, de 15 mètres de largeur à la ligne d'eau et de $1^{m},50$ à 2 mètres de profondeur, fut terminée, à son tour, en novembre de la même année; quelques mois plus tard, vers le milieu de l'année 1863, on avait creusé sur le bord du lac Timsah un canal de service de 2.500 mètres de longueur et de 2 mètres de profondeur reliant l'extrémité de la rigole maritime à celle du canal d'eau douce, en sorte qu'il ne restait plus, alors, pour établir la continuité de la voie d'eau entre Port-Saïd et le Delta, qu'à construire à l'extrémité du canal d'eau douce les deux écluses destinées à racheter la différence de niveau de $6^{m},60$ entre son plan d'eau et celui de la rigole maritime.

Nonobstant l'abandon de l'idée d'une rigole maritime sur la moitié sud de la longueur du canal, la communication entre les deux mers par une voie d'eau continue, navigable pour les barques et les chalands, semblait ne devoir pas trop tarder à se trouver quand même réalisée par la construction de la branche du canal d'eau douce d'Ismaïlia à Suez. En effet, précisément dans ces vues, et bien que l'article 1er, paragraphe 3, du cahier des charges de la concession, ne parlât que d'une simple branche d'irrigation et d'alimentation, la Compagnie avait décidé que la dérivation aurait les mêmes dimensions que celles données provisoirement au canal principal, c'est-à-dire une largeur de 8 mètres au plafond (au lieu pourtant des $7^{m},70$ du canal principal) avec une hauteur d'eau de $1^{m},20$ à l'étiage et de $1^{m},95$ en hautes eaux. [Les travaux de terrassements de la dérivation, commencés en novembre 1862, ont été terminés à la fin de l'année 1863.]

Or, à 37 kilomètres environ avant d'arriver à Suez, le tracé de la dérivation passait tout près, — à une distance d'environ 3 kilomètres et demi — de la carrière dite de Gebel-Géneffé, qui avait été, une première fois, sommairement explorée dès le mois de juillet 1859, puis d'une manière plus complète, dans le courant de 1862, en même temps que se faisait l'étude même du tracé en question. Cette carrière présentait un front d'attaque de 3.000 mètres de longueur sur 150 mètres de hauteur et l'on y avait trouvé toutes les variétés de calcaire, depuis les plus durs jusqu'à la pierre à chaux, ainsi que de la pierre à plâtre; les conditions d'exploitation, avec la proximité du canal d'eau douce, auquel la carrière pourrait être reliée par un petit chemin de fer, semblaient d'ailleurs très favorables; on s'était enfin rendu compte que la carrière pourrait fournir des pierres d'une grande dureté en blocs de dimensions aussi considérables qu'on pourrait les transporter et les mettre en œuvre. On eut dès lors tout naturellement la pensée, qu'au lieu de la carrière plus lointaine de l'Attaka, ce serait la carrière de Gebel-Géneffé qui serait exploitée pour fournir la majeure partie des matériaux des jetées de Port-Saïd.

Mais les prévisions relatives à cette utilisation de la carrière de Gebel-Géneffé, que l'on avait espéré d'abord devoir être assez prochaine, ne se sont pas réalisées. En fait, cette carrière n'a guère fourni que les matériaux (pierres de taille et moellons) qui ont été employés à la construction des diverses écluses de la dérivation de Suez et, en partie, à la construction des deux écluses de débouché du canal d'eau douce lui-même dans le petit canal de jonction le reliant à la rigole maritime.

C'est qu'en effet, en octobre 1863, au cours même de l'exploitation de la carrière du Mex — qui ne cessa néanmoins que deux ans après, — et bien que l'on eût à cette date l'espérance, — qui ne s'est d'ailleurs pas réalisée par suite de retards imprévus dans la construction des écluses, — de voir s'achever à assez bref délai la rigole de service reliant Port-Saïd à la carrière de Gebel-Géneffé, la Compagnie, par des considérations qui seront développées plus loin, prit la résolution de passer un marché avec des entrepreneurs (MM. Dussaud frères), pour l'exécution des jetées de Port-Saïd en blocs artificiels.

Ces explications générales données, nous dirons, maintenant, dans quelles conditions s'est faite l'exploitation de la carrière du Mex et comment la Compagnie a été amenée à organiser un service maritime pour assurer le transport régulier des blocs d'enrochements de la carrière à Port-Saïd.

CARRIÈRE ET PORT DU MEX

Les carrières du Mex, appartenant au Gouvernement égyptien, sont situées sur le bord de la mer, à 4 kilomètres à l'ouest d'Alexandrie; elles se trouvaient donc, pour des navires côtoyant au plus court, à une distance de Port-Saïd d'environ 142 milles marins. [Le livret des Messageries maritimes indique comme distance d'Alexandrie à Port-Saïd 148 milles. La distance à vol d'oiseau entre les phares des deux ports est de 233 kilomètres ou 126 milles marins.]

L'article 9 du premier acte de concession du 30 novembre 1854, confirmé par l'article 13 du deuxième acte de concession du 5 janvier 1856, stipulait que « le Gouvernement égyptien accordait à la Compagnie, pour toute la durée de la concession, la faculté d'extraire des mines et carrières appartenant au Domaine public sans payer aucun droit, impôt ni indemnité, tous les matériaux nécessaires aux travaux de construction des ouvrages et établissements dépendant de l'entreprise ».

C'est en vertu de ces articles que la Compagnie entreprit, dès le mois d'avril 1860, l'exploitation directe de la partie des sus-dites carrières qui n'était pas déjà affermée à des particuliers.

La partie de la côte où se trouvait la carrière exploitée par la Compagnie étant entièrement ouverte aux vents du large, il fut indispensable, pour assurer des expéditions régulières d'enrochements sur Port-Saïd, de construire un petit port destiné à abriter les navires en chargement.

Ce port fut constitué par deux jetées construites en enrochements à pierres perdues fournies par la carrière même : l'une, celle de l'Ouest, perpendiculaire à la côte et de 40 mètres de longueur; l'autre, la jetée de l'Est, ayant son enracinement à 230 mètres de distance de la jetée de l'Ouest, tracée en courbe, et d'une longueur de 340 mètres.

La construction des jetées n'a été terminée que vers la fin de l'année 1861. Pendant et après l'exécution des travaux, la jetée de l'Est, surtout, exigea à divers reprises d'importantes réparations d'avaries.

Le port, après son achèvement, présentait une superficie d'environ 2 hectares et demi et pouvait abriter une dizaine de navires.

La grande jetée était munie de trois estacades avec grues à chariot destinées à l'embarquement des blocs qui devaient être expédiés à Port-Saïd.

Les plus grands fonds du port étaient de 5 mètres. Ils n'étaient que de 3m,50 à l'estacade la plus rapprochée de terre et de 4m,80 à la deuxième estacade. Aussi, pour faire leur plein, les navires devaient-ils passer successivement sous chaque estacade; parfois même était-on obligé d'aller compléter leur chargement au large avec des mahonnes.

La carrière a été attaquée sur trois points. Sur chacun des trois chantiers d'extraction se trouvait une grue à vapeur pour le chargement des blocs sur les wagons. Des voies de fer, se réunissant en une voie principale qui se prolongeait jusqu'à l'extrémité de la grande jetée, permettaient d'amener les blocs sous les grues à chariot des estacades. Le découvert pour arriver aux bancs avait une épaisseur moyenne de 1m,50.

L'ensemble des déchets et découverts pendant toute la durée de l'exploitation a été d'environ 30.000 mètres cubes. Il est entré, d'ailleurs, dans la construction des jetées du port environ 36.000 mètres cubes d'enrochements.

Ainsi qu'il a été dit précédemment, ce n'est qu'à partir de l'année 1862 que les expéditions de matériaux pour Port-Saïd ont pris de l'importance. Indépendamment de plusieurs milliers de mètres cubes de matériaux divers pour les constructions de la ville, la carrière du Mex a fourni environ 75.000 mètres cubes de blocs d'enrochements pour la jetée Ouest du port. Les blocs formaient trois catégories : de 0mc,20 à 1 mètre cube, de 1 mètre cube à 2mc,50 et de 2mc,50 et au-dessus. Le poids spécifique de la pierre était de 1.940 kilogrammes.

L'exploitation de la carrière du Mex a cessé tout naturellement dans les derniers mois de l'année 1865. C'est qu'en effet l'abri que l'on avait en hâte de créer à Port-Saïd se trouvait alors réalisé ; en outre, l'entreprise de MM. Dussaud frères pour la construction des jetées en blocs artificiels se trouvait alors en pleine activité; et, d'un autre côté, le marché passé avec ces entrepreneurs comprenait un certain cube de blocs à fournir par eux, et ce cube était suffisant pour assurer l'achèvement des jetées.

La carrière du Mex n'étant plus utile à la Compagnie, le Président, dès la fin de 1865 (par lettre du 10 décembre), avait proposé au Gouvernement égyptien de lui en faire la remise moyennant le remboursement des dépenses faites par la Compagnie pour l'installation même de la carrière et de la valeur du matériel. La question de cette remise ne fut pourtant officiellement résolue que par la convention du 23 avril 1869, laquelle, par son article 7, stipulait que la Compagnie faisait diverses cessions au Gouvernement égyptien pour une somme totale de 10 millions de francs représentant le montant des dépenses de premier établissement de tous les établissements cédés, parmi lesquels « la carrière et le port du Mex avec le matériel d'exploitation ». Une lettre du Ministre de l'Intérieur, S. E. Chérif Pacha, en date du 22 mai 1869, au représentant accrédité de la Compagnie, annonça que le Gouvernement égyptien avait pris, à la date sus-dite, livraison de la carrière suivant inventaire, en suite des accords intervenus entre S. A. le Khédive et le Président de la Compagnie.

L'évaluation du prix de la carrière, faite le 13 septembre 1866 par un ingénieur du Gouvernement égyptien, avait été établie par lui comme suit :

Port	628.482 fr.	50
Carrière	149.712	85
Bâtiments et abris	54.946	94
Estimation totale	833.142 fr.	29

L'évaluation faite précédemment par la Compagnie et soumise au Gouvernement égyptien s'élevait au chiffre de 869.497 fr. 95. Il n'y avait donc qu'une différence de 36.355 fr. 66 entre les deux estimations.

FLOTTE DE LA COMPAGNIE

La plus grande partie des approvisionnements de toute nature pour les besoins des travaux venant d'Europe, l'utilité avait été reconnue, dès le début, pour garantir la régularité des arrivages et ne pas se trouver sans cesse, sous ce rapport, à la merci des circonstances, de constituer une petite flotte au moyen de laquelle on pourrait, non seulement parer à tous les cas urgents, mais encore assurer un transport régulier des blocs du Mex à Port-Saïd.

C'est ainsi que, dès le mois de juillet 1859, la Compagnie avait acheté à Marseille un petit bateau à vapeur, *le Joseph*, de 90 tonneaux, destiné à faire un service régulier de transports entre Alexandrie et Port-Saïd (transports de personnel, d'ouvriers, de vivres et de matériel). La Compagnie affrétait, précédemment, pour ce service, un bateau à vapeur, appartenant au Gouvernement égyptien.

A la fin de l'année 1860, la flotte de la Compagnie se composait, indépendamment du vapeur *Joseph*, de 10 navires à voiles d'un tonnage, ensemble, de 1.660 tonneaux. Mais ces moyens de transports paraissant encore insuffisants, eu égard, surtout, au grand développement que l'on espérait alors pouvoir donner au transport des pierres du Mex à Port-Saïd pendant l'année 1861, l'acquisition de nouveaux navires à voiles fut décidée. En outre, l'utilité fut reconnue d'avoir un remorqueur (*l'Albert*, de 45 tonneaux) pour faire sortir du port du Mex les navires chargés de pierres et les conduire à une certaine distance en rade.

Bref, en novembre 1861, la flotte de la Compagnie se composait : indépendamment des deux bateaux à vapeur *le Joseph* et *l'Albert*, de 18 navires à voiles (bricks et goëlettes) d'un tonnage de 30 à 200 tonneaux, ensemble 2.020 tonneaux, et sur la rade de Port-Saïd, d'un ponton, *la Columbia*, de 400 tonneaux; soit en totalité, une flotte de 21 navires, d'un tonnage ensemble de 2.555 tonneaux. A la date indiquée, les 18 navires à voiles étaient occupés comme suit :

4, affectés aux transports entre Marseille et Port-Saïd;

3, affectés aux transports sur la ligne de Galatz;

8, affectés aux transports de pierres du Mex;

3, affectés à des transports de vieilles briques de Damiette à Port-Saïd.

En outre de la flotte proprement dite, le service spécial des transports maritimes, que la Compagnie avait dû organiser et qui avait son siège à Alexandrie, avait encore à sa disposition, pour les mouvements de port et de rade et pour les chargements et déchargements, un matériel considérable d'embarcations diverses réparti entre le Mex, Alexandrie et Port-Saïd.

La possession d'une flotte, — comme il est dit plus haut, — n'était aux yeux de la Compagnie, qu'un moyen d'assurer les transports dans des cas urgents et de permettre en même temps de peser sur le marché pour obtenir de meilleures conditions de fret; mais elle constituait, par ses dépenses d'exploitation, une obligation coûteuse. Aussi, était-il dans les fermes intentions de la Compagnie, non seulement de ne pas augmenter la flotte telle qu'elle s'était trouvée constituée à la fin de 1861, mais encore, dès que les circonstances le permettraient, de s'en défaire et de supprimer par là même le service spécial des transports maritimes.

Effectivement, et bien que les transports de pierres du Mex fussent encore, alors, en pleine activité, tous les navires de la flotte furent successivement vendus dans le courant des mois de juillet à octobre 1864; et comme conséquence, le service maritime fut peu après supprimé. Grâce à l'abri que présentait déjà à cette époque le port de Port-Saïd pour les navires de petites dimensions et à l'amélioration des moyens de déchargement, on avait la certitude que les affrètements pour les transports de pierres du Mex, devenus plus faciles, suffiraient seuls désormais pour répondre aux besoins.

Dès le mois de juin 1864, l'exploitation de la carrière du Mex, y compris le transport et la mise en œuvre des blocs d'enrochements à la jetée Ouest de Port-Saïd, fit l'objet de marchés successifs avec un tâcheron, le sieur Valette. Ainsi qu'il est dit plus haut, ces marchés ont pris fin dans les derniers mois de 1865.

II. — Partie de la jetée Ouest en enrochements naturels.

Une partie de la jetée Ouest a été construite en enrochements naturels conformément à la description donnée ci-dessous :

APPONTEMENT EN CHARPENTE GARNI D'ENROCHEMENTS FORMANT L'ENRACINEMENT DE LA JETÉE

En exécution du programme rappelé précédemment[1], la commande des bois nécessaires à la construction de l'appontement en charpente fut faite en Europe dès les premiers mois de 1859. On se préoccupa, en même temps, des ressources que pourraient fournir les carrières du Mex, situées près d'Alexandrie, pour les enrochements de consolidation de l'ouvrage.

L'appontement projeté devait avoir, à partir du point du rivage marqué par la balise 1 du plan de l'époque[2], une longueur de 260 mètres, longueur jugée nécessaire pour atteindre les fonds de 3 mètres, et dépasser ainsi une grande barre que présentait la plage sous-marine et sur laquelle les lames déferlaient avec violence dans les gros temps.

Le tablier, de 8^{m},20 de largeur et établi à 2^{m},80 au-dessus du niveau moyen de la mer, reposait sur des palées espacées de 4 mètres d'axe en axe. Chaque palée se composait de 4 pieux de 0^{m},30 à 0^{m},32 de diamètre coiffés d'un chapeau de 0,30/0,30 sur lequel reposaient 6 cours de longrines de 0,30/0,25 renforcées, au droit de chaque pieu, par des sous-poutres de 2 mètres de longueur. Les pieux étaient moisés transversalement, au niveau de l'eau, par des pièces de bois de 0,25/0,25 sur lesquelles reposait, mais seulement

1. Voir page 25 du tome VI-1.

2. La laisse de la mer se trouvait alors à 30 mètres en avant de la balise 1.

le long des pieux de rive du côté du futur chenal, une longrine de 0,25/0,20 reliant entre elles toutes les palées. Enfin le tablier portait un chemin de fer de service à double voie muni des grues et bigues nécessaires pour permettre le déchargement des petits bâtiments pouvant accoster à l'appontement et des grands chalands ou mahonnes employés, surtout à transporter à terre les machines pesantes et les matériaux de toute nature. Ce chemin de fer de service devait d'ailleurs, au fur et à mesure des remblais qui étaient exécutés pour constituer le sol de la future ville de Port-Saïd, être prolongé sur la terre ferme jusqu'aux lieux de dépôt, magasins et ateliers.

Quant aux enrochements de consolidation de l'appontement, ils devaient être exécutés de façon à protéger l'ouvrage du côté du large, mais, en même temps, à ne pas empiéter sur les profondeurs du pied de l'ouvrage du côté de l'accostage.

EXÉCUTION DES TRAVAUX

Les bois commandés pour l'appontement commencèrent à arriver à Port-Saïd dans le courant de mai 1859[1].

En attendant qu'il fût possible de les mettre en œuvre, on utilisa les premiers arrivages de la carrière du Mex pour immerger, à partir du rivage, sur une longueur d'une douzaine de mètres, des enrochements destinés à former l'enracinement de l'appontement et de la future jetée.

Le battage des pieux commença en octobre. Les pieux prenaient une fiche d'environ 5 mètres.

Ils n'avaient été l'objet, avant l'emploi, d'aucun moyen de préservation contre les attaques des tarets, que l'on ne prévoyait pas alors, et qui se revélèrent par de sérieux ravages au bout d'un délai de quatre mois seulement après la mise en place des pieux. Par suite du peu de résistance des pieux rongés par les tarets, l'appontement, pendant toute la durée de sa construction, eut à souffrir, sous l'action des

1. Les déchargements de ces bois ont été longs et pénibles par suite du petit nombre de bras dont on disposait. Les bois étaient attachés les uns aux autres en forme de radeaux que des embarcations à rames remorquaient jusqu'à terre; les pièces étaient alors tirées une à une sur la plage jusqu'à ce qu'elles fussent hors de la portée des lames. Plus tard, les barques furent halées sur une amarre depuis le lieu de mouillage jusqu'à terre; des bouées avaient été mouillées à cet effet sur le trajet.

tempêtes, du choc des mahonnes en déchargement et du poids des grues et des matériaux déchargés, de fréquentes et graves avaries. Le moyen le plus efficace de conjurer ces désastreux effets de l'affaiblissement des pieux eût été de noyer promptement et complètement ceux-ci dans des enrochements. Malheureusement, les arrivages des carrières du Mex n'étaient pas suffisants pour répondre aux besoins sous ce rapport, et, en outre, l'état de la mer mettait souvent obstacle au déchargement des enrochements.

On essaya, mais sans succès, le goudronnage des pieux, leur mailletage, leur doublage en zinc; on essaya, en outre, mais aussi infructueusement, l'enfoncement de pieux creux en tôle au moyen du vide.

Après une lutte incessante pour la réparation aussi prompte que possible des avaries à mesure qu'elles se produisaient, l'appontement, à la date du 1er janvier 1862, se trouvait avoir atteint une longueur de 184 mètres. Sa charpente était complètement enrochée jusqu'au dessous du tablier; on y avait employé 3.800 mètres cubes d'enrochements.

L'ouvrage fut prolongé, pendant les premiers mois de l'année 1862, suivant le même mode de construction et atteignit la longueur de 220 mètres.

A mesure de l'avancement des enrochements de remplissage de l'appontement, la plage de l'ouest, comme cela était inévitable, s'était exhaussée; et, comme conséquence, une barre se formait constamment en avant de l'ouvrage dans le petit chenal d'accès. Dans le courant de l'année 1862, cette barre était devenue telle que les mahonnes même ne pouvaient plus que très difficilement la franchir. Pour remédier à cette situation, on décida, vers la fin de ladite année, de prolonger l'appontement jusqu'à une certaine distance au-delà de la barre, mais en le laissant à claire-voie de manière à éviter un nouvel exhaussement de la plage. On ne pouvait d'ailleurs songer, pour cette construction à claire-voie, à l'emploi de pieux en bois. On prit donc le parti de substituer à ceux-ci des pilots en fer semblables à ceux qui avaient été employés à l'îlot en fer, récemment construit dans les fonds de 5 mètres, sur la direction même de la jetée, et dont il sera parlé ci-après. Une circonstance favorable permit de faire assez économiquement la nouvelle construction : la Compagnie put, en effet, acheter du Gouvernement égyptien, à très bon compte, des pilots en fer avec leurs accessoires qui s'étaient trouvés en excès lors de la construction du pont de Kafer-Zayat, sur le Nil[1].

---

1. L'inventaire de la cession faite par le Gouvernement égyptien à la Compagnie comprenait, avec toutes leurs pièces accessoires, savoir : 154 pieux de $0^m,13$ de diamètre, 95 pieux de $0^m,15$ et 13 pieux de $0^m,175$.

Le prix de la cession était de 28.215 francs. En y ajoutant les frais de transport, la dépense de tout ce matériel rendu à Port-Saïd s'est élevée en définitive à environ 30.000 francs.

APPONTEMENT SUR PILOTS EN FER CONSTRUIT EN PROLONGEMENT DE L'APPONTEMENT EN CHARPENTE

La longueur de cette partie d'appontement a été de 180 mètres, ce qui a porté à 400 mètres la longueur totale de l'appontement.

Le tablier, de même largeur, et établi à la même hauteur que sur la partie précédente, reposait également sur des palées espacées de 4 mètres d'axe en axe.

Chaque palée se composait de 3 pilots en fer, à vis, de $0^m,13$ et de $0^m,15$ de diamètre, coiffés d'un chapeau en fonte sur lequel était boulonné le chapeau en bois de 0,30/0,30.

Les pilots étaient reliés entre eux, à la fois dans le sens longitudinal et dans le sens transversal, par des croix de Saint-André composées de 4 tirants en fer rond de $0^m,04$ avec un œil à une extrémité et un taraudage à l'autre, de 4 colliers en fer plats épousant les formes des pilots, enfin, d'un étrier en forme de cadre recevant les 4 tirants.

Au-dessus des chapeaux en bois, le tablier était établi dans les mêmes conditions que sur la portion d'appontement précédente.

Ainsi qu'il a été dit plus haut, on avait pensé d'abord à laisser provisoirement à claire-voie la portion d'appontement sur pilots en fer, sauf pourtant, afin d'éviter les affouillements, à consolider tout au moins le pied des pilots par des enrochements.

EXÉCUTION DES TRAVAUX

La portion d'appontement sur pilots en fer, commencée au début de l'année 1863, peu après l'achèvement de l'îlot en fer dont il est parlé ci-après, avait atteint sa longueur totale de 180 mètres à la fin de la même année.

On verra plus loin que, par suite de la nécessité de créer le plus tôt possible un abri à Port-Saïd, en même temps que s'exécutait dans ce but, à la suite de l'appontement sur pilots en fer, une jetée sous-marine en enrochements naturels destinée à former le noyau de la jetée définitive, l'appontement fut à son tour garni d'enrochements pendant la seconde moitié de l'année 1864.

ILOT EN FER GARNI D'ENROCHEMENTS CONSTRUIT DANS LES FONDS DE 5 MÈTRES

L'appontement en charpente, tel qu'il avait été projeté, ne devait pas, vu son peu de longueur, trouver à son extrémité une profondeur d'eau suffisante pour permettre aux navires de venir effectuer directement leur déchargement.

Le déchargement des navires, il est vrai, grâce à la bonne tenue du mouillage de la rade, se faisait néanmoins par beau temps sans trop de difficulté à l'aide de grosses barques ou mahonnes qui allaient accoster les navires au mouillage, recevaient leur chargement et venaient le débarquer sur l'appontement. Mais, par les gros temps, ce mode d'opérer était dangereux, devenait même parfois impraticable, en raison tout à la fois des difficultés de l'accostage des navires et de leur déchargement, puis, de l'obligation pour les barques de franchir avec leur chargement, avant de se trouver à l'abri, les brisants de la barre existante en avant de l'appontement.

Aussi, dès le milieu de l'année 1860, c'est-à-dire pendant que se poursuivait, — non sans luttes contre les fréquentes avaries, ainsi qu'il a été expliqué précédemment, — la construction de l'appontement en charpente, avait-on reconnu la nécessité d'améliorer la situation en cherchant à créer le plus promptement possible à Port-Saïd un abri tout au moins pour les navires d'un tirant d'eau ne dépassant pas 5 mètres, lequel abri constituerait, en même temps, une protection efficace pour le chenal de communication ouvert à travers la plage, entre la mer et l'arrière-bassin du port.

Or, pour parvenir à ce résultat, on ne pouvait songer à un prolongement de l'appontement en charpente dont la construction, à mesure que l'on s'avançait en mer, devenait de plus en plus coûteuse en même temps qu'elle présentait de moindres conditions de solidité.

Il fallait donc trouver un moyen de prolonger la jetée en enrochements jusqu'aux profondeurs de 5 à 6 mètres, et ce, avec les matériaux de la carrière du Mex puisque l'on ne pouvait attendre l'époque, — que l'on prévoyait assez reculée, — où il serait possible d'employer exclusivement à la construction de la jetée les pierres de Gebel-Géneffé.

Par suite de ces considérations, on décida la construction, dans la direction même de la jetée, à la distance des fonds de 5 mètres, d'un îlot en fer composé de pieux à vis reliés à leur partie supérieure par un système de charpente en fer supportant un tillac en madriers, et des voies de fer sur lesquelles seraient installées des grues de déchargement. Cet îlot était destiné à permettre aux navires chargés de matériel ou de blocs d'enrochements, lorsque les déchargements en mahonnes ne seraient pas possibles, ou bien lorsque le nombre des navires sur rade serait trop grand pour permettre de conduire promptement à terre tous les chargements, de venir se mettre à l'abri pour opérer leur déchargement sur l'îlot même, ce qui exonérerait la Compagnie de frais énormes de surestaries. Le matériel ainsi débarqué sur l'îlot, lorsque le temps redeviendrait propice, serait repris par les mahonnes pour être conduit à l'appontement. Quant aux blocs d'enrochements, ils seraient employés tout d'abord à la consolidation des pieux mêmes de l'îlot, puis au remplissage de l'ouvrage en vue de l'abri à créer, finalement à l'avancement progressif de la jetée vers la terre. Simultanément, on profiterait des temps calmes pour continuer les déchargements de blocs sur l'appontement et avancer la jetée vers le large. Par le mode de construction qui vient d'être décrit, on pouvait entrevoir, dans un avenir peu éloigné, l'achèvement de la construction d'une jetée en enrochements depuis la terre jusqu'aux fonds de 5 mètres.

L'îlot a été effectivement construit par les fonds de 5 mètres. L'origine de l'ouvrage se trouvait à une distance de 920 mètres du point du rivage marqué par la balise 1. (L'intervalle existant entre l'origine de l'îlot et l'extrémité de l'appontement sur pilots en fer construit ultérieurement s'est trouvé être ainsi de 520 mètres.)

L'ouvrage avait une longueur de 65 mètres.

Le tablier, de $20^m,50$ de largeur, établi à $2^m,80$ au-dessus du niveau de la mer, comme celui de l'appontement, reposait sur quatre files de pilots en fer, à vis, de $0^m,15$ de diamètre, prenant une fiche de 3 à 4 mètres.

Sur les deux files de rives, les pilots étaient espacés de $1^m,71$ d'axe en axe ; sur les deux files intérieures, de $3^m,42$.

Dans les palées formées par les pilots des files de rives, de deux en deux, et par les pilots des files intérieures, la distance entre ces derniers était de $7^m,60$, et la distance entre chacun des deux pilots intérieurs et le pilot de rive correspondant, de $6^m,20$.

Sur les chapeaux en fonte des pilots des palées était boulonné le chapeau en bois destiné à supporter le tablier.

Les pilots de chacune des files étaient entretoisés entre eux à l'aide de cornières assemblées en forme de croix de Saint-André. D'une file à l'autre, les pilots étaient également entretoisés par des croisillons pour contreventement.

Quant au tablier de l'îlot, il était constitué, comme dans les deux ouvrages précédemment décrits, par des longrines sur lesquelles reposait le tillac en madriers.

Enfin, le tablier de l'îlot portait sur chacune de ses deux travées de rives deux voies de fer établies juste au-dessus des longrines supportant le tillac.

EXÉCUTION DES TRAVAUX

L'îlot commencé en mars 1862 était terminé, sauf en ce qui était du tillac, le 1er septembre suivant. Il était muni de puissantes grues de déchargement.

On avait ajourné la pose du tillac définitif sur chacune des parties successives de l'îlot pour permettre la mise en œuvre des blocs d'enrochements destinés au remplissage de l'ouvrage.

Ce travail de remplissage, commencé dans la courant de juin, était à son tour à peu près complètement terminé à la fin d'octobre. Il ne restait plus alors qu'à renforcer le talus du large par de nouveaux enrochements pour lui donner une inclinaison convenable et à le recouvrir de gros blocs. L'abri n'en était pas moins créé; et, ainsi qu'on l'avait espéré, il a rendu, depuis lors, les plus grands services.

JETÉE SOUS-MARINE EN ENROCHEMENTS NATURELS ENTRE L'APPONTEMENT ET L'ILOT EN FER

Ainsi qu'il a été déjà mentionné précédemment, et qu'il sera plus loin expliqué en détail, un marché a été passé par la Compagnie, en octobre 1863, avec des entrepreneurs (MM. Dussaud frères) pour la construction des jetées de Port-Saïd en blocs artificiels. Mais, comme cette entreprise avait à procéder à d'importantes installations avant que pût commencer la mise en œuvre des blocs, la Compagnie, afin d'arriver à protéger le plus promptement possible le chenal d'accès du port contre l'envahissement des sables, reconnut la nécessité, en attendant l'exécution du marché Dussaud, de continuer provisoirement l'exploitation de la carrière du Mex; et ce, en vue de la construction entre l'appontement et l'îlot en fer, d'une jetée sous-marine en enrochements naturels destinée à retenir les sables de la plage et appelée en même temps à former le noyau de la jetée définitive en blocs artificiels.

La nécessité de la construction aussi prompte que possible de cette jetée sous-marine s'imposait d'ailleurs à la Compagnie en exécution même du marché passé avec MM. Dussaud frères, dont l'un des articles stipulait que « la Compagnie serait tenue d'établir et d'entretenir toujours en bon état un chenal de 2 mètres au moins de profondeur, depuis l'embarcadère de leur chantier des blocs jusqu'à l'extrémité de la portion de la jetée Ouest en construction ».

EXÉCUTION DES TRAVAUX

Déjà, au moment de la passation du marché Dussaud, le massif d'enrochements de l'îlot en fer avait été prolongé de 75 mètres (partie émergente) vers la terre, et même d'une longueur de 15 mètres vers le large, en sorte que la longueur de l'abri formé par l'îlot se trouvait être d'environ 155 mètres; ce qui constituait (ainsi que l'expérience l'a montré) un abri des plus efficaces pendant les mauvais temps pour un assez grand nombre de navires d'un tirant d'eau ne dépassant pas 5 mètres, et ce qui permettait de placer à l'îlot deux navires en déchargement. A partir de ce moment, tous les nouveaux enrochements furent employés à la construction de la jetée sous-marine entre l'îlot et l'appontement.

Pour arriver plus promptement encore à réaliser la protection du chenal d'accès du port, on avait décidé de couler immédiatement à la suite de l'appontement en fer, les coques, remplies de sable, de quatre vieux navires démâtés, et que l'on se proposait de fortifier rapidement sur leurs flancs par les enrochements arrivant du Mex. L'opération, tentée pendant l'hiver (janvier et février 1864), avec deux des navires en question ne réussit pas, et l'on renonça en conséquence à poursuivre l'expérience avec les deux autres navires[1].

Vers le milieu de l'année 1864, en même temps que s'exécutait la jetée sous-marine, l'appontement en fer, que l'on avait laissé provisoirement à claire-voie, afin de prévenir la formation d'une barre à son extrémité, à travers le chenal, fut à son tour rempli d'enrochements. Ce remplissage avait été reconnu indispensable, non seulement pour retenir les sables de la plage et assurer ainsi la conservation du chenal d'accès du port[2], mais aussi pour donner du calme derrière l'appontement et y faciliter ainsi les déchargements. Un peu plus tard, au commencement de l'année 1865, le massif d'enrochements naturels fut protégé contre les attaques de la mer, du côté du large et à son extré-

---

1. L'un des navires, pendant qu'il commençait à couler, fut soulevé par une lame, cassa ses amarres, fut alors entraîné dans l'Est par le courant et sombra dans une profondeur d'environ 7 mètres. On chercha en vain à le relever, et il fut promptement démoli par la mer.

L'autre navire, à peine coulé, fut presque aussitôt démoli à son tour par la mer.

2. MM. Dussaud frères, qui poussaient avec vigueur l'installation et la mise en train de leur entreprise, souffraient beaucoup du mauvais état du chenal d'accès du port. Leurs débarquements en rade se faisaient à l'aide de grands chalands. Comme ils ne voulaient pas risquer de faire accoster ceux-ci à l'appontement, par crainte d'avarie, ils étaient obligés, afin que les chalands pussent franchir la barre et naviguer dans le chenal jusqu'à leurs chantiers de dépôt, de ne les charger que d'une manière très incomplète. De là, une grande lenteur dans les déchargements des navires en rade et, comme conséquence, d'importants frais de surestaries.

Pour remédier le plus promptement possible à cette situation, les enrochements arrivant du Mex furent alors presque exclusivement employés au remplissage de l'appontement en fer.

mité, au moyen de 204 blocs artificiciels de 4^{mc},50 qui avaient été construits à proximité, dans ce but, quelques mois auparavant.

Nous croyons devoir rappeler, en terminant, que l'emploi de pierres du Mex à la jetée Ouest de Port-Saïd a cessé dans les derniers mois de l'année 1865. La jetée sous-marine entre l'appontement et l'îlot en fer était alors terminée, et la mise en œuvre, par l'entreprise Dussaud, des blocs artificiels destinés à compléter le profil de la jetée se trouvait alors en pleine activité.

La partie de la jetée Ouest construite en enrochements naturels s'est trouvée, finalement, présenter les dispositions suivantes :

D'une part, deux massifs émergents, s'élevant quelque peu au-dessus du niveau de la mer, et présentant, ensemble, une longueur totale de 555 mètres, savoir :

L'un des deux massifs, en remplissage de l'appontement enraciné au rivage, sur toute sa longueur de 400 mètres;

L'autre massif, en remplissage de l'îlot en fer de 65 mètres de longueur, avec prolongement de 15 mètres vers le large (s'étendant sous l'eau jusqu'à une distance d'environ 50 mètres de l'extrémité de l'îlot), et avec prolongement d'environ 75 mètres vers la terre; soit, pour tout le massif de l'îlot, une longueur émergente d'environ 155 mètres;

D'autre part, une simple jetée sous-marine sur la longueur de 445 mètres comprise entre l'extrémité de l'appontement et le massif d'enrochements de l'îlot.

Les forts courants qui avaient eu lieu dans cet intervalle de 445 mètres, par suite du rétrécissement du courant littoral produit par l'appontement et par l'îlot, y avaient approfondi les fonds naturels, en sorte que la jetée sous-marine, dont la crête était approximativement arasée à 3 mètres en moyenne au-dessous du niveau de la mer, s'est trouvée, en fait, établie assez uniformément sur toute sa longueur dans des fonds de 5 à 6 mètres.

JETÉES DE PORT-SAID

CONSTRUCTION DES JETÉES EN BLOCS ARTIFICIELS

Entreprise Dussaud frères

MARCHÉ DU 20 OCTOBRE 1863

(PLANCHES XXII ET XXIX)

Ainsi qu'il a été déjà mentionné à diverses reprises, un marché a été passé le 20 octobre 1863 avec MM. Dussaud frères, entrepreneurs de travaux publics, pour la construction de tout ou partie des jetées de Port-Saïd en blocs artificiels.

Les considérations qui ont fait adopter cette solution pour l'achèvement des jetées ont été les suivantes :

On a vu précédemment, qu'à l'origine, et même pendant les premières années des travaux, on comptait, pour la construction des jetées en enrochements naturels, — conformément aux projets arrêtés, — d'abord sur les matériaux à provenir de la carrière du Mex, puis, un peu plus tard, sur ceux de la carrière de Gebel-Géneffé [1].

On a vu également combien, pendant cette première période des travaux, la Compagnie avait la constante préoccupation d'arriver à créer le plus promptement possible un abri à Port-Saïd.

Ce fut vers le milieu de l'année 1863 que se posa nettement la question de savoir si les deux carrières pourraient réellement répondre aux espérances que l'on avait conçues, c'est-à-dire si elles seraient capables, non seulement de fournir les matériaux nécessaires à la prompte exécution du premier ouvrage d'abri (premier tronçon de la jetée Ouest) reconnu indispensable à Port-Saïd, mais aussi de

---

1. Voir ci-dessus, p. 25.

permettre ensuite une marche régulière et assez rapide de la construction des jetées pour assurer leur achèvement en temps convenable.

Or, en ce qui était de la carrière du Mex, elle était, à la vérité, susceptible, avec un aménagement convenable, d'offrir un vaste champ d'exploitation ; mais, malheureusement, elle était desservie par un port de très faibles dimensions, ne pouvant contenir en chargement que trois navires d'un tirant d'eau maximum de 3^m,50 à 4^m,50 et peu praticable, d'ailleurs, pendant les trois ou quatre mois de la mauvaise saison. Ces conditions défavorables limitaient tellement les ressources en matériaux que pouvait fournir la carrière, que l'on ne pouvait compter sur l'exploitation, d'ailleurs fort coûteuse de celle-ci, que pour un appoint.

Quant à la carrière de Gebel-Géneffé, son concours, sur une grande échelle, à la construction des jetées de Port-Saïd semblait devoir être environné de graves inconvénients. Les produits de cette carrière, en effet, après un transport de 3 à 4 kilomètres en chemin de fer, se trouveraient avoir à parcourir d'abord une distance d'environ 50 kilomètres sur le canal d'eau douce, puis de 75 kilomètres sur le Canal maritime, et ces transports par eau entraîneraient nécessairement à une opération, soit de touage, soit de remorquage. Une proposition avait été faite à la Compagnie pour l'exploitation de la carrière et le transport des matériaux ; mais cette proposition imposait à la Compagnie l'obligation de maintenir, sur tout le parcours des chalands affectés au transport des pierres, une hauteur d'eau minimum de 1^m,50 ; or, pour le canal d'eau douce en temps d'étiage du Nil, et même pour le Canal maritime, tout au moins pendant la première période de l'exploitation projetée, cette condition paraissait difficile à garantir. D'un autre côté, les toueurs réclameraient naturellement la liberté complète du passage, sans souci des dragues échelonnées sur tout le parcours de la rigole maritime, et les dragues, de leur côté, demanderaient naturellement aussi, à n'être dérangées que le moins possible; or, quelque règlement qui intervînt, quelque mesure que prît la Compagnie pour ménager et concilier tous les intérêts, les imprévus viendraient souvent déranger toutes les prévisions, et il n'était pas difficile de prévoir que des conflits s'engageraient entre l'entreprise des transports de pierres et les entreprises de dragages, conflits qui retarderaient les travaux et seraient pour la Compagnie une source de préjudices et de réclamations. Il convenait même de prévoir déjà le cas où la Compagnie voudrait établir, parallèlement aux travaux de dragages, une certaine circulation sur le canal, et, en conséquence, de donner, toutes choses égales d'ailleurs, la préférence au système qui lui laisserait pour cette exploitation provisoire, la plus grande liberté possible.

C'étaient les inconvénients de diverse nature qui viennent d'être indiqués qui avaient semblé devoir faire renoncer à la carrière de Gebel-Géneffé et fait naître l'idée d'employer aux jetées de Port-Saïd, au lieu d'enrochements naturels, des blocs artificiels formés simplement de sable marin et de chaux hydraulique du Theil. Ce système n'imposerait aucune sujétion pour le canal proprement dit. Les blocs étant composés avec le sable tiré de la plage de Port-Saïd, la carrière se trouvait au lieu même d'emploi. Quant à la chaux, son volume était réduit à des proportions telles que les incertitudes de la navigation n'étaient plus de nature à entraver les travaux. Enfin, quant à la dépense, on avait à considérer que les talus d'une jetée en blocs artificiels cubant 10 mètres cubes pouvaient être établis avec une inclinaison beaucoup plus raide qu'avec des blocs naturels dont le volume serait nécessairement beaucoup moindre. La construction de jetées en blocs artificiels présenterait donc bien probablement, sans augmentation de dépense, le très précieux avantage d'une exécution plus rapide et mieux assurée.

MARCHÉ DUSSAUD FRÈRES

C'est par suite de l'ensemble des considérations ci-dessus que la Compagnie accepta, à la date du 20 octobre 1863, une soumission par laquelle MM. Dussaud, frères, entrepreneurs de travaux publics à Marseille[1], s'engageaient « à exécuter tout ou partie des jetées de Port-Saïd en blocs artificiels moyennant le prix de 40 francs le mètre cube[2], mesuré sur les blocs mêmes, jusqu'à concurrence d'un cube total de blocs fixé à 250.000 mètres; mais de telle sorte qu'avant l'expiration de la quatrième année à compter du 1er janvier 1864, l'exploitation du Canal maritime pût être commencée à un tirant de 8 mètres ».

Les principales conditions du marché passé avec les entrepreneurs étaient les suivantes :

Les deux jetées devaient être construites sur le même profil, lequel présentait un couronnement horizontal de 5 mètres de largeur émer-

---

1. MM. Dussaud, frères, étaient connus pour les travaux importants de même genre que ceux qu'ils soumissionnaient, exécutés par eux avec succès tant en France qu'en Algérie. Ils construisaient d'ailleurs depuis un an le bassin de radoub que la Compagnie des Messageries Impériales exécutaient à Suez pour le Gouvernement égyptien, en sorte qu'ils avaient déjà l'expérience des travaux en Egypte.

2. Au cours des travaux, à la suite de réclamations des entrepreneurs, la Compagnie, à la date du 8 octobre 1866, prit la décision suivante qui fut acceptée par eux :

1° Allocation d'une indemnité de 202.000 francs comme dédommagement des frais exceptionnels que les entrepreneurs avaient eu à supporter pendant tout le temps où le chenal de Port-Saïd n'avait pas eu la profondeur stipulée au marché ;

2° Augmentation de 2 francs par mètre cube de blocs artificiels depuis l'origine jusqu'à la fin des travaux, et jusqu'à concurrence d'un cube total de 250.000 mètres cubes, cette augmentation étant destinée à compenser le renchérissement de la main-d'œuvre occasionné par la suppression des contingents.

En raison des avantages stipulés ainsi en faveur des entrepreneurs, la Compagnie se réservait la faculté — dont elle a usé — de reprendre tout le matériel et les bâtiments et installations de leur entreprise pour une somme totale de 400.000 francs.

[Le coût primitif dudit matériel et des installations avait été de 1.213.000 francs. — Voir, plus loin, à la fin du chapitre concernant l'entreprise Dussaud frères, le détail de cette estimation.]

geant de 2 mètres au-dessus du niveau moyen de la Méditerranée, avec des talus à 45°.

Les blocs auraient 3m,40 de longueur, 2 mètres de largeur et 1m,50 de hauteur, soit, déduction faite des rainures, un cube de 10 mètres[2].

Une partie du massif des jetées pourrait être faite avec des blocs de 4 mètres cubes sous la condition expresse que les revêtements extérieurs seraient composés exclusivement de blocs de 10 mètres[1].

Les blocs seraient formés de sable de la plage et de chaux du Theil dans la proportion de 325 kilogrammes de chaux en poudre sèche pour 1 mètre cube de sable[2]. La Compagnie se réservait le droit de faire varier le dosage de la chaux jusqu'à concurrence de 25 kilogrammes en plus ou en moins de la proportion indiquée, auquel cas le prix stipulé pour le mètre cube de blocs serait augmenté ou diminué en conséquence, en comptant la chaux sur le pied de 65 francs les 1.000 kilogrammes[3].

Les blocs demeureraient soumis à la dessiccation à l'air libre pendant au moins deux mois.

La Compagnie se réservait le droit de former une partie du noyau des jetées avec des blocs naturels mis en œuvre par elle-même ou par l'intermédiaire de tâcherons, mais sous réserve qu'il n'en résulterait aucune diminution dans le cube total des blocs artificiels stipulé à la soumission des entrepreneurs.

Enfin, parmi les obligations de la Compagnie se trouvait celle d'établir et d'entretenir toujours en bon état un chenal de 2 mètres au moins de profondeur, depuis l'embarcadère du chantier des blocs jusqu'à l'extrémité de la portion de la jetée Ouest en construction.

---

1. En fait, à l'exception de 204 blocs artificiels de 4m³,50 employés au commencement de l'année 1865 au renforcement de l'extrémité des enrochements de l'appontement en fer, il n'a été employé à la construction des jetées que des blocs de 10 mètres cubes.

2. C'était la première, et c'est peut-être la seule application qui ait été faite de blocs constitués par du mortier seulement.

3. En fait, la proportion de chaux par mètre cube de sable est restée la même pendant toute la durée de la construction. D'ailleurs, ainsi que le prévoyait le marché, tous les blocs ont été faits en mortier.

Ce n'est que plus tard, dans le courant de l'année 1873, après constatation d'importantes décompositions parmi les blocs hors de l'eau de la jetée Ouest, que, pour les remplacements à effectuer, la Compagnie se décida à faire les nouveaux blocs en maçonnerie. Toutefois, les difficultés rencontrées alors pour s'approvisionner rapidement de pierres et la nécessité, pourtant, de pousser activement tout à la fois le rechargement de la jetée même et son prolongement de 500 mètres alors en cours d'exécution, ne permirent pas tout d'abord la fabrication exclusive de blocs en maçonnerie qui n'eut lieu qu'à partir de l'année 1875. Pendant la période intérimaire, les blocs en mortier étaient employés à la partie sous-marine du prolongement de la jetée.

Aucune obligation de ce genre ne lui était imposée en ce qui concernait la construction de la jetée Est.

EXÉCUTION DES TRAVAUX

Les entrepreneurs se sont mis à l'œuvre dès les premiers mois de l'année 1864.

La Compagnie avait mis à leur disposition pour l'installation de leurs chantiers de fabrication et le dépôt des blocs le terrain bordant la mer situé immédiatement à l'Est du chenal d'accès du port. « Le chantier des blocs », — qui a conservé ce nom et son ancienne destination jusqu'à ce jour, — occupait une superficie de $5^{ha},20$. Les entrepreneurs le remblayèrent avec du sable pris sur la plage de manière à mettre la plate-forme uniformément à 1 mètre au-dessus du niveau de la mer, et ils défendirent cette plateforme contre les attaques de la mer par une double rangée de blocs artificiels, au nombre d'une centaine environ, fabriqués à l'aide de broyeurs provisoires, et qui ne furent mis en œuvre à la jetée Est qu'au moment de l'achèvement des travaux[1].

A la date du commencement d'octobre 1864, les principaux travaux d'installation de l'entreprise, exécutés ou en cours d'exécution, étaient les suivants, savoir : (Voir Pl. XX).

1° Au chantier des blocs :

Hangar pour atelier de machines, de 32 mètres sur 10 mètres;

1. Cette ligne de défense du chantier des blocs a été des plus utiles pendant toute la durée des travaux. Elle n'a pourtant pas suffi pour assurer la protection du terre-plein. Indépendamment d'un premier épi, — dont il sera parlé ci-après à propos de la jetée Est, — construit en 1861 comme enracinement de la dite jetée, dans l'emplacement et suivant la direction qui avaient été primitivement fixés, c'est-à-dire à 400 mètres de distance de la jetée Ouest et normalement à la côte, la Compagnie, dans les premiers mois de l'année 1866, reconnut la nécessité de construire un autre épi en enrochements à l'extrémité Ouest du terre-plein, c'est-à-dire à la limite Est du chenal d'accès du port de 200 mètres de largeur. En même temps, un autre épi de moindre importance fut construit à peu de distance à l'ouest de la grue d'embarquement des blocs, dans le double but de protéger l'emplacement de cette grue contre les envahissements de la mer et d'assurer le calme au point de chargement des chalands. Ce petit épi fut construit avec des moellons empruntés aux enrochements de l'appontement; le grand épi avec des pierres provenant de la carrière du plateau des Hyènes, dont il sera parlé ci-après. Ces divers épis furent ensuite entretenus à une hauteur de 1 mètre au-dessus du niveau de la mer.

Après la mise en œuvre dans les jetées des blocs qui constituaient la défense du terre-plein, et après le complet achèvement de l'entreprise, la Compagnie, conformément à une des stipulations du marché, ayant pris possession des installations et du matériel des entrepreneurs, fit construire, en remplacement des blocs qui venaient d'être enlevés, un mur continu en maçonnerie protégé à son pied par des enrochements.

Plate-forme en charpente des manèges, de 70 mètres sur 12 mètres et ayant son plancher à 4^{m},30 au-dessus du niveau du sol;

Grand hangar pour magasin à chaux de 100 mètres sur 12 mètres, pouvant contenir un approvisionnement de 5.000 mètres cubes;

Bâtiment en aggloméré à base de chaux du Theil, de 80 mètres sur 9 mètres et contenant 40 chambres pour logements d'ouvriers;

Un bureau, de 9 mètres sur 9 mètres, construit également en aggloméré;

En attendant le fonctionnement des grands manèges à mortier, installation d'un broyeur mû par une locomobile pour la fabrication du mortier destiné à la construction des bâtiments en aggloméré et à la confection des premiers blocs artificiels;

2° Sur le bord du chenal, tel qu'il existait alors :

Construction d'un appontement muni d'un jeu de bigues pour le débarquement des grosses pièces de matériel et relié aux divers points du chantier par une voie de fer avec embranchements;

3° Enfin, dans la ville même de Port-Saïd, sur le quai Eugénie :

Construction d'un bâtiment à un étage pour l'habitation des entrepreneurs.

Dès le mois de mai 1865 il y avait 1.085 blocs de 10 mètres sur la plate-forme qui se trouvait ainsi presque complètement remplie.

Malheureusement, par suite de l'insuffisance de profondeur du chenal, les entrepreneurs ne pouvaient encore commencer l'immersion et la fabrication des blocs dut forcément être ralentie : les chalands destinés au transport des blocs devaient normalement porter trois blocs; mais ils calaient alors 2 mètres, et ils ne pouvaient sans danger franchir la barre. Pour ne pas trop retarder l'immersion, les entrepreneurs, à la demande de la Compagnie, durent prendre le parti de ne faire transporter d'abord par leurs chalands qu'un seul bloc; dans ces conditions l'immersion était en moyenne d'une dizaine de blocs par jour. Ce ne fut qu'après un délai de plusieurs mois que, grâce à l'amélioration du chenal, l'immersion put enfin se faire dans des conditions normales.

Jetée Ouest. — L'immersion du premier bloc artificiel eut lieu à la jetée Ouest, le 9 août 1865, dans la partie de la jetée comprise entre l'appontement et l'îlot où existait le massif sous-marin en enrochements naturels.

Dès le commencement de l'année 1866, cette partie sous-marine de la jetée, d'une longueur de 445 mètres, se trouvait recouverte jusqu'à fleur d'eau par des blocs artificiels.

L'immersion des blocs artificiels fut alors commencée au delà du massif d'enrochements naturels de l'îlot, c'est-à-dire à partir du kilomètre 1 de la jetée. En même temps, le couronnement en blocs artificiels de la partie en deçà de l'îlot était parachevé à l'aide d'une mâture flottante[1].

1. Il y a lieu de signaler que, dans les premiers mois de l'année 1869, on

La seconde partie de la jetée, à partir de l'îlot, d'une longueur de 1.500 mètres, a été entièrement construite en blocs artificiels.

La jetée se trouvait ainsi avoir une longueur totale de 2.500 mètres. Son couronnement s'élevait généralement à une hauteur de 2 mètres au-dessus du niveau de l'eau.

L'immersion des blocs de la jetée fut terminée dans le courant de décembre 1868.

Jetée Est. — Il a été rappelé précédemment que, d'après l'avis de la Commission nautique de novembre 1865, — adopté par la Compagnie, — la jetée Est devait s'enraciner à une distance de 1.400 mètres de l'enracinement de la jetée Ouest, au lieu de la distance de 400 mètres qui avait été fixée par la Commission Internationale.

Jusqu'à la résolution définitive prise ainsi à ce sujet, c'était naturellement la réalisation du projet de la Commission internationale que l'on avait toujours eu en vue.

Or, pendant que s'exécutaient à la jetée Ouest les travaux de l'appontement destiné à en former l'enracinement, il était arrivé, par suite de l'obstacle apporté par cet ouvrage à la marche des sables voyageurs, de l'Ouest à l'Est, que la plage de l'Est, continuant d'être attaquée par les lames, dans les gros temps de la région Ouest, et n'étant plus alimentée, s'appauvrissait, en sorte que la mer menaçait de détruire l'étroit lido sur lequel, à cette époque, se trouvait installé le village arabe créé par la Compagnie pour l'installation de ses ouvriers indigènes et de leurs familles. Pour parer à ce danger, on résolut de

---

constata qu'un peu au-delà de l'hectomètre 4 de la jetée, c'est-à-dire dans la première partie du couronnement en blocs artificiels surmontant le massif sous-marin en enrochements naturels, le sable de la plage Ouest, mis en mouvement dans les gros temps par les lames et les courants, passait en grande abondance à travers les interstices des blocs, venait remblayer le talus naturel du chenal d'accès du port et, par suite du peu de largeur de ce talus, menaçait d'envahir le chenal lui-même. Or, à ce moment, tous les efforts des dragues devaient être employés à l'achèvement du creusement du canal maritime. Il importait donc de chercher à empêcher le passage du sable de la plage à travers les blocs de la jetée; et, dans ce but, sur une certaine longueur au-delà de l'hectomètre 4, on construisit sur le talus intérieur des blocs, un bourrelet en enrochements naturels de petites dimensions.

[Le passage des sables de la plage à travers les interstices des blocs de la jetée avait été constaté dès l'origine de la construction; mais, jusqu'à l'approche de l'ouverture du canal à la navigation, on avait considéré, d'une part, que la quantité de sable qui passait à travers la jetée était autant de moins qui s'accumulait derrière l'ouvrage, en sorte que le travail continu d'exhaussement et d'avancement de la plage, si redoutable au point de vue du maintien de la profondeur à l'entrée du chenal d'accès du port, se trouvait retardé d'autant ; d'autre part, que des dragages faits en temps opportun, à l'abri de la jetée sur le talus du chenal, pour l'enlèvement des sables d'apports, constitueraient toujours un moyen sûr et économique de prévenir l'envahissement du chenal même par les sables.]

construire de suite une amorce de la jetée Est, destinée à former d'abord épi de protection de la plage ; et ce fut naturellement sur la direction primitivement fixée pour cette jetée, c'est-à-dire à une distance de 400 mètres de la jetée Ouest. Ce travail fut exécuté pendant les mois de septembre et octobre 1861. On y employa 885 mètres cubes d'enrochements provenant de la carrière du Mex.

L'épi ainsi construit avait une longueur d'environ 50 mètres[1].

La construction de la jetée Est sur son emplacement définitif n'a commencé qu'en 1866.

C'est en effet dans le courant de janvier de ladite année que commença à cette jetée l'immersion des premiers blocs artificiels, dans les profondeurs de 3 mètres[2], à une distance de 270 mètres du point du rivage marqué par la balise 2 (point de départ de la direction de la jetée), en marchant vers le large.

La construction, en enrochements naturels, de l'enracinement de la jetée, entre les premiers blocs artificiels et la terre ne commença qu'en septembre de la même année. A cette époque, la Compagnie avait cessé l'exploitation de la carrière du Mex. Les pierres employées à la construction provenaient, pour la plus grande partie, d'une carrière dite du plateau des Hyènes, sise sur la rive Est du lac Timsah[3], pour une faible part, des îles de Grèce.

---

1. Cet épi a toujours existé depuis lors, convenablement entretenu par tous rechargements utiles, à une hauteur de 1 mètre au-dessus du niveau de la mer. C'est aujourd'hui, en partant de l'extrémité Ouest du chantier des blocs, le troisième des quatre épis de défense du terre-plein de ce chantier.

On a vu, dans une note précédente, qu'un autre épi, plus long que le précédent, a été construit en 1866 à l'extrémité Ouest du chantier.

Ce n'est que plus tard, après l'ouverture du canal à la navigation, que, d'une part, pour mieux assurer la défense du terre-plein, on a construit un nouvel épi entre les deux précédents, et que, d'autre part, pour remédier au recul continu de la plage immédiatement à l'Est du chantier, on a dû construire le quatrième épi de défense à son extrémité Est.

2. Les chalands porteurs de blocs calaient 2 mètres.

3. La carrière du plateau des Hyènes avait été ouverte dans les premiers mois de l'année 1862 ; on y avait trouvé de la pierre à chaux qui fut utilisée pour les constructions de la ville d'Ismaïlia Les moellons pour ces mêmes constructions étaient fournis, au début, par une carrière qui avait été ouverte au chantier VI (seuil d'El Guisr), dans la largeur de la tranchée du canal maritime, en vue de la construction du pavillon du Vice-Roi. Mais, dans les derniers mois de la même année, on recourut pour la fourniture de ces moellons à la carrière du plateau des Hyènes. Les matériaux étaient transportés à dos de chameaux.

Une reconnaissance détaillée de la carrière permit de constater qu'elle pourrait fournir environ 100.000 mètres cubes de pierres d'excellente qualité qui pourraient être utilisées, non seulement pour les constructions d'Ismaïlia, mais aussi pour les enrochements de protection qu'il y aurait lieu d'exécuter, le moment venu, le long des berges du canal maritime. Aussi, après l'achèvement, à la fin de 1862, de la rigole maritime de Port-Saïd au lac Timsah, et

La laisse de la mer se trouvait à une distance d'une centaine de mètres en avant de la balise 2.

Au-delà, comme il est dit plus haut, commençaient les blocs artificiels ; mais, sur une certaine longueur, la mâture flottante employée à la pose des blocs de couronnement ne pouvant, par suite de l'insuffisance de la profondeur d'eau, approcher du massif sous-marin exécuté par le simple déversement des blocs amenés par les chalands, le couronnement dut se compléter avec des enrochements naturels. Ce mode de constitution de la jetée a eu lieu sur une longueur de 230 mètres, s'étendant ainsi jusqu'à l'hectomètre 5 de la jetée, compté à partir de la balise 2.

Le reste de la longueur de la jetée a été entièrement construit en blocs artificiels et l'immersion des blocs a été terminée le 31 janvier 1869.

La longueur totale de la jetée, comptée à partir de la balise 2, était de 1.900 mètres. Son couronnement se trouvait généralement établi à 1 mètre au-dessus du niveau moyen de la mer.

Résumé

CUBES TOTAUX D'ENROCHEMENTS NATURELS ET DE BLOCS ARTIFICIELS ENTRÉS DANS LA CONSTRUCTION DES JETÉES

ENROCHEMENTS NATURELS

Les tubes totaux d'enrochements naturels qui sont entrés dans la construction des jetées ont été les suivants :

	Mètres cubes
Jetée Ouest	75.000
Jetée Est	7.500
Cube total	82.500

---

après la construction, en mai 1863, d'une rigole de service reliant l'extrémité de la rigole maritime à l'extrémité du canal d'eau douce, à Ismaïlia, prit-on le parti, en vue d'une exploitation économique de la carrière, de construire également une autre rigole de service reliant la carrière à la rigole maritime, et permettant ainsi le transport par eau des matériaux à la fois vers le canal maritime et vers Ismaïlia.

C'est donc, ainsi qu'il est dit plus haut, cette carrière du plateau des Hyènes qui a fourni (indépendamment du faible appoint venant des îles de Grèce) les pierres employées à la confection des enrochements ou blocs naturels de la jetée Est. Ces pierres étaient transportées de la carrière à pied d'œuvre par chalands sur le canal maritime.

BLOCS ARTIFICIELS

Le marché Dussaud frères comprenait, comme il a été dit précédemment, la fourniture d'un cube total de 250.000 mètres.

	Mètres cubes
En fait, le cube total fabriqué a été de	249.919

Mais le cube total des blocs immergés a été un peu moindre, se répartissant d'ailleurs comme suit :

	Mètres cubes	
Jetée Ouest	178.205	
Jetée Est	71.199	
Cube total immergé		249.404
DIFFÉRENCE		515

Cette différence provient de ce qu'un certain nombre des blocs fabriqués ont été employés dans les installations du chantier de fabrication des blocs parmi lesquelles ils sont restés englobés à la fin des travaux[1].

---

1 Les installations comprenaient notamment une ligne de 74 blocs de $3^m,40$ de longueur, 2 mètres de largeur et 1 mètre de hauteur destinée à supporter la voie des malaxeurs. Ces blocs, cubant chacun $6^m,80$, représentaient ainsi un cube total de 503 mètres cubes.

Naturellement, les blocs en question faisant partie des installations de l'entreprise qui ont été reprises en totalité par la Compagnie au prix de 400.000 francs (Voir, à la note 2 de la page 45, la décision de la Compagnie du 8 octobre 1866), n'ont pas été compris dans le décompte des travaux à l'entreprise.

Ces blocs sont encore en place aujourd'hui sur le chantier où ils sont néanmoins inutilisés par suite de l'emploi exclusif qui a été fait de blocs maçonnés dans les travaux des jetées à partir de l'année 1875. Par la même raison, tout l'ancien matériel de fabrication a disparu depuis longtemps.

DÉTAIL ESTIMATIF DES INSTALLATIONS DE L'ENTREPRISE REPRISES PAR LA COMPAGNIE, EN FIN DE TRAVAUX, AU PRIX DE 400.000 FRANCS

HANGARS ET MATÉRIEL

	Francs	Francs
Magasin à chaux		22.502
Hangar des machines		6.634
Plan incliné :		
Charpente	11.866	
Voies ferrées	2.110	
		13.976
A reporter		43.112

DÉPENSES

DÉCOMPTE DE L'ENTREPRISE DUSSAUD FRÈRES

	Francs
249.404 mètres cubes de blocs artificiels à 42 francs le mètre cube (nouveau prix consenti par la décision du 8 octobre 1866, au lieu du prix primitif de 40 francs du marché)	10.474.968
Indemnité accordée par la même décision du 8 octobre 1866	202.000
MONTANT TOTAL........	10.676.968

		Francs
Plate-forme des manèges : Report.................		43.112
Charpente........................	36.388	
Voies ferrées........................	2.683	
		39.071
Matériel pour le transport du sable et de la chaux sur la plate-forme :		
Voies ferrées........................	5.044	
2 plaques tournantes à galets........................	1.000	
3 treuils à tambour cannelé et transmissions........................	16.197	
Chaînes et rouleaux de supports........................	9.615	
15 wagons à sable à double caisse........................	15.000	
3 wagons à chaux........................	1.800	
		48.656
Matériel pour la fabrication des blocs :		
Machine à vapeur de 70 chevaux........................	37.247	
Chaudières et accessoires........................	35.898	
Transmissions pour manèges........................	25.455	
10 manèges à broyer le mortier........................	62.757	
2 pompes rotatives pour la machine et puits en tôle........................	3.532	
Caisse à eau en tôle........................	2.458	
10 chariots pour le transport des wagons à mortier........................	5.169	
12 wagons à mortier........................	12.954	
Voies ferrées pour le passage des wagons à mortier........................	4.901	
200 caissons-moules à blocs........................	60.000	
Locomobile de 7 chevaux........................	7.000	
		257.371
Matériel pour l'immersion des blocs :		
Grue hydraulique........................	53.091	
Voie de la grue........................	4.839	
Voie mobile........................	4.325	
Chariot en fer et fonte........................	2.400	
Cabestan à vapeur........................	3.954	
Locomotive de 25 chevaux........................	25.000	
Voie de la locomotive........................	15.697	
2 chariots en fer pour le transport des blocs........................	10.000	
Treuil hydraulique........................	17.740	
Charpente du treuil hydraulique........................	13.718	
Voie sur cette charpente........................	473	
4 chalands avec plans inclinés........................	80.000	
Canot à vapeur de 12 chevaux........................	20.000	
Vapeur *le Rapide* de 45 chevaux........................	90.000	
Vapeur *le Vigilant* de 80 chevaux........................	100.000	
Ponton avec bigue et machine à vapeur........................	30.000	
		471.237
Matériel pour transports divers :		
Voie pour le transport du charbon........................	2.338	
Brick *Alfred*........................	25.000	
4 chalands à marchandises........................	80.000	
Bateau-citerne........................	7.000	
Bateau pour transport du charbon........................	6.000	
		120.338
TOTAL........................		979.785
En nombre rond........................		980.000

MAISONS D'HABITATION

Valeur estimative........................	233.000
Estimation totale du matériel et des installations de l'Entreprise...........	1.213.000

Par le fait de l'indemnité accordée, le prix de revient du mètre cube de blocs artificiels s'est trouvé augmenté de :

$$\frac{202.000}{249.404} = 0 \text{ fr. } 81.$$

TRAVAUX EN RÉGIE

Pour l'établissement du chiffre total des dépenses de la construction des jetées de Port-Saïd, on peut admettre que le prix de revient des enrochements naturels, exécutés en régie, compte tenu de toutes les dépenses, a été le même que celui des blocs artificiels.

La part des dépenses afférente aux enrochements naturels dans le prix de revient des jetées peut donc être considérée comme ayant été approximativement la suivante :

	Francs
82.500 mètres cubes à 42 fr. 81 le mètre cube....	3.531.825

Nota. — Dans l'évaluation du prix total de revient, de la construction des jetées, on n'a pas eu à tenir compte des dépenses occasionnées par les deux ouvrages ci-dessous :

	Francs
Appontement à l'origine de la jetée de l'Ouest......	313.600
Ilot en fer..	505.400
Dépense totale........	819.000

attendu que ces ouvrages, qui se sont trouvés finalement enfouis dans le corps même de la jetée Ouest, ont été principalement construits en vue de faciliter, d'une manière générale, les déchargements à Port-Saïd ; et, par conséquent, que la dépense qu'ils ont occasionnée doit simplement entrer dans le montant global des frais généraux de la Direction générale des travaux.

DISPOSITIONS DÉFINITIVES DES JETÉES

En résumé, les jetées ont présenté finalement les dispositions suivantes :

JETÉE OUEST

Longueur totale de la jetée .... 2.500 mètres

composée de deux alignements droits :

L'un de 2.200 mètres de longueur, partant de l'ancienne balise 1, située à terre à une trentaine de mètres en arrière de la laisse de la mer (à l'origine des travaux), ayant une direction N.E.1/4N. et faisant ainsi avec la ligne de l'ancien rivage, côté Ouest, un angle d'environ 101° (exactement 100° 59'10") ;

L'autre alignement, de 300 mètres de longueur, partant de l'extrémité du précédent et ayant une direction N.E.

Dans l'angle formé par les deux alignements, ceux-ci sont raccordés par une courbe de 400 mètres de rayon et de 80 mètres environ de développement.

A mesure que la jetée s'était avancée en mer, à partir du kil. 1, il s'était constamment produit en avant de son extrémité un certain approfondissement, de telle sorte que l'ouvrage s'est trouvé effectivement établi dans des profondeurs un peu plus grandes, d'environ 50 centimètres, que celles des fonds primitifs. Finalement, la jetée, à son extrémité, avait atteint les fonds primitifs d'environ 8^{m},50, et il existait en avant et au pourtour de cette extrémité une profondeur de 9 mètres.

La jetée a été exécutée autant qu'il était possible conformément au profil indiqué au marché Dussaud frères, le dit profil comportant, ainsi qu'il a été mentionné précédemment, un couronnement horizontal de 5 mètres de largeur, émergeant de 2 mètres au-dessus du niveau moyen de la Méditerranée, avec des talus à 45°. Toutefois, sur la longueur de 65 mètres de l'îlot en fer englobé dans les enrochements, la largeur du couronnement se trouvait être, comme celle du tillac même de l'îlot, de 20^{m},50, avec raccord en deçà et au delà avec les parties voisines de la jetée courante.

La jetée était d'ailleurs constituée dans sa longueur comme il est indiqué ci-dessous :

	Mètres.
Première partie. — Ayant son origine à la balise 1 et aboutissant dans les fonds d'environ 3 mètres, construite entièrement en enrochements naturels dans le massif desquels se trouvaient englobés l'ancien appontement en bois de 220 mètres de longueur et, à la suite, l'appontement sur pilots en fer de 180 mètres................	400
Deuxième partie. — Constituée par un noyau sous-marin en enrochements naturels arasé à 3 mètres, en moyenne, au-dessous du niveau de la mer, et établi (par suite d'un certain approfondissement des fonds naturels résultant des courants) dans des profondeurs croissantes de 4 à 6 mètres, le dit noyau sous-marin enveloppé par des blocs artificiels complétant le profil de la jetée..	445
Troisième partie. — Établie dans des fonds moyens de $5^m,50$ et construite entièrement en enrochements naturels avec revêtement du talus en blocs artificiels ; dans le massif de la jetée s'est trouvé englobé l'îlot en fer de 65 mètres de longueur qui avait été érigé à une distance de 920 mètres de la balise 1....	155
Quatrième et dernière partie. — Établie dans des fonds de 6 à 9 mètres et construite entièrement en blocs artificiels.........	1.500
LONGUEUR TOTALE DE LA JETÉE........	2.500

JETEE EST

Longueur totale de la jetée comptée à partir de l'ancienne balise 2............................. 1.900 mètres

(La balise 2 était située sur une perpendiculaire à la direction du premier alignement de la jetée Ouest menée par la balise 1, à une distance de 1.400 mètres de cette balise. Elle se trouvait sur la terre ferme, à une centaine de mètres environ en arrière de la laisse de la mer au moment de la mise en train des travaux de la jetée.)

La jetée présente un alignement unique partant de la balise 2 et se dirigeant vers un point situé vis-à-vis de l'extrémité du premier alignement de la jetée Ouest, à une distance de 500 mètres. Son extrémité se trouve à une distance de 700 mètres de la jetée Ouest, à très peu près vis-à-vis du point hectométrique 17,5 de cette jetée.

La jetée a très sensiblement une direction N.1/4E. (exactement N.12°E.).

A son extrémité, elle avait atteint les fonds naturels de 5^{m},50 d'alors; mais au-delà on trouvait des fonds de 5^{m},80.

A peu près sur toute sa longueur, la jetée n'a été établie qu'avec un relief moyen de 1 mètre au-dessus du niveau de la mer.

Enfin, sur les différentes parties de sa longueur, la jetée s'est trouvée constituée comme il est indiqué ci-dessous :

	Mètres
Première partie. — Ayant son origine à la balise 2 et s'étendant jusqu'aux fonds de 2^{m},50 ; construite entièrement en enrochements naturels	270
Deuxième partie. — Établie dans des profondeurs croissantes de 2^{m},50 à environ 4^{m},50 ; construite en blocs artificiels, avec couronnements en enrochements naturels	230
Troisième partie. — Établie dans des fonds de 4^{m},50 à 5^{m},80 ; construite entièrement en blocs artificiels	1.400
LONGUEUR TOTALE DE LA JETÉE	1.900

EXÉCUTION DES TRAVAUX DE DRAGAGES ENTRE PORT-SAÏD ET LE SEUIL D'EL GUISR

ENTREPRISE W. AITON

MARCHÉ DU 13 JANVIER 1864 RÉSILIÉ LE 6 DÉCEMBRE DE LA MÊME ANNÉE

Précédents

PREMIÈRES SOUMISSIONS POUR TRAVAUX DE DRAGAGES PRÉSENTÉES PAR DIVERS ENTREPRENEURS

Aussitôt après la résiliation du traité Hardon, en février 1863, des propositions de marchés à prix ferme pour l'exécution de travaux de dragages ont été adressées à la Compagnie.

Dans les premiers jours d'avril de ladite année, M. Schmidt, ingénieur de matériel et des ateliers de la Compagnie, qui, par la nature de ses fonctions, avait été en situation de se rendre bien compte du parti à tirer du matériel de dragages que possédait alors sur place la Compagnie, présenta une soumission pour l'exécution à la tâche, dans le délai de trois ans, de 10 millions de mètres cubes de dragages, au prix de 1 fr. 35 le mètre cube : les travaux faisant l'objet de la soumission comprenaient les dragages à faire sur toute l'étendue du lac Menzaleh et des lacs Ballah jusqu'à une profondeur de 3 mètres au-dessous du niveau moyen de la Méditerranée ; la Compagnie devait remettre gratuitement au soumissionnaire tout le matériel de dragages dont elle disposait alors en Égypte, et qui consistait dans les 24 petites dragues provenant de la régie Hardon avec tout le matériel accessoire de grues, chalands et caisses à déblais.

Cette soumission, reproduite le mois de juin suivant après avoir subi, dans certaines de ses dispositions, des modifications qui, en toute hypothèse, avaient été jugées indispensables, fut finalement repoussée par la Compagnie par suite des considérations suivantes :

Dans le moment même où était produite la soumission en question, une importante maison de construction de Paris se montrait disposée à faire des propositions pour le dragage à 8 mètres d'une partie du canal, mais elle déclarait en même temps qu'il lui serait impossible de donner suite à son projet, si elle devait avoir à subir la gêne que ne manqueraient pas de se causer mutuellement deux entreprises, dont l'une creuserait à 3 mètres et l'autre à 8 mètres dans une même partie de canal. La maison de construction dont il est question ci-dessus n'était pas la seule qui manifestât l'intention de concourir aux dragages du canal : un constructeur anglais se présentait également, annonçant son intention de faire des ouvertures à un de ses compatriotes, grand entrepreneur de dragages. M. Couvreux (qui, précédemment, du temps de la régie Hardon, avait déjà fait des propositions de marchés de tâche), avait aussi annoncé son intention de se mettre sur les rangs. Il était très probable que d'autres propositions viendraient encore. Dans ces conditions, la Compagnie n'avait pas cru devoir donner suite à la proposition Schmidt. Sa principale objection contre le marché proposé était que tous les marchés qu'elle pourrait être conduite à conclure, dans un avenir peut-être prochain, pour donner au canal toute sa profondeur, se trouveraient subordonnés à l'exécution dudit marché. En outre, la présence simultanée ou du moins l'extrême voisinage sur les mêmes chantiers de deux personnels et de deux matériels accomplissant des travaux de même nature. et soumis à des directions différentes, amènerait presque inévitablement des conflits, bien des difficultés, bien des incertitudes sur la responsabilité propre à chacun. Enfin, il était à craindre, comme cela, du reste, avait été déjà annoncé, que la perspective de tels embarras n'éloignât les entrepreneurs sérieux et n'entravât d'une manière très regrettable la liberté d'action de la Compagnie.

Par les mêmes considérations, la Compagnie repoussa

également une autre soumission qui lui fut présentée le mois de juillet suivant par une association de plusieurs de ses chefs de section pour l'exécution, au même prix de 1 fr. 35 le mètre cube de la soumission précédente, des dragages, jusqu'à 3 mètres de profondeur, de toute la partie du canal maritime comprise entre Port-Saïd et Kantara.

MARCHÉ COUVREUX DU 1er OCTOBRE 1863 POUR LE CREUSEMENT DU CANAL A LA TRAVERSÉE DU SEUIL D'EL GUISR

Le premier marché conclu par la Compagnie pour l'exécution à prix ferme, dans un délai déterminé, de travaux de terrassements et de dragages pour le creusement du canal maritime à toute profondeur, fut passé le 1er octobre 1863 avec M. Couvreux. Ce marché, — qui fut modifié par la suite, — comprenait toute la traversée du seuil d'El Guisr, d'une longueur de 15 kilomètres, et comportait un cube approximatif de déblais de 9 millions de mètres cubes.

DEVIS ET CAHIER DES CHARGES TYPE DU 20 OCTOBRE 1863 POUR L'EXÉCUTION DE TRAVAUX DE DRAGAGES DU CANAL MARITIME ET DES PORTS

A la date du 20 octobre 1863 fut dressé un devis et cahier des charges destiné à servir de base aux marchés à passer avec les entrepreneurs pour l'exécution des travaux de dragages du canal maritime et des ports de Port-Saïd et de Suez.

A cette époque, les dispositions relatives au mode d'utilisation des ouvriers des contingents égyptiens, c'est-à-dire le plan de campagne pour l'exécution des travaux à sec du canal maritime, en dehors du lot concédé à M. Couvreux (traversée du seuil d'El Guisr), étaient les suivantes :

Dès que la dérivation vers Suez du canal d'eau douce serait terminée (ce qui eut lieu à la fin de l'année 1863), une partie des contingents devait être portée vers Port-Saïd pour déblayer tout ce qui pourrait être enlevé à sec dans les lacs Menzaleh et Ballah afin de préparer complètement le terrain pour les dragues. Ces contingents seraient reportés ensuite dans le lac Timsah et dans les lacs Amers, en les faisant avancer respectivement vers le seuil du Sérapéum et vers Suez de manière à pouvoir, — les eaux des tranchées s'écoulant naturellement dans les lacs avant la mise en communication de ceux-ci avec la mer, — creuser à sec le plus profondément possible. Toutefois, comme il pouvait y avoir des motifs de réduire dans une certaine mesure le travail des fellahs, on jugeait convenable, entre le lac Timsah et les lacs Amers, de ne pas descendre les déblais à sec à plus de 2 mètres à 2^m,50 au-dessous du niveau de la mer. Dans tous les cas, entre les lacs Amers et Suez, où la nature du terrain rendrait probablement difficile l'attaque par les dragues, le travail à sec devrait au contraire être descendu aussi bas que possible.

Comme on le voit, le programme des travaux de creusement du canal — tel qu'on le concevait alors — comportait, entre autres, et pour un temps qui semblait devoir être assez long, l'exécution de simples travaux à sec, savoir : d'une part, à la traversée du seuil du Sérapéum ; d'autre part, à la traversée du petit lac Amer, du seuil de Chalouf et de la plaine de Suez. La traversée du seuil d'El Guisr, ainsi qu'il est dit plus haut, était déjà concédée à M. Couvreux. Ce n'était donc, pour le moment, que pour les autres parties du canal que devaient être passés des marchés de travaux de dragages ; et le devis et cahier des charges du 20 octobre 1863 fut dressé en conséquence.

Ce devis avait, en définitive, pour objet, les travaux de dragages à exécuter pour le creusement, jusqu'à 8 mètres en contrebas du niveau moyen de la Méditerranée, des chenaux et bassins de Port-Saïd et de Suez et pour le creusement du canal maritime à la même profondeur et suivant les profils annexés[1] : d'une part, entre Port-Saïd et l'extrémité

1. Ces profils sont figurés Planche XVII.

sud des lacs Ballah ; d'autre part, entre Suez et l'extrémité des lagunes.

Les travaux étaient divisés en trois lots, savoir :

Un premier lot, comprenant le chenal et les bassins du port de Port-Saïd, avec la portion du canal maritime à la suite, jusqu'au poteau kilométrique n° 14 situé au droit du campement de Ras-el-Ech, et comportant un cube approximatif de dragages de 10 millions de mètres cubes ;

Un deuxième lot, comprenant la partie du canal maritime comprise entre le poteau kilométrique n° 14 (Ras-el-Ech) et le poteau kilométrique n° 60k,5 situé à l'extrémité du dernier lac Ballah, avec une gare dont les dimensions seraient ultérieurement indiquées, et comportant un cube approximatif de dragages de 11.700.000 mètres cubes ;

Enfin, un troisième lot, comprenant le chenal et les bassins du port de Suez, avec une portion de canal maritime de 10 kilomètres de longueur, et comportant un cube approximatif de dragages de 7.100.000 mètres cubes.

Le cube total des dragages faisant l'objet du devis était donc d'environ 28.800.000 mètres cubes.

SOUMISSION W. AITON DU 13 JANVIER 1864 POUR L'EXÉCUTION DES TRAVAUX DE DRAGAGES ENTRE PORT-SAÏD ET LE SEUIL D'EL-GUISR

A la suite de la publicité donnée au devis et cahier des charges du 20 octobre 1863, des ouvertures furent faites à la Compagnie par plusieurs entrepreneurs offrant de soumissionner les travaux du premier et du deuxième lot de dragages.

Parmi les concurrents, nous mentionnerons notamment :

Un ancien entrepreneur de dragages du port de Toulon, dont les pourparlers avec la Compagnie se bornèrent à la discussion de certains articles du cahier des charges sans aboutir, en temps voulu, à la fixation d'un prix d'exécution ;

Une maison de construction de Glascow, qui demandait de fournir son matériel, estimé 7.500.000 francs, moyennant des avances de la Compagnie, et proposant provisoirement le prix de 1 fr. 40 le mètre cube, sauf, si ses ouvertures étaient accueillies, à arrêter un prix définitif après la visite d'un de ses agents en Égypte ;

Enfin M. W. Aiton, entrepreneur de dragages à Glascow, qui, après une visite dans l'Isthme, remit à la Compagnie, à la date du 8 janvier 1864, une soumission par laquelle il s'engageait à exécuter les travaux dans un délai de quatre années, au prix de 1 fr. 25 le mètre cube.

Au moment de l'examen par la Compagnie de cette dernière soumission, d'une part, l'ancien entrepreneur de dragages de Toulon n'avait pas encore fait connaître son prix, lequel paraissait d'ailleurs devoir dépasser 2 francs ; et, d'autre part, les négociations entamées avec la maison de construction de Glascow n'avaient eu aucun résultat et avaient été arrêtées. M. Aiton se présentait donc pour ainsi dire seul pour les travaux des deux premiers lots de dragages. Cet entrepreneur avait visité le canal, vu le matériel existant sur place et les dessins du matériel en construction, étudié le terrain, reconnu les ressources générales du pays. C'était après un examen approfondi et à la suite de conférences avec les ingénieurs de la Compagnie qu'il présentait ses propositions. Par les explications qu'il avait données sur la manière dont il comptait opérer, il avait fait bien augurer de ses aptitudes à mener à bonne fin son entreprise. Enfin, les renseignements recueillis sur son compte en Angleterre le représentaient comme un bon entrepreneur de terrassements.

Dans ces conditions, et en raison du grand intérêt qu'elle attachait à traiter le plus tôt possible avec des entrepreneurs pour l'exécution à prix ferme de ses travaux, la Compagnie accepta la soumission définitive ci-après de M. W. Aiton, datée du 13 janvier 1864 et comportant une augmentation de 10 centimes sur le prix de 1 fr. 25 le mètre cube primitivement offert par cet entrepreneur.

Marché W. Aiton du 13 janvier 1864

SOUMISSION

M. Aiton, après s'être rendu en Égypte — ainsi qu'il le disait dans sa soumission — et avoir parcouru les lieux ; après s'être rendu compte de la situation des choses à tous les points de vue que comportait l'entreprise qu'il soumissionnait, des ressources du pays, de la nature des terrains à traverser, de l'importance et de la nature des travaux à exécuter ; après avoir examiné la partie du matériel de la Compagnie qui se trouvait sur les lieux ou qui était en construction, les plans des parties qui n'y étaient pas encore rendues ; après avoir pris connaissance des profils-types du canal ainsi que du devis et cahier des charges dont il acceptait toutes les clauses et conditions ;

Déclarait soumissionner le 1er et le 2e lot de dragages au prix de 1 fr. 35 le mètre cube.

La Compagnie — ajoutait la soumission — lui livrerait le plus tôt qu'il lui serait possible et le plus tard dans le délai d'un an le matériel spécifié au cahier des charges, étant entendu que c'était en raison de la latitude qu'elle se réservait à ce sujet qu'il réclamait d'elle aujourd'hui une augmentation de 0 fr. 10 sur le prix (1 fr. 25) stipulé dans son offre primitive du 8 janvier[1].

CAHIER DES CHARGES

Pendant les pourparlers qui eurent lieu entre la Compagnie et M. Aiton avant la conclusion définitive du marché, diverses modifications furent apportées, à la demande du

1. M. Aiton avait demandé que le délai d'exécution de quatre années stipulé au cahier des charges ne commençât à courir qu'à partir de la date de la remise de tout le matériel mentionné à la spécification, y compris 12 des grandes dragues, les 8 autres grandes dragues devant à leur tour être livrées dans un délai de trois mois à partir de la dite date. C'est, — ainsi qu'il est dit dans

soumissionnaire, dans quelques-unes des dispositions du cahier des charges du 20 octobre 1863 qui servait de base à la soumission.

Les principales dispositions du cahier des charges définitif annexé à la soumission, — en dehors de certaines conditions générales qui ont été reproduites plus ou moins textuellement dans les marchés ultérieurs concernant les entreprises Borel Lavalley et Cie, et dont le texte complet est donné au tome V relatif aux dites entreprises, étaient les suivantes :

Remise de matériel aux entrepreneurs du 1er et du 2e lot. — La Compagnie devait remettre gratuitement aux entrepreneurs chargés respectivement du 1er et du 2e lot, suivant une proportion qui était indiquée, le matériel qu'elle possédait alors en fonctionnement et celui qu'elle avait en voie de construction, soit dans ses propres ateliers, soit en vertu de commandes, le tout comprenant, savoir :

20 petites dragues, dont 8, dites des systèmes Combe et Barnichon, et 12, dites du système belge ;

20 grues à déblais avec leurs patins ;

120 chalands ;

600 caisses à déblais ;

Et 20 grandes dragues, avec leurs pièces de rechange, dont 10 provenant de la Société des Forges et Chantiers de la Méditerranée et 10 provenant de la maison Gouin et Cie.

L'emploi du matériel livré par la Compagnie n'était pas obligatoire pour l'entrepreneur qui pourrait, pendant la durée de son marché, en opérer la restitution sous les conditions indiquées ci-dessous.

Ce matériel était remis gratuitement à l'entrepreneur à charge de restitution à la Compagnie en fin de travaux.

La remise serait opérée sur inventaire descriptif contradictoire constatant surtout l'état de fonctionnement des appareils ainsi que les dimensions et le degré d'usure des divers organes pour ceux qui ne seraient pas neufs.

L'entrepreneur s'obligeait à entrenir le matériel livré en bon état de conservation et à le maintenir dans l'état de fonctionnement constaté

---

la soumission, — parce que la Compagnie ne consentit à s'engager à livrer le matériel que dans le délai d'un an, que M. Aiton réclama un supplément de prix de 10 centimes, lequel, en raison de l'importance du marché (approximativement 21.700.000 mètres cubes), devait se traduire pour la Compagnie par un supplément de dépense de 2.170.000 francs.

par l'inventaire. Dans tous les cas, au moment de la restitution à la Compagnie, les appareils devaient être au moins en état de produire un travail mensuel égal au travail moyen des douze derniers mois de fonctionnement.

Matériel à fournir par les entrepreneurs. — En dehors du susdit matériel, les entrepreneurs du 1er et du 2e lot auraient à fournir à leurs frais tout le matériel complémentaire indispensable pour la complète exécution de leur tâche suivant les profils arrêtés et dans les délais prescrits.

L'entrepreneur du 3e lot aurait à fournir à ses frais la totalité du matériel sans aucune exception.

Avances sur le matériel fourni par les entrepreneurs. — Au fur et à mesure que le matériel fourni par les entrepreneurs se trouverait en voie de fonctionnement régulier, ce qui aurait généralement lieu après un délai d'une couple de mois à partir de sa mise en activité, la Compagnie ferait des avances sur ledit matériel, sauf l'exception prévue à l'article mentionné plus loin concernant le cautionnement, jusqu'à concurrence des trois quarts de sa valeur arbitrée par le directeur général des travaux.

Le montant desdites avances ne pourrait toutefois dépasser, savoir : pour les entrepreneurs du 1er et du 2e lot, le dixième, et pour l'entrepreneur du 3e lot le cinquième du montant total de la valeur des travaux respectifs à exécuter.

Le matériel sur la valeur duquel la Compagnie aurait fait des avances deviendrait sa propriété jusqu'à complet remboursement desdites avances. Ce remboursement aurait lieu par un prélèvement régulier du dixième ou du cinquième sur le montant respectif des décomptes mensuels, lequel prélèvement commencerait à être appliqué à partir du moment où le chiffre total des avances se trouverait égal respectivement au dixième ou au cinquième du montant des travaux restant à exécuter.

Mode d'exécution des travaux. — Les prescriptions suivantes devraient être observées dans l'exécution des travaux [1].

1° En ce qui concernait le creusement du canal maritime, les entrepreneurs se conformeraient aux profils annexés, avec faculté pourtant

1. D'après les profils-types annexés au cahier des charges, les talus de la cuvette du canal devaient être établis à l'inclinaison de 2 de base pour 1 de hauteur. Le profil applicable aux portions de canal où le terrain se trouvait à moins de 1 mètre au-dessous et à moins de 1 mètre au-dessus du niveau de la Méditerrannée, ce qui était le cas pour la traversée des lacs Menzaleh et Ballah, comportait des banquettes latérales arasées à 2 mètres au-dessus du niveau de la Méditerranée et d'une largeur de 7 mètres avec talus extérieurs à 10 pour 1.

de faire varier lesdits profils à leur gré pendant la période d'exécution, mais sous réserve, en même temps, que les modifications temporaires n'auraient pas pour résultat de faire substituer des remblais à du terrain naturel dans les profils définitifs.

A part les terres nécessaires pour la constitution des banquettes sur les portions du canal où le terrain naturel se trouvait en contrebas desdites banquettes, tous les autres produits des dragages pourraient être déposés de telle manière et sur tels points que les entrepreneurs jugeraient convenables ou transportés à la mer. Toutefois, à la traversée du lac Menzaleh et à la traversée des lagunes de Suez, les terres ne pourraient être déposées en cavaliers au delà des banquettes, et ce aux risques des entrepreneurs, que sur les portions du canal où le sous-sol présenterait assez de résistance pour ne pas faire redouter les conséquences d'une pareille surcharge. Sur les points du canal où le creusement progressif ferait reconnaître que le sous-sol présente peu de résistance, les dépôts ne pourraient avoir lieu au delà de la banquette normale qu'en les arasant au niveau de ladite banquette.

Ce n'était qu'en adoptant cette dernière disposition et à la condition que les talus des fouilles auraient été taillés suivant l'inclinaison prescrite que l'entrepreneur cesserait d'être responsable des éboulements qui viendraient à se produire dans les berges.

Les terres enlevées en dehors des profils normaux ne seraient pas comptées aux entrepreneurs.

2° La Compagnie laissait à l'entrepreneur dans l'étendue de son lot la libre et entière disposition de la rive Est du canal, sous la réserve de se conformer, pour son établissement définitif, aux conditions stipulées au paragraphe précédent.

L'entrepreneur serait tenu de déposer sur la rive Ouest la quantité de déblais que la Compagnie jugerait nécessaire pour protéger le canal et pour assurer son service.

Il se conformerait à cet égard aux indications qui lui seraient données par le directeur général des travaux.

3° En ce qui concernait le creusement des chenaux et des bassins des deux ports de Port-Saïd et de Suez, il devrait être effectué sur les longueurs et largeurs qui seraient ultérieurement indiquées.

Pour le chenal et le bassin de Port-Saïd, plus spécialement, l'entrepreneur serait tenu de se conformer aux instructions du directeur général des travaux touchant l'ordre d'exécution des dragages.

Les produits des dragages seraient portés à la mer.

Toutefois la Compagnie se réservait le droit d'exiger :

D'une part, qu'une portion du produit des dragages et des bassins fût employée à la constitution au pourtour desdits bassins de digues de protection semblables à celles qui bordaient le canal maritime ;

D'autre part, qu'une portion des terres de dragage du bassin de

Port-Saïd fût affectée à la confection du terre-plein de la ville, lequel était établi à 2 mètres au-dessus du niveau moyen de la Méditerranée, et qu'une portion des terres de dragages du bassin et du chenal du port de Suez fût affectée à la confection de terre-pleins respectivement autour dudit bassin et sur le banc qui longeait le chenal à l'Ouest, lesquels terre-pleins devaient être établis à 1 mètre au-dessus du quai de Suez. Dans chacun de ces cas, l'entrepreneur devrait, sans supplément de prix, livrer les produits des dragages dans les wagons que lui fournirait la Compagnie sur les voies établies au niveau même des terre-pleins.

En troisième lieu, enfin, qu'une portion des produits des dragages des chenaux et bassins des ports fût versée directement dans des mahonnes appartenant à la Compagnie pour être livrée par elle comme lest aux navires.

4° Les terres portées à la mer devraient être déposées, savoir : celles portées à la Méditerranée à 2 kilomètres au moins de distance vers l'Est; celles portées à la mer Rouge, entre le feu flottant de la rade et le banc situé au nord de ce feu.

Mode de métrage. — Les travaux de dragages exécutés seraient mesurés au déblai à l'aide de profils levés contradictoirement avant et après l'exécution desdits travaux.

Exceptionnellement, pour les dragages du chenal de Port-Saïd, jusqu'à ce que la constitution des jetées eût réalisé dans ledit chenal un calme relatif mettant l'entrepreneur à l'abri d'apports non susceptibles d'être régulièrement constatés et exactement mesurés, les travaux exécutés seraient métrés au chaland porteur, avec déduction d'un dixième pour foisonnement.

Prix consenti. — Le prix consenti par chaque entrepreneur s'appliquerait indistinctement aux natures de sol semblables ou analogues à celles qui se trouvaient indiquées sur les coupes des puits de sondages figurés au profil en long de 1859, et ce, quelles que fussent la position et la proportion de chaque nature de terrain. S'il se rencontrait des natures de sol s'écartant notablement de celles indiquées, le prix d'extraction en serait établi contradictoirement en cours d'exécution.

. . . .

Charges et obligations de la Compagnie. — Jusqu'à l'époque où le chenal du port de Port-Saïd se trouverait abrité et présenterait une profondeur de 6 mètres, sur la demande des entrepreneurs, les déchargements de leur matériel et de leurs approvisionnements à Port-Saïd seraient faits à leur compte, par les soins de la Compagnie ou de ses tâcherons, au prix du tarif en usage, sans que, toutefois, le prix à appliquer pût dépasser le maximum de 6 francs la tonne ; mais à charge par lesdits entrepreneurs de prévenir la Compagnie ou le tâcheron, 15 jours au moins à l'avance, des déchargements à effectuer pour leur compte, et de maintenir autant que possible leurs colis dans la limite d'un poids maximum de 3.000 kilogrammes. Pour les colis d'un poids exceptionnel les entrepreneurs prêteraient respectivement le concours gratuit de leurs agents et ouvriers pour l'installation des appareils spéciaux et pour le déchargement.

Cautionnement. — L'entrepreneur donnerait à la Compagnie à titre de cautionnement, par un acte en due forme, la propriété d'une partie du matériel à lui appartenant et mis sur les lieux en pleine activité de service, pour la valeur d'un million. Cette partie de matériel devrait, par exception aux stipulations de l'article ci-dessus relatif aux avances sur matériel, être libre de toutes avances faites par la Compagnie et son estimation était laissée exclusivement au directeur général des travaux.

Dans les vingts jours qui suivraient l'approbation de la soumission, et ce, sous peine de nullité de ladite approbation de plein droit et sans autre formalité, l'entrepreneur devrait verser à la caisse de la Compagnie la somme de 200.000 francs qui lui serait restituée dès qu'il aurait transféré à la Compagnie la propriété du million en matériel indiqué ci-dessus.

Les 200.000 francs versés en espèces seraient productifs d'intérêts à 5 0/0 l'an.

Retenue de garantie. — Indépendamment des retenues destinées à faire rentrer la Compagnie dans ses avances sur matériel, il serait opéré sur le montant de chaque décompte mensuel, dès le début des travaux, une retenue de 10 0/0 destinée à constituer retenue de garantie.

Cette retenue de garantie cesserait de croître quand elle aurait atteint le chiffre de 500.000 francs.

Comme pour le cautionnement, l'entrepreneur pourrait la dégager partie par partie en y substituant par cession régulière des portions de matériel représentant, d'après l'estimation de la Compagnie, une valeur double.

Réceptions définitives. — Les réceptions définitives des travaux auraient lieu par portion continue de canal d'un kilomètre au moins de longueur complètement achevée conformément au profil normal.

Sous la réserve mentionnée à l'article concernant le mode d'exécution des travaux, les entrepreneurs seraient entièrement responsables des modifications que pourrait subir le profil des tranchées par suite d'éboulements pendant chaque période d'exécution. La Compagnie ne tiendrait compte que des apports de sable occasionnés par les vents lorsqu'ils seraient constatés contradictoirement en temps utiles.

Délai d'exécution. — Chaque entrepreneur devrait avoir terminé la totalité des travaux compris à son lot, suivant les cubes qui ressortiraient des calculs de déblais sur les profils définitifs, dans un délai de quatre années à partir du jour de la notification de l'approbation de sa soumission (soit, à la date du 13 janvier 1868).

Le travail total serait réparti annuellement ainsi qu'il suit :

Pendant la première année, un vingtième du cube total ; pendant chacune des deux années suivantes, six vingtièmes, et sept vingtièmes pendant la quatrième et dernière année.

Admettant que les six premiers mois de la première année seraient employés à la constitution du matériel et à l'installation des chantiers, le travail mensuel pendant les six derniers mois de ladite année devrait être au minimum du soixantième[1] du cube total à exécuter; pendant les années suivantes, le travail minimum mensuel devrait être du quarantième de ce cube total.

L'entrepreneur s'engageait d'ailleurs, à mettre en activité le matériel qui lui serait remis par la Compagnie par ateliers successifs, et chaque atelier serait installé aussitôt que l'ensemble des appareils nécessaires pour le constituer au complet aurait été livré.

Cas de résiliation et pénalité. — La Compagnie aurait le droit de résilier le marché à intervenir pour chaque lot, sans indemnité ni dédommagement quelconque, et le cautionnement de l'entrepreneur lui serait acquis, ainsi que la retenue de garantie, si, à l'expiration de chaque période trimestrielle, l'entrepreneur n'avait pas exécuté la totalité des cubes de déblais prévus par l'article précédent.

Résidence de l'entrepreneur. — Chaque entrepreneur serait tenu de résider sur les lieux ou d'y avoir un représentant muni de pleins pouvoirs accrédité auprès de la Compagnie et agréé par elle.

Il devrait en outre, pour l'exécution des conditions de son marché, faire à Paris élection d'un domicile où lui seraient valablement notifiés tous actes judiciaires ou extra-judiciaires.

Contestations. — Toutes contestations auxquelles pourrait donner lieu l'application des dispositions qui précèdent seraient déférées au Tribunal de Commerce de la Seine.

COMMENCEMENT D'EXÉCUTION DES TRAVAUX. — PLAINTES ET RÉCLAMATIONS DE L'ENTREPRENEUR. — ARRÊT DES TRAVAUX EN OCTOBRE 1864. — RÉSILIATION AMIABLE DU MARCHÉ LE 6 DÉCEMBRE 1864.

Le marché passé avec M. W. Aiton pour l'exécution des travaux de dragages du port de Port-Saïd et du canal maritime entre Port-Saïd et le seuil d'El Guisr a été, — comme on l'a vu précédemment, — signé le 13 janvier 1864. L'entrepreneur est arrivé à Port-Saïd, avec quelques employés le 2 avril ; et le 11 du même mois, un navire venant d'Écosse

1. Erreur! Le devis aurait dû dire « du cent-vingtième ».

lui amenait environ 150 ouvriers anglais, quelques charpentes, une certaine quantité de vieux matériel de chemins de fer et un premier approvisionnement de charbon. La mise en train de l'organisation des chantiers de l'entreprise eut donc lieu vers le milieu d'avril. Or, ainsi qu'il est expliqué plus loin, M. Aiton, à la suite de difficultés nombreuses soulevées par lui au sujet de l'interprétation et de l'exécution de son contrat d'entreprise, suspendit définitivement les travaux au milieu d'octobre. L'entreprise n'a donc fonctionné effectivement que pendant environ six mois, et, pendant cette période de travail, le cube total des déblais exécutés, constaté suivant le mode de mesurage prescrit par le cahier des charges, n'a été que de 149.848 mètres cubes.

Disons de suite, — ainsi qu'il est expliqué plus loin, — que la résiliation du marché qui suivit la cessation des travaux et qui avait été d'abord notifiée judiciairement à l'entrepreneur par acte du 22 novembre, fut finalement réglée à l'amiable par une convention entre le Président de la Compagnie et M. Aiton, en date du 6 décembre 1864; que, toutefois, M. Aiton ne se décida à quitter Port-Saïd avec son personnel d'employés que le 3 avril 1865, après le règlement définitif, fort laborieux, de tous ses comptes avec la Compagnie.

Au cours des opérations de la liquidation de l'entreprise à Port-Saïd, à la fin de janvier 1865, M. Aiton avait déclaré s'opposer à ce que la Compagnie, qui, en vertu de l'arrangement amiable, et afin de pouvoir continuer provisoirement en régie les travaux, avait pris possession des chantiers et du matériel, en fît la remise aux nouveaux entrepreneurs chargés de son lot de dragages (marché du 12 décembre 1864 avec MM. Borel, Lavalley et Cie) avant le règlement complet et définitif de ses comptes avec la Compagnie. Les ingénieurs n'eurent pas à prendre parti au sujet de cette prétention de M. Aiton parce que, sur la demande même des nouveaux entrepreneurs, qui désiraient ne pas prendre possession des chantiers avant d'avoir bien étudié les conditions d'exécution des travaux et achevé leurs installations, ils avaient pu laisser provisoirement les choses en l'état, c'est-à-dire continuer de travailler en régie jusqu'après le départ de l'ancien entrepreneur, MM. Borel, Lavalley et Cie n'ayant pris possession des chantiers et du matériel que le 20 avril.

Il serait sans intérêt aujourd'hui, de rappeler les nombreuses et incessantes réclamations de M. Aiton pendant tout le cours de ses travaux jusqu'au jour où il crut devoir les suspendre complètement par suite du refus de la Compagnie de consentir à une modification qu'il prétendait exiger dans le mode de mesurage des déblais stipulé au cahier des charges. Nous nous contenterons de reproduire ci-après l'exposé fait par le Président de la Compagnie, dans son rapport à l'Assemblée générale des actionnaires du 5 octobre 1865, pour expliquer les circonstances qui avaient obligé la Compagnie à résilier le marché passé avec cet entrepreneur.

Nous ferons simplement précéder cet exposé des brèves réflexions suivantes :

L'entreprise Aiton, malgré de nombreux adoucissements aux clauses du cahier des charges successivement consentis par la Compagnie aux cours des travaux n'était pas viable. L'expérience a bien prouvé, en effet, que le prix de 1 fr.35 consenti par l'entrepreneur pour le mètre cube de dragages était absolument insuffisant ; et l'on pouvait, à l'appui de cette appréciation, rappeler notamment que les nouveaux entrepreneurs, MM. Borel Lavalley et Cie ne consentirent à soumissionner la reprise des travaux qu'au prix moyen de 2 francs le mètre cube applicable comme suit : 1 fr. 65 pour les déblais depuis Port-Saïd jusqu'au kilomètre 8 du canal maritime ; 2 fr. 25 pour les déblais sur le reste de la longueur du lot d'entreprise. On fera remarquer, en outre, que la trop grande hâte mise par M. Aiton à faire venir d'Angleterre, indépendamment de nombreux employés, un important contingent d'ouvriers à salaires élevés, avant d'être assuré d'avoir à temps à sa disposition un matériel suffisant prêt à fonctionner pour pouvoir employer utilement tous ces ouvriers, a certainement contribué pour une large part, dans les premiers temps, et même pendant toute la période de travail de l'entreprise, à rendre plus difficile encore et plus inquiétante pour elle la question pécuniaire.

EXTRAIT DU RAPPORT DU PRÉSIDENT DE LA COMPAGNIE A L'ASSEMBLÉE GÉNÉRALE DES ACTIONNAIRES DU 5 OCTOBRE 1865

Le premier lot de dragages comprenait, indépendamment du chenal et des bassins de Port-Saïd, la première partie du Canal maritime sur une longueur de 60 kilomètres et demi. Il comportait un déblai de 21.700.000 mètres cubes.

En vertu d'un marché passé le 13 janvier 1864, ce premier lot de dragages avait été concédé à M. W. Aiton, entrepreneur de travaux de terrassements, qui offrait des prix inférieurs à ceux de ses concurrents et sur les antécédents duquel les meilleurs renseignements avaient été obtenus à Glascow. La Compagnie avait mis à sa disposition tout le matériel qu'elle possédait déjà sur les lieux et celui très considérable qu'elle avait commandé en vue de l'exécution de son lot. Ainsi que le disait le rapport à l'Assemblée des actionnaires du 5 août 1864, M. Aiton, à cette date, était encore dans la phase de première installation où il lui était impossible de déployer toute la rapidité d'exécution que la Compagnie attendait de son expérience et de son activité.

M. Aiton avait commencé les travaux avec les ressources que la Compagnie lui avait fournies. Vers le milieu d'octobre, après avoir sollicité diverses modifications à son traité, qui lui avaient été accordées, M. Aiton avait élevé la prétention d'obtenir le changement complet de son contrat. Dans cet intervalle une crise financière survenue dans les principales places commerciales de l'Angleterre avait resserré et fait bientôt cesser les crédits sur lesquels il comptait; il avait éprouvé en conséquence des embarras financiers et s'était trouvé dans l'impuissance de payer, non seulement les fournisseurs de machines et les frets du matériel qu'il avait commandé en exécution de ses engagements, mais encore ses propres ouvriers. Ses travaux avaient subi des ralentissements que la Compagnie ne pouvait supporter. C'était dans ces circonstances que M. Aiton avait exigé, sous peine d'une interruption de ses travaux, un mode de mesurage des déblais contraire à son traité et à ceux des autres entrepreneurs. La Compagnie n'avait pu admettre de pareilles prétentions, et M. Aiton avait suspendu ses travaux, plaçant ainsi la Compagnie dans une situation qui pouvait amener de fâcheuses complications.

La Compagnie, après avoir constaté que M. Aiton était sous le coup d'une des clauses du contrat, prononçant la résiliation pour défaut d'exécution du cube trimestriel auquel il était obligé, et armée du fait non moins grave de la suspension arbitraire de ses travaux, lui avait fait signifier légalement la résiliation de son marché.

Cependant M. Aiton était détenteur du matériel de la Compagnie. La Compagnie ne pouvait se substituer à lui qu'après avoir repris possession de ce matériel. Ce fut dans ces conditions qu'elle avait dû transiger pour ne pas subir les retards d'un procès, quoique l'issue de ce procès ne pût être douteuse. Une demande d'indemnité formulée par M. Aiton avait été jugée exorbitante par le Président qui avait offert comme dernière transaction une somme de 200.000 francs. Cette somme avait été finalement acceptée, et la Compagnie était rentrée en possession de son matériel et de ses chantiers.

ARRANGEMENT AMIABLE DU 6 DÉCEMBRE 1864 POUR LA LIQUIDATION DE L'ENTREPRISE

M. de Lesseps, président fondateur de la Compagnie universelle du Canal maritime de Suez, agissant au nom et pour compte de ladite Compagnie, d'une part,

Et M. W. Aiton, entrepreneur soumissionnaire des travaux de dragages du chenal et du bassin de Port-Saïd et du canal à la suite jusqu'au kilomètre 60, d'autre part,

En vue d'un règlement amiable des rapports des deux parties, tels qu'ils résultent du contrat intervenu à la date du 13 janvier dernier, des faits auxquels a donné lieu l'exécution dudit contrat, des difficulté qui en ont surgi et de la notification faite à la date du 22 novembre au domicile de M. Aiton de la décision de la Compagnie par laquelle elle résilie ledit contract.

Ont convenu des dispositions ci-après :

I. — La Compagnie remboursera à M. Aiton, sous réserve bien entendu de toutes sommes à lui déjà comptées, toutes les dépenses qui, suivant justifications qu'il incombe à l'entreprise de produire, auront eu pour objet l'accomplissement desdits engagements et sont représentées, soit par des objets existants sur les lieux, soit par des objets consommés, soit par des objets à venir, à l'égard desquels il incombera à M. Aiton de mettre la Compagnie en possession.

II. — La Compagnie paiera en outre, à dire d'experts désignés respectivement par les deux parties, le matériel amené en Égypte qui appartenait antérieurement à M. Aiton, et dont, par suite, la valeur ne saurait être comprise dans les dépenses dont il est question à l'article I.

III. — La Compagnie prendra également à son compte tous contrats que M. Aiton peut avoir passés ou commandes qu'il peut avoir faites ayant les travaux pour objet.

IV. — A la faveur des dispositions qui précèdent, la Compagnie deviendra propriétaire de tout objet acquis par M. Aiton en vue de ses travaux, et sera substituée à tous ses droits en ce qui concerne les contrats passés par ce dernier ou les commandes par lui faites ayant lesdits travaux pour objet.

V. — Sous le bénéfice de la déclaration faite par M. Aiton qu'aucun de ses employés ou ouvriers n'a de droits à faire valoir à une participation aux bénéfices de l'entreprise, la Compagnie opérera avec le concours de M. Aiton, le règlement en résiliation des engagements desdits employés ou ouvriers.

VI. — Elle lui remboursera également, avec les intérêts stipulés au contrat, la somme de 200.000 francs versée dans les caisses de la Compagnie par ledit sieur Aiton à titre de cautionnement.

VII. — Enfin, elle paiera à M. Aiton une somme de 200.000 francs à titre d'indemnité.

Ces deux sommes, de 200.000 francs chacune, seront versées entre les mains de M. Aiton aussitôt que par la suite de la réalisation des dispositions ci-dessus, la Compagnie aura été intégralement substituée aux droits et facultés de M. Aiton.

A la faveur des dispositions qui précédent, M. Aiton mettra, dans le plus bref délai possible, la Compagnie en possession du matériel qu'elle lui a confié et déclare renoncer, comme la Compagnie elle-même, à toutes répétitions et réclamations de quelque nature qu'elles soient concernant les travaux par lui exécutés ou la résiliation de son contrat.

L'esprit général de cet arrangement, comme on s'en rend aisément compte, était évidemment que la Compagnie aurait à rembourser à M. Aiton le montant intégral de toutes les sommes payées par lui, de ses propres deniers, et de se substituer entièrement à lui pour le règlement de tous les engagements qu'il avait contractés en vue de son entreprise, de manière à lui laisser entièrement nette et entière l'indemnité de 200.000 francs qu'il avait exigée de la Compagnie en compensation des embarras qu'il lui évitait par sa retraite volontaire; et c'est naturellement dans cet esprit que les agents délégués à cet effet par la Compagnie, poursuivirent, avec le concours de M. Aiton à Port-Saïd et de son fils, M. John Aiton, son représentant à Glascow, la liquidation de l'Entreprise.

Comme première exécution des dispositions stipulées par l'arrangement, M. Aiton fit aussitôt remise à la Compagnie du matériel qu'elle lui avait livré, et la Compagnie put ainsi reprendre en régie la continuation des travaux de dragages. En même temps, toutes mesures étaient concertées en vue de hâter le plus possible la liquidation.

Le règlement des comptes de toutes les opérations de Port-Saïd était terminé au commencement de mars 1865 ; mais M. Aiton exigeait que le règlement définitif de tous les comptes de son entreprise eût lieu en Égypte même ; il ne voulait quitter la place, où il restait entouré d'un nombreux personnel que payait la Compagnie, qu'après avoir reçu en espèces le solde de ce règlement définitif, y compris l'indemnité de résiliation et le remboursement de son cautionnement ; il fallut donc attendre, pour pouvoir en finir, l'arrivée à Port-Saïd du règlement des comptes des opérations de Glascow ; enfin, à la date du 26 mars, les ingénieurs de Port-Saïd se trouvèrent en mesure de notifier à M. Aiton la balance de son compte courant avec la Compagnie.

D'après cette balance, la somme à payer à M. Aiton pour la liquidation de son entreprise en exécution de l'arrangement du 6 décembre 1864 s'établissait ainsi qu'il suit :

	£	sh.	d.
Solde de la balance générale des comptes......	16.471	17	7
Indemnité de résiliation (200.000 francs).......	7.905	2	9
Remboursement du cautionnement de 200.000 fr., (non compris le compte d'intérêts restant à régler)	7.905	2	9
TOTAL........	32.282	3	1

Soit en monnaie française 816.738 fr. 65.

Sur la promesse du paiement immédiat de cette somme à Alexandrie, M. Aiton quitta Port-Saïd, avec tout son personnel d'employés, le 3 avril, rendant libres ainsi tous les locaux dont il avait la disposition et qui étaient instamment réclamés par les nouveaux entrepreneurs[1].

ÉTAT RÉCAPITULATIF DE LA LIQUIDATION DE L'ENTREPRISE

RÉGLEMENT DES COMPTES DE L'ENTREPRISE A PORT-SAÏD

	£	sh.	d.	£	sh.	d.
Paiements faits directement par la Compagnie sur pièces de dépenses produites par M. Aiton........................	7.314	19	11			
Versements espèces entre les mains de M. Aiton...........................	22.701	10	7			
Fournitures faites par la Compagnie à M. Aiton et non payées par lui........	5.782	»	2			
Paiement à M. Aiton du solde à son profit de la balance générale du compte courant du 26 mars 1865 (le dit solde comprenant une somme de 4.401£ 14sh, valeur du matériel appartenant à M. Aiton et repris par la Compagnie)....................	16.471	17	7			
A reporter.......				52.270	8	3

1. Le 6 avril, M. Aiton toucha à Alexandrie — sur son propre désir d'un pareil mode de paiement — en une traite sur Paris délivrée par l'agent supérieur de la Compagnie, le montant de la somme ci-dessus, en échange d'un reçu mentionnant que cette somme comprenait, en outre du remboursement du cautionnement et du paiement de l'indemnité de résiliation, la somme formant la balance du compte récapitulatif de liquidation qui avait été notifié le 26 mars à l'entrepreneur par le directeur général des travaux.

Ce libellé du reçu, indiqué par les Ingénieurs, leur avait paru suffisamment explicite pour garantir la Compagnie contre toute revendication ultérieure mal fondée de la part de M. Aiton. On remarquera toutefois que le reçu ne mentionnait pas qu'il fut question d'un solde de tout compte. C'est qu'en effet les ingénieurs n'avaient pu exiger de M. Aiton une pareille déclaration, attendu que plusieurs points, peu importants d'ailleurs, qu'ils n'avaient pas été en situation de régler eux-mêmes, étaient encore restés en litige, et que M. Aiton s'était réservé, en conséquence, de demander le règlement de ces points à l'Administration centrale à Paris. L'intérêt capital pour les ingénieurs avait été d'en finir au plus vite, de manière à redevenir, enfin, complètement maîtres de la situation à Port-Saïd.

Les points restés en litige étaient les suivants :

Paiement des intérêts du cautionnement jusqu'au jour du remboursement;

Réclamation de M. Aiton relative à une dépense de 200 livres sterling qu'il aurait faite avant la signature du marché;

Réclamation relative à un traitement à allouer à M. John Aiton, l'agent de de l'entrepreneur à Glascow;

Enfin, réclamation relative à une indemnité à allouer à un sieur Francis Edwards, de Glascow, qui avait aidé à la conclusion du marché d'entreprise.

	£	sh.	d.	£	sh.	d.
Report...........				52.270	8	3
LIQUIDATION DES AFFAIRES DE L'AGENCE DE GLASCOW						
Paiements effectués par la Compagnie de traites en circulation et de dettes sur comptes courants.....................	23.465	9	4			
Indemnités de résiliations de marchés de commandes de matériel	2.785	»	»			
Montant de deux commandes de matériel ayant reçu exécution.................	139	17	»			
Règlement d'affaires litigieuses..........	987	14	5			
				27.378	»	9
INDEMNITÉS DE RÉSILIATION						
Indemnité de résiliation à M. Aiton......	7.905	2	9			
Indemnités de résiliations de contrats des employés de M. Aiton................	4.073	6	8			
				11.978	9	5
Intérêts du cautionnement de M. Aiton				456	19	8
Total des sommes payées à l'entrepreneur et pour son compte..				92.083	18	1

A retrancher, pour avoir le montant réel des dépenses afférentes à l'exécution des travaux :

			£	sh.	d.	£	sh.	d.
La valeur du matériel repris par la Compagnie :								
A Glascow................	139£	17sh	4.541	11	»			
A Port-Saïd, ancien matériel appartenant à M. Aiton..	4.401	14						
La valeur du matériel expédié à Port-Saïd par l'agence de Glascow................			17.916	4	4			
Le revenu produit par le cautionnement de l'entrepreneur....................			459	19	8			
D'où :						22.917	15	»
Montant total approximatif de la dépense occasionnée à la Compagnie par l'entreprise Aiton						69.166	3	1

En nombre rond, 1.746.000 francs.

Sauf le règlement éventuel par l'Administration de ces divers points, la liquidation pouvait, en fait, être considérée comme terminée.

L'Administration, lorsque les réclamations lui furent soumises par M. Aiton, les repoussa comme mal fondées.

Plus tard, comme on le verra plus loin par une note mise à la suite de l'état

Ainsi qu'il a été mentionné précédemment, l'entrepreneur a occupé les chantiers de travaux pendant près d'une année.

Pour cette dépense et pendant ce temps d'occupation des chantiers, le cube de dragages exécuté par M. Aiton a été d'environ 150.000 mètres cubes.

RÉCLAMATIONS DE M. AITON POSTÉRIEURES A LA LIQUIDATION DE SON ENTREPRISE

En octobre 1867, c'est-à-dire deux ans et demi environ après la liquidation de son entreprise, M. Aiton adressa à la Compagnie une série de réclamations parmi lesquelles figurait, entre autres, une somme de 17.000 livres sterling (environ 429.000 francs) pour dommages et préjudices causés à son crédit et à sa réputation par la Compagnie dans la résiliation de son contrat. L'ensemble des réclamations s'élevait à 20.349£ 8sh 1d (environ 540.000 francs). La Compagnie ayant repoussé ces réclamations, M. Aiton n'avait pas insisté.

Huit ans après, en août 1875, M. Aiton revint à la charge en reproduisant à peu près les mêmes réclamations que précédemment, mais en omettant pourtant celle de 17.000 livres sterling. Leur montant s'élevait à 4.048£ 3sh 1d (environ 102.000 francs). Comme précédemment, ses réclamations furent repoussées par la Compagnie.

Enfin, à la date du 1er février 1877, M. Aiton assigna la Compagnie à comparaître le 7 dudit mois devant le Tribunal de Commerce de la Seine à l'effet de s'entendre condamner à lui payer la somme de 4.752£ 5sh 10d (environ 119.200 francs) montant d'un nouvel état de ses précédentes réclamations. L'assignation était basée sur les attendus suivants : que la convention de résiliation du 6 décembre 1864 n'avait pas reçu son exécution entière ; que les comptes n'avaient pas été ni pu être arrêtés d'une manière définitive et régulière ; que le requérant restait encore créancier de sommes considérables à raison de réclamations dont il donnait le détail.

A l'audience du sus-dit jour, 7 février 1877, l'avoué de la Compagnie ayant demandé, sous toutes réserves, la remise de la cause, le Tribunal rendit un jugement conforme.

---

récapitulatif de la liquidation de l'entreprise, la Compagnie reconnut que la réclamation relative aux intérêts du cautionnement n'avait été d'abord rejetée que par suite d'un malentendu ; d'autre part, à la suite d'un procès que lui avait intenté M. Francis Edwards, la Compagnie eut à payer directement à celui-ci une indemnité de 6.000 francs : il réclamait 25.000 francs et la Compagnie lui avait offert 4.000 francs.

Par exploit du 20 juillet 1878, la Compagnie, à son tour, fit donner assignation à M. Aiton à comparaître le 24 du même mois devant le Tribunal de Commerce pour

Voir donner acte à la Compagnie de ce qu'elle était prête à payer à M. Aiton, savoir :

Trois sommes pour indemnités de résiliation à deux veuves d'ouvriers et à un ouvrier, sommes que la Compagnie avait tenues, dès l'origine, à la disposition des ayants droit et montant ensemble à ci	6.682 fr. 45
Et, pour intérêts du cautionnement..........................	11.424 65
OFFRE RÉELLE TOTALE........	18.107 fr. 10

Et déclarer M. Aiton mal fondé dans le reste de ses demandes.

Après plusieurs remises, le Tribunal de Commerce, à l'audience du 6 août 1879, jugeant en premier ressort, déclara les offres de la Compagnie suffisantes et la condamna à payer à M. Aiton la somme de 18.047 fr. 10 avec les intérêts suivant la loi ; déclara en même temps M. Aiton mal fondé dans le surplus de sa demande et l'en débouta; condamna la Compagnie aux dépens jusqu'au jour de ses offres et M. Aiton au reste des dépens.

Le jugement du Tribunal de Commerce n'ayant pas été frappé d'appel devint définitif; et la somme de 18.047 fr. 10 fut payée par l'avoué de la Compagnie à M. Aiton qui en donna une quittance en due forme le 19 avril 1880[1].

---

1. INDEMNITÉ ALLOUÉE AU SIEUR FRANCIS EDWARDS.

Bien que l'indemnité dont il va être question n'ait pas été une charge directe de la liquidation de l'entreprise Aiton, comme elle n'en a pas moins constitué pour la Compagnie une dépense se rattachant à celles de l'entreprise, nous croyons utile de rappeler, avec les motifs à l'appui, les circonstances dans lesquelles a eu lieu l'allocation de cette indemnité.

M. Aiton avait été présenté à la Compagnie, en vue d'une soumission pour l'exécution d'une partie des travaux du canal maritime, par M. Francis Edwards, courtier et négociant à Glascow, qui était déjà lui-même en relations avec la Compagnie pour une fourniture de tuyaux de conduites d'eau commandée aux usines de Glascow. M. Edwards avait, comme interprète, assisté M. Aiton dans les discussions préparatoires du marché qui fut passé avec cet entrepreneur.

Après la signature du marché, M. Edwards fit valoir près de la Compagnie la participation qui, d'après lui, devait lui être attribuée dans la conclusion de l'affaire. C'était lui, disait-il, qui avait amené M. Aiton et l'avait recommandé; il restait son représentant, en Europe, pour les commandes de matériel. Par ces motifs, il demandait qu'il lui fut accordé par la Compagnie une prime de 1/2 ou tout au moins de 1/4 0/0 sur le montant des travaux concédés à M. Aiton.

Sur les sollicitations et les démarches réitérées de M. Edwards, la Compagnie finit par consentir à lui allouer « pour reconnaître les soins qu'il avait donnés au marché conclu par son entremise » une prime de 25.000 francs

(Les deux parties de cette somme sont respectivement comprises dans l'état récapitulatif de la liquidation de l'entreprise.)

« dont le paiement aurait lieu à la fin de chaque année à partir du commencement des travaux par parties proportionnelles à la quantité de travail exécuté dans le courant de l'année par M. Aiton dans les conditions de son traité ».

Après la résiliation du marché Aiton, et bien que le travail exécuté par l'entrepreneur fut insignifiant par rapport à l'importance du marché, M. Edwards émit la prétention de toucher quand même la prime de 25.000 francs.

Afin de parer aux difficultés qui pourraient naître d'un retard dans le règlement de cette affaire, la Compagnie par exploit du 30 mars 1865 assigna M. Edwards à comparaître le 4 mai devant le Tribunal de Commerce de la Seine à l'effet de voir donner acte à la Compagnie de ce qu'elle offrait de lui payer une indemnité de 4.000 francs.

M. Edwards assigna ensuite à son tour la Compagnie.

Après une série d'incidents de procédure et de renvois de l'affaire, celle-ci vint en ordre utile à l'audience du 10 août et fut de nouveau appelée et plaidée. Après plaidoirie, le Tribunal, jugeant en premier ressort, condamna la Compagnie à payer à M. Edwards, à titre d'indemnité, une somme de 6.000 francs.

Le paiement eut lieu et l'affaire se trouva ainsi terminée.

EXÉCUTION DES TRAVAUX DE DÉBLAIS A SEC ET SOUS L'EAU POUR LE CREUSEMENT DU CANAL MARITIME A LA TRAVERSÉE DU SEUIL D'EL GUISR.

ENTREPRISE ALP. COUVREUX

MARCHÉS DES 1er OCTOBRE 1863 ET 27 MARS 1865

(PLANCHE XXVIII)

Il a été mentionné précédemment, à propos des marchés Hardon, que la Compagnie, aussitôt après sa constitution, en décembre 1858, avait fait appel aux entrepreneurs de travaux publics de France et de l'étranger, provoquant de leur part des propositions pour l'exécution des travaux dans les limites des devis arrêtés par le Conseil supérieur des travaux.

Dès cette époque, M. Alphonse Couvreux, entrepreneur ayant déjà exécuté d'importants travaux de terrassements en France, s'était mis en instance auprès de la Compagnie pour obtenir une partie de travaux du canal. On sait que la Compagnie traita finalement alors avec M. Hardon pour l'exécution de la totalité des travaux par voie de régie intéressée, suivant traité provisoire du 14 février 1859, qui fut transformé en traité définitif le 29 février 1860.

Au cours des travaux de la régie intéressée, en juin 1862, MM. Combes et Couvreux présentèrent des propositions pour l'exécution de 3 millions de mètres cubes de dragages ; mais faute de parvenir à s'entendre, aussi bien avec le régisseur général qu'avec la Compagnie, au sujet des conditions d'exécution de la tâche dont ils demandaient à se charger, leurs propositions ne reçurent aucune suite.

Plus tard, enfin, au commencement de l'année 1863, ayant eu connaissance de la prochaine résiliation de la régie Hardon (qui eut effectivement lieu à la fin de février de la dite année), M. Couvreux se mit de nouveau en instance auprès de la Compagnie pour obtenir d'être chargé d'une partie de travaux. La Compagnie avait le plus grand désir de trouver des entrepreneurs consentant à traiter avec elle à prix ferme. M. Couvreux fut donc encouragé dans ses intentions, et la Compagnie l'invita à se rendre en Égypte pour étudier les lieux et se rendre bien compte de la nature des terrains et des conditions d'exécution des travaux.

C'est à la suite de cette visite des lieux qu'intervint, à la date du 1er octobre 1863, entre la Compagnie et M. Couvreux, un premier marché par lequel cet entrepreneur soumissionnait les travaux de déblais du canal à la traversée du seuil d'El Guisr.

Ce marché, reproduit ci-dessous, se trouvait ainsi être le premier marché passé par la Compagnie pour l'exécution à prix ferme des travaux du canal.

Premier marché Alp. Couvreux en date du 1er octobre 1863

ARTICLE PREMIER. — *Objet de la soumission.* — Le soumissionnaire s'engage à exécuter moyennant le prix de 1 fr. 60 le mètre cube mesuré aux déblais, dans un délai de trois ans et demi à compter du 1er avril 1864, les travaux de déblais à sec et sous l'eau nécessaires à l'ouverture du canal suivant le profil normal adopté, comportant une profondeur de 8 mètres en contrebas du niveau de la Méditerranée, sur toute la partie comprise entre le lac Ballah et le lac Timsah, embrassant une longueur de 15 kilomètres (exactement du point $60^{km},5$ au point $75^{km},4$), et comportant un cube de déblais d'environ 9 millions de mètres, aux charges et conditions suivantes :

ART. 2. — *Dépenses à la charge de l'entrepreneur.* — Le prix ci-dessus stipulé comprend la fourniture, le transport, l'installation et l'entretien du matériel; toutes dépenses en fournitures et main-d'œuvre pour l'extraction et le transport des terrassements; enfin, tous faux frais et bénéfices.

Les terrassements seront mis en dépôt suivant le gré du soumissionnaire, sauf en ce qui concerne les terres qu'il jugera opportun de transporter dans le lac Timsah pour lesquelles il aura à se maintenir dans les limites de dépôts qui lui seront désignées par le directeur général des travaux.

Le prix stipulé ne s'applique, en ce qui concerne les déblais à sec, qu'aux natures de terrain qui ne nécessitent pas l'emploi de pics, pinces ou barres à mine. Pour les natures de terrain qui, d'après reconnaissance contradictoire, exigeront l'emploi de ces derniers moyens d'extraction, le prix sera de 3 fr. 50 le mètre cube.

En ce qui concerne les déblais sous l'eau, s'il se rencontre des terrains d'une nature s'écartant notablement de celles indiquées sur les coupes de puits de sondages figurés au profil en long de 1859, le prix d'extraction en sera établi contradictoirement en cours d'exécution.

Tous les matériaux provenant des fouilles seront la propriété de la Compagnie.

Art. 3. — *Charges de la Compagnie.* — Par exception aux stipulations générales mentionnées au premier paragraphe de l'article précédent, la Compagnie prend à sa charge les obligations suivantes, savoir :

1° Elle mettra gratuitement à la disposition du soumissionnaire le nombre de chalands nécessaires. Ce nombre est fixé dès à présent à 15 chalands d'un tonnage de 30 à 50 tonnes pour lui permettre d'effectuer régulièrement ses transports de matériel et d'approvisionnements entre Port-Saïd et El Guisr, à charge par lui, d'une part, de maintenir toujours lesdits chalands en bon état d'entretien, jusqu'à restitution à la Compagnie à la fin de l'entreprise; d'autre part, de pourvoir à ses frais à l'achat et au renouvellement de tout le petit matériel accessoire;

2° Elle fournira gratuitement au soumissionnaire toute la quantité d'eau douce nécessaire pour l'approvisionnement de ses machines et ateliers et pour l'alimentation de son personnel, sans que, toutefois, cette quantité puisse dépasser un maximum de 160 mètres cubes par jour, et à charge, par lui, d'aller prendre l'eau dans les réservoirs ou autres points de distribution établis sur la ligne des travaux;

3° Les soins médicaux, y compris la fourniture des médicaments seront donnés gratuitement par la Compagnie à tout le personnel de l'entreprise. Pour ceux des agents ou ouvriers qui seront soignés dans ses hôpitaux ou ambulances, la Compagnie percevra un prix de pension de 2 francs par jour;

4° La Compagnie mettra à la disposition du soumissionnaire, dans la limite de ses ressources disponibles, en l'état où ils se trouveront, et à charge par lui de tous travaux de réparation et d'entretien qu'il jugera utile d'y exécuter, les bâtiments et abris nécessaires au logement de son personnel et à l'installation de ses magasins et ateliers; la dite remise sera accompagnée d'un procès verbal d'état des lieux dressé contradictoirement pour servir ultérieurement à la restitution des bâtiments entre les mains de la Compagnie

5° Les déchargements à Port-Saïd du matériel et des approvisionnements de l'Entreprise devront, sur la demande du soumissionnaire, être faits à son compte par les soins de la Compagnie, au prix de son tarif en usage, sans que toutefois le prix à appliquer puisse dépasser le maximum de 5 francs la tonne ; mais à charge par le soumissionnaire de prévenir la Compagnie quinze jours au moins à l'avance des déchargements qu'elle aura à effectuer pour son compte, et de maintenir autant que possible ses colis dans la limite d'un poids maximum de 3.000 kilogrammes.

Pour les colis d'un poids exceptionnel, le soumissionnaire prêtera à la Compagnie le concours gratuit de ses agents et ouvriers pour l'installation des appareils spéciaux de déchargement ;

6° Le soumissionnaire jouira de la faculté, pour lui et tout son personnel, mais à ses frais, de circuler librement sur tous les canaux de la Compagnie.

Art. 4. — *Avances sur le matériel.* — La Compagnie fera au soumissionnaire, sur le matériel nécessaire à l'exécution des travaux, les avances suivantes, savoir :

1° Sur le matériel qu'il possède actuellement, une avance de 200 francs par tonne, dont moitié au moment de l'embarquement du dit matériel pour l'Égypte, et l'autre moitié à Port-Saïd ;

2° Sur le matériel dont il a à faire l'acquisition et dont l'importance doit s'élever à un chiffre total approximatif de 1.900.000 francs, au vu des marchés, une avance du montant des trois quarts de la valeur de ce matériel, dont un quart lorsque les objets seront prêts à être expédiés des ateliers, un deuxième quart lorsque les dits objets seront rendus à Marseille, et le troisième quart un mois après leur arrivée en Égypte ;

3° Enfin la Compagnie cédera au soumissionnaire pour le prix de 60.000 francs, à titre d'avance, les trois coques de bateaux dragueurs en tôle actuellement dans ses chantiers à Port-Saïd.

Tout le matériel mentionné au présent article sera la propriété de la Compagnie jusqu'à complet remboursement de ses avances sur le dit matériel.

Pour se couvrir de ses avances, la Compagnie prélèvera un septième de l'importance du montant du travail fait sur chaque situation mensuelle, et cela, à partir du 1er octobre 1864. Le Soumissionnaire tiendra compte des intérêts desdites avances à raison de 5 0/0 l'an.

Art. 5. — *Cautionnement.* — Le soumissionnaire s'engage à déposer au siège de la Compagnie à Paris, en garantie de ses engagements, et dans un délai de quinze jours à partir de la notification de l'approbation de sa soumission, un cautionnement de 100.000 francs qui sera productif d'intérêts à 5 0/0 s'il est versé en espèces. Ce cautionnement lui sera restitué lorsqu'il aura en activité sur l'emplacement des travaux une portion de matériel entièrement libérée, estimée par la Compagnie à une valeur de 200.000 francs. Cette portion de matériel constituera alors le cautionnement.

ART. 6. — *Conditions de paiement.* — Les paiements seront faits régulièrement d'après des situations mensuelles établies au moyen de métrages contradictoires.

Ils auront lieu, au choix du soumissionnaire, soit à Paris, soit à Ismaïlia, à charge par lui d'aviser le directeur général des travaux, quinze jours au moins à l'avance, du lieu où il désire que se fassent lesdits paiements.

ART. 7. — *Règlement de compte.* — Il sera porté dans les décomptes servant aux règlements provisoires, deux prix pour le mètre cube de déblais, savoir :

Le prix de 1 fr. 60 stipulé à l'article 1er pour les déblais sous l'eau et pour tous déblais à sec jusqu'à concurrence d'un cube égal;

Un prix de 1 fr. 40 pour tous déblais à sec en excédant du cube de déblais sous l'eau.

Toutefois, dans les décomptes accompagnant les procès-verbaux de réception définitive de portions du canal complètement terminées, on appliquera le prix unique de 1 fr. 60 quelle que soit la proportion des déblais à sec et sous l'eau.

ART. 8. — *Retenue de garantie.* — En dehors des retenues prévues à l'article 4 pour assurer le remboursement des avances sur le matériel, il ne sera fait aucune autre réduction sur le montant des décomptes mensuels en vue de la constitution en argent d'une retenue de garantie. Cette retenue se constituera au moyen d'une nouvelle portion de matériel successivement libéré jusqu'à concurrence d'une valeur de 200.000 francs.

ART. 9. — *Réception définitive.* — Les réceptions définitives des travaux auront lieu par portions du canal d'un kilomètre de longueur complètement achevées conformément au profil normal.

Le soumissionnaire sera entièrement responsable des modifications que pourra subir le profil des tranchées par suite d'éboulements pendant la période d'exécution, sauf en ce qui concerne les apports de sable occasionnés par les vents lorsqu'ils seront constatés contradictoirement.

ART. 10. — *Délai d'exécution.* — Les travaux seront exécutés dans les délais successifs suivants, savoir :

			Mètres cubes
Au 1er octobre 1864, le cube total des déblais		devra être de..	600.000
Au 1er octobre 1865,	—	— ..	3.000.000
Au 1er octobre 1866,	—	— ..	6.000.000
Au 1er octobre 1867,	—	— ..	9.000.000

Il n'est pas fixé de minimum de travail mensuel pour la période des six premiers mois d'exécution ; mais, pour l'année suivante, commençant à partir du 1er octobre 1864, le soumissionnaire s'engage à exécuter un travail mensuel d'au moins 200.000 mètres cubes, et, pour les deux dernières années, un travail mensuel de 250.000 mètres cubes.

Toutefois, si par suite de retards dûment constatés dans les déchargements à Port-Saïd, ou bien par suite d'une impossibilité temporaire de naviguer dans la rigole maritime avec 1 mètre au moins de tirant d'eau, les arrivages du matériel à pied d'œuvre viennent à subir des retards, les délais d'exécution seront allongés en conséquence.

Art. 11. — *Cas de résiliation.* — La Compagnie aura le droit de résilier le marché sans indemnité ni dédommagement quelconque, et le cautionnement de l'entreprise lui demeurera acquis ainsi que le matériel affecté à la retenue de garantie, si, à l'expiration de chaque période mensuelle, et sous la réserve stipulée au dernier paragraphe de l'article précédent, le soumissionnaire n'a pas exécuté la totalité du cube de déblai prévu par ledit article.

En cas de résiliation, le décompte général des travaux exécutés par le soumissionnaire s'établira conformément aux règles posées à l'article 7.

Art. 12. — *Prime.* — Si, au contraire, le soumissionnaire exécute tous les travaux dans les délais prescrits, il lui sera accordé une prime de 10 centimes par mètre cube, laquelle prime lui sera comptée à l'expiration de chacune des périodes annuelles mentionnées à l'article 10.

Art. 13. — *Obligation de maintenir la circulation sur le canal.* — Le soumissionnaire se reconnaît tenu de disposer ses appareils de manière à ne pas entraver la circulation dans le canal et sur ses bords ; et, dans le cas où cette entrave serait impossible à éviter, de déplacer au besoin lesdits appareils, lâcher les câbles d'amarre, faire enfin le plus rapidement possible toutes manœuvres nécessaires pour le rétablissement momentané de la liberté de circulation chaque fois qu'une embarcation quelconque se présentera pour passer.

Art. 14. — *Mutations de personnel.* — Le soumissionnaire s'interdit, pendant tout le cours de son entreprise, de prendre, sans autorisation de la Compagnie, aucun ouvrier ou employé, travaillant ou ayant travaillé, à un titre quelconque, sur les chantiers de l'Isthme.

Par réciprocité, aucun des agents et ouvriers du soumissionnaire ne pourra, sans son acquiescement, être employé dans les autres chantiers des travaux de la Compagnie ou des entrepreneurs.

La Compagnie se réserve d'ailleurs le droit absolu d'ordonner le renvoi de tels ouvriers ou agents qu'elle croira utile d'éloigner des chantiers.

Art. 15. — *Contestations.* — Toutes contestations auxquelles pourra donner lieu l'application des dispositions qui précèdent seront déférées au Tribunal de Commerce de la Seine.

Les frais d'enregistrement de la soumission seront à la charge de celle des deux parties ayant succombé dans l'instance qui aura rendu nécessaire l'accomplissement de cette formalité.

Une année environ après la mise en train des travaux, le premier marché ci-dessus fut modifié d'un commun accord entre l'entrepreneur et la Compagnie.

Ce premier marché — comme on l'a vu — stipulait un prix de 1 fr. 60 le mètre cube pour tous les déblais, sauf les exceptions suivantes : 1° En ce qui concernait les déblais à sec, le prix était élevé à 3 fr. 50 pour les terrains nécessitant l'emploi de pics, pinces ou barres à mine ; 2° En ce qui concernait les déblais sous l'eau, les prix d'extraction des terrains dont la nature s'écarterait notablement de celle indiquée sur les coupes des puits de sondage, figurés au profil en long de 1859, devaient être établis contradictoirement en cours d'exécution.

M. Couvreux, qui avait déjà exécuté environ 400.000 mètres cubes de déblais à sec, soulevait une réclamation au sujet de la classification des déblais, demandant que le prix de 3 fr. 50 fut appliqué à tous les terrains, autres que les sables mobiles et qui constituaient, suivant lui, la moitié au moins du cube total. Les ingénieurs de la Compagnie, repoussaient de leur côté en principe cette réclamation comme étant contraire aux termes mêmes du marché, et, de plus, en opposition avec les faits observés ; ils avaient toujours entendu, quant à eux, que le prix de 3 fr. 50 ne devait s'appliquer qu'aux bancs de rocher calcaire et aux masses de grès en formation que l'on rencontrait çà et là dans l'étendue du Seuil, et qui ne formaient certainement pas la dixième partie du cube total des déblais ; ils reconnaissaient, il est vrai, que certains des terrains rencontrés, constitués par des couches de sable très agglutiné présentaient une dureté exceptionnelle ; mais ils faisaient observer en même temps que la pioche avait suffi pour les enlever et que ces terrains difficiles étaient d'ailleurs loin de représenter la moitié du cube total. La réclamation de l'entrepreneur leur paraissait donc, en tout cas, exagérée; ils estimaient néanmoins qu'il y avait lieu d'en tenir compte dans une certaine mesure; ils faisaient d'ailleurs remarquer que les conditions générales du travail dans l'Isthme avaient notablement changé depuis l'époque où M. Couvreux avait présenté sa soumission; bref, une augmentation du prix primitivement consenti leur paraissait inévitable.

Le marché devant être ainsi modifié dans une de ses conditions essentielles, les ingénieurs de la Compagnie ont été conduits à examiner s'il n'y aurait pas intérêt, à la fois pour l'entrepreneur et pour la Compagnie, à le remanier complètement; et, dans cet ordre d'idées, s'il ne conviendrait pas, pour faciliter à M. Couvreux l'exécution de ses engagements, de réduire d'environ moitié l'importance de son entreprise en même temps que les conditions en seraient améliorées. M. Couvreux accepta la combinaison, et un nouveau marché fut préparé en conséquence.

L'Administration, tout en adoptant le principe d'une modification du marché primitif, jugea nécessaire, avant de s'arrêter à une mesure définitive à l'égard de M. Couvreux, de s'assurer d'un entrepreneur qui consentit à entrer dans le partage de son lot de travaux, et, cet entrepreneur une fois trouvé, de rechercher parmi les diverses combinaisons de partage admissibles, celle qui, au double point de vue des charges imposées à la Compagnie et des garanties offertes pour la prompte exécution, soit du canal même, soit de la rigole préalable de navigation, paraîtrait la moins désavantageuse et la plus sûre. L'Administration estima d'ailleurs que c'était auprès de MM. Borel, Lavalley et Cie qu'il était naturel d'entamer des pourparlers, tout à la fois parceque ces entrepreneurs étaient concessionnaires du reste des travaux du canal, et parce que leur intervention donnerait peut-être à la Compagnie le moyen de reporter sur eux la responsabilité de l'exécution de la garantie qu'elle leur avait donnée relativement à l'ouverture de la rigole de navigation [1].

MM. Borel, Lavalley et Cie, consultés, se montrèrent disposés à entrer dans la combinaison, quelle qu'elle fût, que la Compagnie croirait devoir adopter.

On a vu que les travaux qu'il s'agissait de partager étaient compris entre les points $60^k,500$ et $75^k,400$ et consistaient dans l'enlèvement des déblais à sec au-dessus de la cote $18^m,00$ et dans le dragage des terres inférieures de manière à donner au Canal ses dimensions définitives (largeur de 58 mètres à la ligne d'eau et profondeur de 8 mètres); mais les engagements pris par la Compagnie vis-à-vis de MM. Borel, Lavalley et Cie l'obligeaient à distinguer dans l'ensemble des travaux une première période tout à fait spéciale, qui était le creusement et l'élargissement de la rigole de navigation jusqu'à une largeur à la ligne d'eau de 15 mètres ou de 20 mètres, suivant les parties, et un tirant d'eau de $1^m,50$ à 2 mètres, travail urgent, exigible avant la fin de 1865 et dont l'exécution obligeait à des sujétions particulières [2].

Parmi les diverses combinaisons possibles pour le partage du lot, on s'arrêta, d'un commun accord, à la combinaison suivante :

Eu égard à la topographie du terrain, qui permettait de

1. Cette garantie au sujet de la rigole de navigation faisait l'objet de l'un des paragraphes de l'article du marché Borel Lavalley et Cie du 26 mars 1864 concernant les charges et obligations de la Compagnie et de l'article du marché du 12 décembre 1864 concernant l'allongement des délais d'exécution du lot de Suez.

2. Au commencement de l'année 1865, c'est-à-dire au moment de l'étude de la combinaison à adopter pour le partage du lot de travaux primitivement concédé à M. Couvreux, la rigole maritime à la traversée du seuil d'El Guisr, précédemment ouverte par les contingents à une largeur de 15 mètres à la ligne d'eau au niveau moyen de la Méditerranée et une profondeur de $1^m,50$ à 2 mètres en contrebas du même niveau, ne présentait plus guère — à la fois par suite d'éboulements des berges et d'apports de sable, et par suite de la pente superficielle de l'eau depuis la Méditerranée — qu'une largeur moyenne de 9 à 10 mètres au niveau de l'eau dans les parties les mieux conservées, avec une profondeur d'eau de 1 mètre ; sur de nombreux points, la largeur à la ligne d'eau se trouvait réduite à 5 ou 6 mètres, même à 4 mètres, avec des profondeurs ne dépassant pas 40 à 50 centimètres.

considérer les déblais restant à faire entre les points 60k,500 et 66k,720 comme susceptibles d'être enlevés par des moyens et dans des conditions différant peu des procédés d'exécution qui devaient être employés dans plusieurs parties du lot de Port-Saïd, la séparation des deux entreprises aurait lieu au point 66k,720 ; toute la partie au nord, qui serait comme le prolongement du lot de Port-Saïd, et qui comprendrait déblais à sec, rigole préalable et dragages, était rétrocédée à MM. Borel, Lavalley et Cie ; la partie sud, à l'exception des dragages, qui seraient ajoutés au lot précédent, restait à M. Couvreux, qui n'aurait ainsi à faire que les terrassements à sec et la rigole maritime de navigation entre les points 66k,720 et 75k,400.

La combinaison qui vient d'être indiquée avait été jugée la meilleure ; préférable, entre autres, à la combinaison qui avait été également envisagée et qui eût consisté à donner à M. Couvreux, dans toute l'étendue de l'ancien lot, tous les déblais à sec au-dessus de la cote 18 mètres, et à MM. Borel, Lavalley et Cie tous les déblais sous l'eau.

Le lot réduit laissé à M. Couvreux paraissait, en effet, bien approprié aux ressources de cet entrepreneur ainsi qu'à la nature du matériel qu'il avait à sa disposition ou qu'il pourrait se procurer dans un bref délai ; l'étendue des chantiers, qui n'était plus que de 9 kilomètres, permettait partout sa surveillance personnelle ; les contacts entre les entrepreneurs et les difficultés qui résultent de l'enchevêtrement de leurs travaux étaient écartés dans la partie où ils eussent été le plus difficiles à éviter et le plus préjudiciables en raison de l'urgence du travail ; on donnait satisfaction à l'intérêt pressant qu'offrait à la Compagnie l'exécution la plus prompte possible de la rigole de navigation.

MM. Borel, Lavalley et Cie avaient offert, il est vrai, d'appliquer à ce travail spécial de la rigole six de leurs petites dragues ; mais on avait dû alors se demander comment ces dragues pourraient être conduites aux points du Seuil où elles avaient à fonctionner, puisque les profils de l'état actuel de la rigole montraient qu'en certains points elle présentait des tirants d'eau qui s'abaissaient jusqu'à $0^m,35$ et des largeurs de plafond de 4 mètres. Il y aurait donc nécessité de démonter complètement les dragues pour les remonter sur place. Or, cette solution, à supposer qu'elle fût possible, soulèverait des difficultés et prendrait beaucoup de temps. D'un autre côté, les moyens de transport des déblais étaient complètement à créer ; leur commande, leur exécution, leur arrivée en Égypte et leur mise en état de fonctionnement régulier eussent nécessité de cinq à six mois. Il avait donc semblé finalement plus simple et plus prudent de faire exécuter cette partie du travail qui, à tout prix, devait être faite dans le délai de neuf mois, par les moyens de M. Couvreux qui avaient l'avantage d'être déjà sur place à peu près complètement, tout en réservant à la Compagnie, au cas où les excavateurs lui paraîtraient impuissants, le droit de s'emparer des chantiers et d'y appliquer le système qui lui paraîtrait le plus efficace. Enfin, il y avait encore à considérer que M. Couvreux prenait des engagements fermes quant au prix et au délai d'exécution, tandis que MM. Borel, Lavalley et Cie se refusaient pour le moment, d'une manière absolue, à travailler autrement qu'en régie et sans garantie de délai.

En conséquence de la combinaison finalement adoptée d'un commun accord pour le partage du lot primitif, et après entente avec les entrepreneurs sur les conditions d'exécution de chacun des deux nouveaux lots de travaux, deux nouveaux marchés ont été passés à la date du 27 mars 1865, l'un avec M. Couvreux, l'autre avec MM. Borel, Lavalley et Cie.

Nous n'avons à nous occuper, quant à présent, que du marché passé avec M. Couvreux. Nous en reproduisons le texte ci-dessous.

NOUVEAU MARCHÉ ALP. COUVREUX, EN DATE DU 25 MARS 1865, PORTANT MODIFICATION DE LA SOUMISSION DU 1er OCTOBRE 1863

ARTICLE PREMIER. — *Renonciation à toutes réclamations antérieures.* — M. Couvreux déclare renoncer à toutes réclamations contre la Compagnie à raison des faits antérieurs à la présente convention de quelque nature qu'ils soient.

ART. 2. — *Modification des travaux primitivement soumissionnés. — Nature et prix des travaux conservés à l'entrepreneur.* — La soumission du 1er octobre 1863 est réduite aux travaux suivants :

a) Exécution des terrassements à sec au-dessus de la cote 18 mètres depuis le point 66k,720 jusqu'au point 75k,400 conformément aux plans et profils annexés, la Compagnie se réservant cependant de diminuer, s'il y a lieu, l'inclinaison des talus restant à faire. Ces terrassements représentent un volume d'environ 4 millions de mètres cubes, y compris les déblais déjà exécutés.

b) Élargissement du côté ouest et creusement de la rigole actuelle, de manière à lui donner une largeur de 15 mètres au moins à la cote 17m,50 et une profondeur de 2 mètres au-dessous de ladite cote, les talus étant inclinés à 2 de base pour 1 de hauteur. Ce dragage représente un volume d'environ 200.000 mètres cubes qui devra être transporté en dehors des banquettes définitives du canal.

c) Enlèvement et transport en dehors des banquettes définitives du Canal des apports occasionnés par les vents avant la réception définitive.

Les cubes indiqués ci-dessus ne sont qu'approximatifs. Ils résulteront, en somme, des travaux définitivement exécutés.

Le prix des travaux qui précèdent est fixé à 2 fr. 55 le mètre cube pour les déblais à sec (catégorie *a*) ; à 2 fr. 50 pour les dragages provenant de la rigole (catégorie *b*) ; à 1 fr. 60 pour la reprise et pour le transport de ces dragages et pour celui des apports.

Les cubes aussi bien pour les déblais que pour les transports sont mesurés au profil de la fouille.

Les prix ci-dessus s'appliquent également aux travaux déjà exécutés.

Les prix accordés s'appliquent indistinctement à tous les terrains à déblayer : rocher, sable et autres terres, quelles que soient leur nature, leur compacité, leur position et leurs proportions relatives, M. Couvreux déclarant avoir la complète connaissance du terrain.

Pour les déblais à faire sur la rive Asie, en vue de la rectification de la courbe comprise entre les kilomètres 73 et 75, il sera accordé une plus-value à fixer en cours d'exécution.

ART. 3. — *Ordre et succession des travaux. — Délais.* — Sur la partie du Canal en double courbe comprise entre les deux chantiers n° 5 et n° 6, les travaux seront exécutés conformément au plan (annexé) de la rectification de tracé décidée par la Compagnie, c'est-à-dire que, dans l'étendue de la première courbe, les terres de déblais devront être portées à 4 mètres de distance au moins au delà de la limite d'un élargissement projeté pour l'avenir, et que, dans l'étendue de la deuxième courbe, l'élargissement définitif du Canal aura lieu en partie du côté de la rive Asie.

En ce qui concerne le creusement de la rigole, il est entendu que si les excavateurs placés à la cote 18 mètres et le plus près possible de la rive (côté Afrique) ne peuvent atteindre le talus de la rive Asie, l'entrepreneur ne sera pas obligé d'enlever les terres jusqu'à ce talus, mais qu'il n'en donnera pas moins à la rigole la largeur prévue de 15 mètres.

Les déblais à sec se feront par bandes successives et parallèles de 15 mètres environ à la cote 18 mètres et s'étendant sur toute la longueur et sur toute la hauteur du lot.

Les installations devront être immédiatement établies pour l'exécution de la première bande, qui aura exactement 15 mètres de largeur à la cote 18 mètres, qui sera entièrement exécutée sur la rive Afrique, et qui est provisoirement destinée à former une banquette susceptible de recevoir en dépôt provisoire les déblais provenant de l'exécution de la rigole. Cette bande sera terminée à la date du 1er janvier 1866, au plus tard : il en sera de même de la rigole, et la banquette devra, à cette époque, être entièrement débarrassée des déblais qui y auraient été déposés.

La première bande enlevée, il sera procédé successivement à l'enlèvement de chacune des deux autres, dans des conditions telles que la seconde soit achevée au plus tard le 31 décembre 1866, la troisième le 31 décembre 1867, et que trois mois avant leur achèvement respectif, dix dragues puissent être installées dans la largeur de chacune d'elles et avoir chacune devant elle une longueur libre de 500 mètres.

Le reste des travaux devra être conduit de manière que la totalité de la tranchée du Canal soit terminée le 1er juillet 1868.

A cet effet, l'importance du travail sera réglée par période trimestrielle ainsi qu'il suit, l'ordre indiqué plus haut pour la succession des travaux étant d'ailleurs rigoureusement conservé :

	Mètres cubes
Depuis le 1er avril 1865 jusqu'au 1er juillet suivant.....	200.000
Depuis le 1er juillet 1865 jusqu'au 1er octobre suivant...	250.000
Depuis le 1er octobre 1865 jusqu'au 1er janvier 1866.....	350.000
Dans chacun des trimestres suivants..................	400.000

Et ce, indépendamment des apports, pourvu qu'ils ne dépassent point, dans chaque période, le vingtième des déblais effectifs.

ART. 4. — *Réduction de la quantité d'eau à fournir par la Compagnie.* — La quantité d'eau à fournir gratuitement par la Compagnie est réduite à 100 mètres cubes par jour.

Art. 5. — *Avances sur le matériel, amortissement du matériel et droit d'acquisition par la Compagnie.* — Indépendamment du matériel commandé jusqu'à ce jour par l'entrepreneur, dont la valeur totale, telle qu'elle résulte des marchés de commande, a été avancée au dit entrepreneur par la Compagnie, et dont l'importance s'élève à ce jour, comme paiements déjà effectués à titre d'avances à un chiffre total de... 1.798.991 fr. 42
auquel il convient d'ajouter le chiffre des paiements restant à effectuer sur les commandes en cours d'exécution, non compris les deux dragues en cours d'exécution et qui sont reprises à prix coûtant par MM. Borel, Lavalley et Cie, soit............................ 101.008 fr. 58

Total............ 1.990.000 fr. »

l'entrepreneur devra commander immédiatement le matériel supplémentaire de locomotives, wagons, rails et menu matériel qui lui est nécessaire et dont la valeur ne devra pas dépasser 600.000 francs.

Les marchés de commande de ce nouveau matériel seront préparés par les soins de l'entrepreneur, mais soumis avant l'exécution à l'approbation de la Compagnie qui pourra exiger la modification des conditions des marchés et restera maîtresse de désigner les fournisseurs.

Sauf les exceptions que l'entrepreneur devra faire agréer à l'avance par la Compagnie, toutes les livraisons devront avoir lieu, par les fournisseurs mêmes, à Marseille ou en Égypte, où s'en fera la réception.

Les expéditions sur Port-Saïd seront assurées.

Concurremment avec les représentants de l'entrepreneur, la Compagnie aura le contrôle de l'exécution des commandes; elle participera à la réception; elle surveillera les expéditions sur Port-Saïd; enfin, elle fera la reconnaissance à l'arrivée en Égypte.

Le montant de la valeur totale des commandes sera payé par la Compagnie à titre d'avance sur le matériel.

Les paiements auront lieu par la Compagnie directement entre les mains des fournisseurs et seront répartis autant que possible ainsi qu'il suit :

1/3 au moment de la commande;

1/3 au moment de la réception provisoire dans les ateliers;

1/3 au moment de la réception définitive pour le matériel livré en France.

Pour le matériel à livrer en Égypte :

1/6 au moment de l'embarquement, sur production du connaissement et de la police d'assurances;

1/6 à la réception définitive en Égypte.

La Compagnie paiera également, à titre d'avances sur le matériel, le montant du fret pour le transport du matériel de Marseille à Port-Saïd et le montant des assurances. Les paiements auront lieu directement entre les mains des ayant-droits sur pièces dressées et arrêtées par les représentants de l'entrepreneur.

Tout le nouveau matériel qui sera commandé en vertu des dispositions ci-dessus sera, aussi bien que le matériel commandé précédemment, la propriété de la Compagnie, jusqu'à complet remboursement de ses avances sur ledit matériel.

Les installations de l'entrepreneur, telles que maisons d'habitation, ateliers, magasins, etc., viendront en déduction de la moins-value exceptionnelle subie par le matériel acheté jusqu'à ce jour par l'entrepreneur et resteront, en conséquence, également la propriété de la Compagnie jusqu'à complet remboursement de ses avances sur le matériel.

Le prélèvement à faire par la Compagnie sur les situations mensuelles, pour se couvrir de ses avances sur matériel, sera des 30 centièmes de l'importance du montant du travail fait sur chaque situation mensuelle jusqu'à complet paiement des avances faites. Ce prélèvement ne sera pas appliqué aux premiers 500.000 mètres cubes exécutés. Il ne pourra être augmenté si, par suite de modification dans le tracé ou dans les profils, le cube qui a servi à déterminer la quotité de ce prélèvement venait à être diminué, les avances faites ne fussent-elles pas couvertes.

Contrairement à la disposition insérée dans la soumission primitive, les avances faites par la Compagnie ne porteront pas intérêt.

La Compagnie se réserve le droit d'acquérir à dire d'experts tout ou partie du matériel et les installations de l'entrepreneur à l'époque de l'achèvement des travaux.

Art. 6. — *Cautionnement.* — Par dérogation à l'article 5 du marché du 1er octobre 1863, le cautionnement fourni par l'entrepreneur restera entre les mains de la Compagnie jusqu'à l'entier achèvement des travaux.

Art. 7. — *Règlement de compte.* — Les stipulations de l'article 7 de la soumission du 1er octobre 1863 sont annulées.

Les approvisionnements en charbon et en bois de construction seront portés en compte dans les situations mensuelles pour les neuf dixièmes de leur valeur fixée dès à présent à 65 francs la tonne pour le charbon et à 80 francs le mètre cube pour le bois.

Antérieurement aux situations, il pourra être fait des avances sur lesdites fournitures, à raison de la moitié des prix ci-dessus, au départ des navires qui les transporteront en Égypte, sur la production des connaissements et des polices d'assurances.

Art. 8. — *Cas de résiliation ou de mise de travaux en régie totale ou partielle.* — La Compagnie aura le droit de résilier le présent marché sans indemnité ni dédommagement quelconque et le cautionnement de l'entrepreneur lui demeurera acquis, ainsi que le matériel affecté à la retenue de garantie, si, à l'expiration de chaque période indiquée à l'article 3, la totalité du cube de déblais prévus par ledit article n'est pas exécutée.

Dans les cas où la Compagnie ne jugerait pas devoir user du droit de résiliation que lui confère le paragraphe précédent, elle aura le droit d'installer des chantiers de régie au compte de l'entrepreneur, soit par voie d'exécution directe, soit par l'intermédiaire de tâcherons, sur les points où elle le jugera convenable, et ce, dix jours après une simple mise en demeure notifiée à l'entrepreneur.

La Compagnie aura le droit d'employer pour les travaux en régie tout ou partie du matériel de l'entrepreneur. Dans ce cas, il sera procédé immédiatement, en présence de l'entrepreneur dûment appelé, à l'inventaire descriptif et estimatif du matériel retenu par la Compagnie.

Pendant la durée de la régie, l'entrepreneur sera autorisé à en suivre les opérations sans qu'il puisse toutefois en entraver la marche.

En ce qui concerne notamment le premier élargissement de la tranchée et le creusement de la rigole, travaux dont l'entrepreneur connaît toute l'urgence, il est formellement entendu que si, dans un intervalle de quatre mois, il venait à être démontré à la Compagnie qu'eu égard aux moyens d'action de l'entrepreneur, le délai stipulé pour leur exécution complète serait dépassé, la Compagnie, bien que le cube prévu pour l'intervalle écoulé eût été effectué, aura le droit de retirer immédiatement tout ou partie de ses travaux à M. Couvreux et de les faire exécuter régiellement et suivant les règles indiquées ci-dessus (alinéas 2 et 3).

Art. 9. — *Prime en cas d'avance. — Retenue en cas de retard.* — Si la totalité des travaux compris à l'entreprise se trouve complètement terminée avant le terme fixé par l'article 3 ci-dessus, l'entrepreneur, au lieu de la prime fixe par mètre cube stipulée à la soumission primitive, recevra une indemnité de 50.000 francs par mois d'avance.

Si, par suite d'une diminution dans l'inclinaison des talus définitifs, le cube total à enlever était moindre que celui qui résulte des profils actuellement projetés, le terme ci-dessus indiqué serait avancé, en ce qui concerne la fixation de la prime, d'une quantité proportionnelle au rapport des cubes prévus et exécutés, et le temps à compter ne courrait que jusqu'au terme ainsi calculé.

Par contre, si l'entrepreneur est en retard sur le terme du 1er juillet 1868, il subira une retenue d'un demi centime par mètre cube et par mois de retard.

Il est bien et formellement entendu que l'éventualité de la prime stipulée ci-dessus ne saurait, en aucun cas, ouvrir matière à réclamation quelconque de la part de l'entrepreneur sous prétexte de retard qu'il aurait eu à subir par le fait de la Compagnie et qui lui ferait perdre le bénéfice espéré de la marche rapide imprimée par lui aux travaux.

Art. 10. — *Résidence de l'entrepreneur.* — L'entrepreneur sera tenu de résider sur les lieux ou d'y avoir un représentant muni de pleins pouvoirs accrédité auprès de la Compagnie et agréé par elle. Il aura également un représentant à Paris.

Il devra en outre, pour l'exécution des conditions de son marché, faire à Paris élection d'un domicile où lui seront valablement notifiés tous actes judiciaires ou extra-judiciaires. Le délai de distance à raison de la résidence réelle en Égypte est fixé dès à présent à un mois.

ART. 11. — *Renvoi aux articles de la première soumission auxquels il n'est pas dérogé.* —Toutes les stipulations du marché du 1er octobre 1863 auxquelles il n'est pas dérogé par ce qui précède sont applicables au présent marché.

Exécution des travaux

PREMIÈRE PHASE D'EXÉCUTION EN CONFORMITÉ DU MARCHÉ DU 1er OCTOBRE 1863

Les travaux de l'entreprise Couvreux ont été naturellement commencés en conformité du premier marché en date du 1er octobre 1863 qui s'appliquait, comme on l'a vu, à la partie du canal d'environ 15 kilomètres de longueur (du point $60^k,5$ au point $75^k,4$) comprise entre le lac Ballah et le lac Timsah, et comportait un cube de terrassements d'environ 9 millions de mètres cubes.

Nous rappellerons que, sur cette partie du canal, constituant la traversée du seuil d'El Guisr, la tranchée avait été ouverte par les contingents d'ouvriers égyptiens de manière à créer sur la rive Asie du profil la rigole maritime venant de Port-Saïd, d'une quinzaine de mètres de largeur à la ligne d'eau et de $1^m,50$ à 2 mètres de profondeur et, à son extrémité, isolée du lac Timsah par un massif de terre qui avait été réservé à cet effet. Mais nous devons rappeler en même temps que, depuis l'exécution par les contingents, la largeur et la profondeur de la rigole, par suite d'éboulements des berges et d'apports de sable, se sont trouvées progressivement réduites au point de rendre très difficiles, parfois même, suivant les vents, momentanément impossibles, les transports par chalands du matériel et des approvisionnements de l'entreprise.

Avant de faire connaître le programme adopté par l'entrepreneur pour l'exécution des travaux, nous décrirons d'abord l'appareil sur l'emploi duquel reposait principalement ledit programme.

EXCAVATEUR COUVREUX

M. Couvreux, dans une publication postérieure à son entreprise du Canal de Suez, a donné la description suivante de l'appareil imaginé par lui (connu sous le nom d'*Excavateur Couvreux*) pour l'exécution des grands travaux de terrassements[1].

Il explique d'abord, dans un court préambule, que les grands travaux de terrassements exécutés depuis un demi-siècle avaient fait naître la nécessité de trouver des engins capables d'en activer l'exécution et de réduire la main-d'œuvre; que la plupart de ces travaux ne pouvaient d'ailleurs se faire à bras d'hommes; et que c'était là ce qui l'avait amené à contruire un genre de machine pouvant à la fois extraire les terres, les enlever et les charger directement en wagons.

---

1. C'est dans les premiers mois de l'année 1859, peu après la constitution de la Compagnie, pendant les études entreprises par le directeur général des travaux, M. Mougel Bey, de projets de dragues flottantes, de dragues à sec ou excavateurs et de toiles sans fin de transport des terres, que M. Couvreux qui, dès cette époque, s'était mis en instance auprès de la Compagnie pour obtenir l'entreprise d'un lot de travaux, soumit à M. Mougel Bey les dessins d'un type d'excavateur imaginé par lui, dans lequel la chaîne dragueuse marchait en sens inverse de son mouvement habituel, les godets se vidant par le fond au passage du tourteau supérieur.

Ce ne fut pourtant qu'en 1861 que M. Couvreux fit construire sur ses dessins et fonctionner à Lyon son premier excavateur. Il avait pris, le 5 mai 1860, un brevet pour cet appareil, dénommé par lui *Excavateur porteur à l'usage des terrassements*. [Plus tard, le 24 juin 1864, — c'est-à-dire six mois après son premier marché passé avec la Compagnie pour le creusement du Canal à la traversée du seuil d'El Guisr, — M. Couvreux ayant apporté certaines modifications ou additions à son ancien excavateur, dont le principe et la disposition générale étaient tombés dans le domaine public, prit un nouveau brevet pour son excavateur perfectionné. C'est naturellement ce dernier appareil qui a été employé aux travaux du canal, au cours desquels il a reçu de nouveaux perfectionnements.]

Dès la première année, le nouvel appareil fut employé avec succès par M. Couvreux à l'extraction et au chargement en wagons d'une partie du ballast du chemin de fer de Sedan à Thionville, dans les Ardennes. Au cours de ces travaux, une délégation d'ingénieurs de la Compagnie de Suez avait été chargée d'étudier le fonctionnement de l'appareil et de voir quel parti on pourrait tirer de son emploi pour l'exécution des travaux du canal encore à leur début; et ce fut en considération des résultats favorables de cet examen

Cette machine, ajoute M. Couvreux, est utilisée très avantageusement toutes les fois qu'il s'agit de creuser un canal, une tranchée de chemin de fer ou d'extraire des terres pour différents remblais, lorsqu'il s'agit de cubes considérables. L'appareil se place latéralement à la fouille de manière que d'un côté il extrait jusqu'à 5 mètres de profondeur, tandis que de l'autre il charge directement dans les wagons destinés au transport des produits.

Suit la description de l'appareil :

Description de l'excavateur (Planche XXXVIII). — L'excavateur, entièrement métallique, présente la forme générale d'une locomotive. Il se compose d'un chariot portant un générateur et les mécanismes moteur et extracteur. Le chariot est monté sur quatre essieux munis chacun de trois roues; celle qui est à l'extrémité de l'essieu se démonte lorsqu'il s'agit de circuler sur une voie ordinaire. La voie de service de l'excavateur présente trois lignes de rails, dont deux sont à la voie de 1m,50 et la troisième est à 0m,50 d'écartement; toutes trois sont placées latéralement à la fouille.

L'appareil est muni de deux machines, dont l'une, servant à l'extraction, est de la force de 20 chevaux; l'autre servant à faire circuler l'excavateur sur la voie de travail n'est que de 4 chevaux.

Le générateur est une chaudière horizontale tubulaire à flamme directe ayant une surface de chauffe de 40 mètres et timbrée à 6 et 1/2 atmosphères

Le tout est monté sur le chariot et disposé de façon à mettre en mouvement un engrenage fixé sur un arbre horizontal placé au sommet de l'appareil et muni de deux cames d'entraînement qui mettent en mouvement deux chaînes

---

que, plus tard, la Compagnie, ayant renoncé au mode d'exécution par voie de régie intéressée et fait appel aux entrepreneurs pour l'exécution à prix ferme de divers lots de travaux, passa avec M. Couvreux le marché du 1er octobre 1863 pour l'exécution d'un premier lot comprenant le creusement du Canal à la traversée du seuil d'El Guisr. Sept excavateurs furent effectivement employés à l'exécution de ces travaux, qui furent terminés en 1868.

Plus tard, dans les importants travaux de régularisation du Danube, à Vienne, exécutés pendant les cinq années de 1870 à 1874, dont M. Couvreux avait soumissionné l'entreprise en collaboration avec MM. Castor et Hersent, cinq excavateurs contribuèrent pour une bonne part à l'avancement des terrassements considérables qui étaient à exécuter. Pendant les trois années de leur plein travail, la production journalière moyenne de chaque appareil a été la suivante :

	EN 1871	EN 1872	EN 1873	MOYENNES
Nombre moyen de jours de travail par an.	293 jours	295 jours	244 jours	277 jours
Moyenne journalière de travail..........	1.014 m. c.	1.340 m. c.	1.500 m. c.	1.285 m. c.

Les excavateurs furent également employés avec succès dans les travaux de la rectification du canal de Gand à Terneuzen, en Belgique, exécutés par les mêmes entrepreneurs.

Depuis lors, on le sait, l'emploi de l'excavateur Couvreux — progressivement perfectionné dans les détails de sa construction, — s'est de plus en plus généralisé, tant en France qu'à l'étranger, dans l'exécution des grands travaux de terrassements.

de Galle, sur lesquelles sont montés des godets spéciaux pour opérer l'extraction des terres.

Le chapelet de godets est disposé sur un châssis dont la base porte un tourteau qui en permet la marche sans fin. Le tout est suspendu à un bras disposé comme celui d'une chèvre et muni d'une chaîne et d'un palan dont la position, en porte-à-faux de l'appareil, permet de faire monter et descendre les godets extracteurs, au moyen d'un treuil Bernier, suivant les besoins du travail.

Les godets, d'une contenance de 170 litres, présentent un mode spécial de construction : leur fond, mobile sur une charnière, tombe par l'effet du mouvement de la chaîne d'entraînement et le godet s'ouvre naturellement en arrivant sur le tourteau supérieur ; le contenu tombe alors sur un couloir d'où il glisse naturellement dans le wagon.

La machine d'extraction marche à la vitesse de 80 tours à la minute et produit 30 godets, soit 5^{mc},10 ; ce qui fait par heure 306 mètres cubes et, par journée de travail de douze heures, 3.672 mètres cubes. De cette quantité, il faut déduire un tiers pour temps perdu ou arrêts pendant les changements de wagons, etc. ; reste, comme travail effectif, 2.400 mètres cubes par jour[1]. La production est naturellement variable suivant la nature du terrain.

Le poids de l'appareil est d'environ 45.000 kilogrammes.

Ainsi qu'il est dit plus haut, il faut à l'appareil une voie spéciale à trois rails, et, en plus, pour le service du transport des produits, une voie ordinaire, sur laquelle circulent deux trains de chacun 20 wagons et deux locomotives pour effectuer le service. L'écartement entre les deux voies est d'environ 2^{m},50 ; il varie suivant la nature du terrain, d'après laquelle on doit modifier l'inclinaison du couloir qui sert à déverser dans les wagons les terres extraites par l'appareil : on comprend, en effet, qu'avec des terres glaiseuses, par exemple, il faut donner plus de pente au couloir ; d'où, un écartement différent pour la voie.

L'excavateur travaille latéralement à sa voie et creuse une fouille qui peut atteindre jusqu'à 5 mètres de profondeur. Il peut également travailler en sens inverse, c'est-à-dire être placé dans une fouille ou cuvette préparée à l'avance et exécuter un nivellement de surface. Dans un cas comme dans l'autre, on ripe la voie après chaque passe, soit en rapprochant la voie de la masse de terre, soit en l'écartant de la fouille, de manière que les godets aient toujours une certaine tranche de terrain à enlever.

Chacune de ces deux méthodes de travail a son genre de godet. Pour travailler en décapement, les godets sont ceux des dragues flottantes ; mais, pour le travail qui a spécialement motivé la création de l'excavateur, on emploie des godets spéciaux qui marchent dans le sens contraire des autres, c'est-à-dire descendent vides sur l'élingue ou châssis plongeur et remontent, en glissant sur le talus où ils se remplissent, en prenant la terre par tranches et latéralement suivant la vitesse d'avancement de l'appareil. En un mot, l'excavateur opère son travail absolument comme l'outil d'une machine à raboter[2].

1. Le rendement journalier moyen des appareils employés aux travaux du Canal de Suez a été notablement moindre ; et l'on a vu, à la note précédente, qu'aux travaux de la régularisation du Danube, exécutés plus tard, le travail journalier moyen dans une année n'avait pas dépassé 1.500 mètres cubes, avec deux cent quarante-quatre jours de travail, et que la moyenne, pour les trois années de plein travail, avait été de 1.285 mètres cubes avec deux cent soixante-dix-sept jours de travail.

2. *Considérations sur l'emploi des excavateurs.* — Au commencement de mars 1865, l'entrepreneur installa une voie pour descendre sur le bord de la

Le personnel nécessaire au fonctionnement de l'appareil se compose comme suit : un mécanicien, un chauffeur et deux ouvriers pour différentes manœuvres; dix hommes pour l'entretien des voies.

Le prix de revient d'un excavateur s'établit de son côté, approximativement comme suit :

	Francs
Prix de l'appareil : Poids total, y compris tous accessoires, 45.000 kilogr. à 1 fr. 25	56.250
Voie de service de 250 mètres de longueur à trois lignes de rails du poids de 36 kilogr. par mètre courant; soit 27.000 kilogr. de rails à 25 francs les 100 kilogr.	6.750
500 traverses de 3m,50 de longueur, à 6 francs l'une	3.000
PRIX TOTAL DE REVIENT D'UN EXCAVATEUR	66.000

PROGRAMME D'EXÉCUTION DES TRAVAUX (PLANCHE XXVIII)

Le plan d'attaque adopté par M. Couvreux et les moyens qu'il comptait employer aux différentes phases d'exécution des travaux étaient les suivants :

Le programme de l'entrepreneur consistait à déblayer d'abord le terrain, sur toute la largeur du Canal, jusqu'à un plan horizontal arasé uniformément à 0m,40 au-dessus

---

rigole maritime l'un des nouveaux excavateurs qui venaient d'être montés dans les ateliers afin de permettre l'essai de cet appareil pour les déblais sous l'eau.

A cette occasion, dans un rapport à l'Administration, les ingénieurs exprimèrent l'opinion que, si l'essai qui allait être tenté était couronné de succès, ce serait suivant eux à ce genre de travail que l'on pourrait le mieux utiliser les excavateurs, et ils appuyaient cette opinion des considérations suivantes que nous croyons devoir mentionner immédiatement à propos de la description de l'appareil.

« Il importait de ne pas perdre de vue, quand on voulait se rendre un compte exact du travail utile produit par les excavateurs, que le mode de déblai à l'aide de ces appareils comportait en réalité l'emploi de deux machines, à savoir : la machine de l'appareil lui-même faisant la fouille et la charge, et une locomotive restant en permanence pendant tout le temps du chargement des trains pour manœuvrer celui-ci de manière à présenter successivement chaque wagon devant le couloir de l'excavateur. [Il allait sans dire qu'il fallait en outre une seconde locomotive pour conduire les trains à la décharge et les ramener.] Par suite de l'emploi obligé des deux machines; de la dépense assez grande d'installation et de ripage des deux voies contiguës, l'une à trois rails pour l'excavateur, l'autre à deux rails pour les wagons en charge; par suite enfin de l'usure assez rapide des organes de l'excavateur travaillant dans une atmosphère chargée de poussières de sable, le mode de déblai à l'aide de ces appareils revenait certainement à un prix plus élevé et offrait en définitive moins de garanties de rapide exécution que le simple chargement à bras d'hommes dans les wagons, notamment pour le genre de déblais que l'on avait à exécuter, dont la presque totalité pouvait se faire en cuvette, c'est-à-dire en chargeant les

du niveau de la Méditerranée. Tous les déblais de cette tranchée devaient être transportés en wagons traînés par des locomotives jusqu'aux points de décharge, mais les moyens de fouille et de chargement en wagons variaient, ainsi qu'il va être expliqué, suivant le relief et la nature du terrain.

Les excavateurs étant établis pour déblayer, dans leur travail normal, suivant un talus à 45° d'une hauteur verticale de $4^{m},50$, et n'étant pas constitués, d'ailleurs, de manière à pouvoir entamer des terrains très durs, leur emploi se trouvait limité aux tranchées profondes à déblayer par étages successifs où le terrain était susceptible d'être fouillé par les godets. Les excavateurs — comme il a été expliqué précédemment — étaient portés par une voie à trois rails établie sur le bord de la crête du talus; en arrière se trouvait une voie ordinaire portant les trains de wagons destinés au transport des terres. Au fur et à mesure

wagons par le haut... Les ingénieurs n'étaient donc pas d'avis de développer l'emploi des excavateurs pour les terrassements à sec.

Mais tout autre serait leur conclusion si l'excavateur réussissait pour les déblais sous l'eau. Dans l'exécution de ce genre de travaux, en effet, il fallait absolument deux machines : l'une pour le dragage et l'autre pour la mise à terre des déblais ou le chargement dans les wagons. A ce point de vue, l'emploi de l'excavateur ne présentait donc aucune infériorité sur tous autres systèmes déjà connus; il présentait, au contraire, sur ceux-ci cet avantage que l'on évitait l'intermédiaire obligé de récepteurs entre l'appareil dragueur et l'appareil de mise à terre, les godets de l'excavateur se déchargeant directement dans les wagons destinés à transporter les terres au loin. Il tardait donc beaucoup aux ingénieurs de voir essayer un excavateur pour les déblais sous l'eau. Les seuls écueils qu'ils redoutaient dans un pareil emploi de l'appareil étaient les suivants : Ils craignaient, d'une part, que l'eau entraînée dans les godets ne vint à délaver outre mesure le terrain sur le bord extrême duquel était la voie de l'excavateur et à compromettre ainsi gravement la solidité de cette voie sur laquelle reposait un très lourd appareil et s'exerçaient de grands efforts; d'autre part, que les terres draguées n'adhérassent trop fortement aux godets pour permettre à ceux-ci de se vider d'une manière satisfaisante. Si les résultats de l'expérience qu'on allait faire étaient favorables, les ingénieurs estimaient que l'emploi de l'excavateur serait un excellent système pour approfondir et élargir rapidement la rigole maritime; que l'on devrait dès lors consacrer tous les excavateurs à ce travail en se contentant des chargements à bras d'hommes pour les déblais à sec. »

[Disons de suite que c'est effectivement à l'aide d'excavateurs que s'est fait, et avec un plein succès, le premier élargissement et approfondissement de la rigole prescrit par le second marché d'entreprise du 27 mars 1865.]

que la chaîne fouilleuse entamait le talus, on ripait les deux voies parallèlement à elles-mêmes, et le travail se continuait ainsi jusqu'à ce que l'on eût enlevé une première tranche de $4^{m},50$ d'épaisseur dans toute la largeur de la tranchée. Puis l'on devait procéder de même pour la tranche suivante, avec la seule adjonction de voies en rampe sur le talus final de la tranchée déjà faite pour aller gagner les voies de décharge. Pour le facile établissement et déplacement des voies destinées à l'enlèvement de la première tranche, en même temps que pour la bonne disposition des phases successives du travail, il était nécessaire que le terrain naturel fut dérasé à l'avance horizontalement, dans toute la largeur que devait avoir la tranchée et sur la longueur de chaque chantier, à un niveau déterminé d'après la profondeur de ladite tranchée. Ce premier travail devait se faire à l'aide d'escouades d'ouvriers travaillant à la brouette.

Sur les points où par suite, soit du peu de profondeur de la tranchée, soit de la dureté du terrain, il y aurait désavantage à se servir des excavateurs, ou impossibilité, les chargements en wagons se feraient à bras d'hommes. L'organisation des chantiers serait alors en tout semblable à celle de tous les grands chantiers de terrassements.

Enfin, pour hâter l'achèvement de cette première partie du travail consistant à déblayer dans toute la largeur des tranchées jusqu'à $0^{m},40$ au-dessus du niveau de la mer, de manière à permettre d'entreprendre le plus tôt possible les déblais sous l'eau, l'entrepreneur avait l'intention d'établir dans chaque chantier sans exception, sur la banquette de halage, une simple voie destinée à recevoir des trains de wagons qui seraient chargés à bras d'hommes, soit directement, soit au moyen de couloirs, et qui graviraient des rampes établies sur les talus pour aller gagner les voies de décharge.

L'entrepreneur n'attendrait naturellement pas que les

déblais à sec fussent complètement terminés pour commencer les déblais sous l'eau. Il comptait faire ceux-ci, jusqu'à une profondeur de 4 mètres, avec ses excavateurs. La mise en fonctionnement de ces appareils pour l'exécution desdits déblais pourrait avoir lieu aussitôt que l'on aurait une largeur de banquette assez grande pour l'installation des deux voies de service avec une marge suffisante pour le ripage.

Enfin, l'entrepreneur ne comptait employer les dragues que pour achever le creusement du canal depuis la profondeur de 4 mètres obtenue par les excavateurs jusqu'à la profondeur finale de 8 mètres.

MODES D'EXÉCUTION ET MARCHE DES TRAVAUX

Le représentant de l'entrepreneur arriva à El Guisr vers le milieu de décembre 1863 avec une première escouade d'ouvriers qui furent employés d'abord aux réparations des bâtiments mis par la Compagnie à la disposition de l'entreprise, à l'installation d'un atelier de montage et de réparations, enfin à l'établissement d'appareils de déchargements.

La période d'installation dura plusieurs mois, accompagnée de tâtonnements inévitables.

Situation des travaux en août 1864. — Au mois d'août 1864 plusieurs chantiers de travaux étaient installés et avaient commencé à fonctionner, savoir :

Un premier chantier de terrassements, partie à la brouette, partie au wagon avec chargements à bras d'hommes (tâcheron Korytkowski) était installé sur la partie de canal de 2.200 mètres de longueur, s'étendant de $64^k,3$ à $66^k,5$ et comprenant un cube total de déblais d'environ 600.000 mètres cubes.

Dans ce chantier, la tranchée devait être descendue sur toute sa largeur jusqu'à la cote $18^m,00$ (du nivellement d'alors[1]), soit à $0^m,40$ environ au-dessus du niveau de l'eau dans la rigole maritime. Le chantier devait être exploité au moyen d'une voie posée d'abord le long de la

1. Il y a lieu de rappeler que jusqu'à l'année 1864, où il a été procédé à une vérification du nivellement général de l'Isthme, la cote adoptée pour le niveau moyen de la Méditerranée était celle qui avait été établie par la Commission Internationale, soit $17^m,68$. A partir de la vérification de 1864 jusqu'à la fin des travaux (en 1869), la cote adoptée a été $18^m,20$. Depuis, il a été reconnu que la cote exacte était $18^m,30$.

rigole maritime et qui se riperait ensuite, au fur et à mesure de l'élargissement de la tranchée, jusqu'au pied du talus définitif. Cette voie principale, déjà posée entre les points 65k,2 et 65k,8 dans une partie basse où il n'y avait que peu de terre à enlever pour arriver à la cote fixée, devait recevoir, en outre de l'embranchement destiné à conduire les déblais à la décharge, deux aiguilles, l'une vers le Nord, l'autre vers le Sud, qui seraient posées au fur et à mesure de l'élargissement des deux ateliers de charge des extrémités et donneraient accès à deux autres voies de charge suivant les premières parallèlement, mais en retraite. Lorsque le chantier, dont le centre était au point 65k,5, serait ouvert, au Nord, jusqu'à son origine au point 64k3, on devait installer une seconde voie de décharge pour conduire les déblais dans une dépression de terrain située au pied des dunes d'El Ferdane. Le chantier comporterait ainsi cinq ateliers de charge et il serait alors desservi par 50 wagons et une locomotive jusqu'au jour où le développement des travaux nécessiterait l'adjonction d'une seconde locomotive : la première locomotive destinée à desservir le chantier était encore à Port-Saïd d'où l'entrepreneur n'avait pu encore la faire venir faute de moyens suffisants de transport. L'entrepreneur espérait que le chantier, une fois complètement installé, produirait un cube mensuel de déblais d'au moins 30.000 mètres cubes.*

Un chantier de déblais à l'excavateur était établi sur une longueur de 1.600 mètres entre les points 69k0, et 70k,6. Il était conduit directement par l'entrepreneur. L'installation de ce chantier, commencée dès le début de l'entreprise, avait subi diverses vissicitudes : l'entrepreneur, en faisant cette première installation, d'une manière un peu hâtive, avait eu surtout pour but de faire connaître l'ensemble de son système de déblais par excavateurs; l'impossibilité de faire arriver promptement de Port-Saïd son matériel l'avait obligé, pour la réalisation du but poursuivi, à se servir d'abord de rails trop faibles qui lui avaient été prêtés par la Compagnie; mais, au fur à mesure des arrivages, il s'était empressé de remplacer cette voie provisoire par une voie définitive; toutefois, la nécessité de cette modification avait entraîné le chômage de deux excavateurs neufs montés sur place depuis assez longtemps et qui était prêts à fonctionner. Le chantier était partagé en deux sections distinctes dans chacune desquelles devaient travailler deux excavateurs et les déblais être conduits à trois décharges pouvant absorber ensemble 2.400.000 mètres cubes. Un seul excavateur travaillait pour le moment; mais les trois autres étaient en place et prêt à fonctionner. Le chantier ne pourrait être installé complètement et marcher régulièrement que lorsque l'on aurait pu faire arriver de Port-Saïd, où se trouvait ce matériel, une locomotive supplémentaire, les rails et traverses pour le développement des voies de service et un nombre suffisant de wagons.

Un chantier de terrassements à la brouette se trouvait annexé au chantier principal, au point 69k,0.

Au centre du même chantier principal se trouvait une voie reliée aux voies de service des excavateurs, qui venait aboutir, d'un côté, par le flanc du talus du canal, à l'appontement où s'opérait le débarquement du matériel, et qui communiquait de l'autre côté avec les ateliers de montage et de réparations : ces ateliers installés d'abord au point 70k,0 (ancien chantier IV des contingents égyptiens), au sommet de la rampe, avaient été transportés au campement même d'El Guisr, point 71k,3 (ancien chantier V), dès que les arrivages de matériel avaient permis de modifier le premier emplacement adopté au début. Sur la voie d'embarquement dont il vient d'être parlé s'embranchait une autre voie destinée à des terrassements au wagon avec chargement à bras d'hommes, au pied du talus de la tranchée existante : ce chantier accessoire de déblais était à peine installé et n'avait encore servi qu'à occuper la brigade des hommes affectés au débarquement du matériel quand cette dernière occupation venait à leur manquer. Enfin, au delà du point 70k,6, extrémité sud du chantier, la voie d'embarquement se prolongeait sur 1.200 mètres de longueur pour desservir les ateliers; et, sur cette voie principale s'embranchaient : du côté nord, une voie de 300 mètres de longueur destinée à desservir l'atelier spécial de réparations des wagons; du côté sud, une autre voie, se partageant elle-même en trois embranchements d'un développement ensemble de 1.100 mètres, et destinée à desservir un grand chantier de terrassements qui venait d'être ouvert au point 72k,0 et dont il est parlé plus loin.

A la suite du chantier des excavateurs, entre les points 70k,8 et 71k,2 se trouvait un chantier de terrassements à la brouette descendant les déblais à 2 mètres en contrebas du sol naturel.

Entre les points 71k,4 et 73k,9, soit sur une longueur de 2.500 mètres, venait d'être ouvert un grand chantier de terrassements au wagon avec chargement à bras d'hommes. Ce chantier, qui comportait un cube total d'environ 1 million de mètres cubes, avait été confié à un sieur Daneuse, tâcheron expérimenté appelé de France par l'entrepreneur; il devait être desservi par 2 locomotives et 50 wagons, avec environ 5.900 mètres de voies de fer. Le tâcheron s'était engagé à faire, lorsque tout le matériel lui aurait été livré, un cube mensuel d'au moins 30.000 mètres cubes.

Enfin un dernier chantier avait été ouvert à l'extrémité sud du lot d'entreprise entre les points 74k,500 et 75k,150 (ancien chantier VI) soit sur une longueur de 650 mètres. Ce chantier comportait : d'une part, l'enlèvement à la brouette d'un cavalier de dépôt d'environ 30.000 mètres cubes situé sur l'emplacement du canal; d'autre part, le dérasement jusqu'à la cote 30m,00 de la couche supérieure du sol (où se trouvait un banc de pierre) en vue de l'installation future de deux excavateurs : le cube à extraire pour arriver à la cote indiquée était d'environ 50.000 mètres cubes. Ce chantier, récemment ouvert et n'occupant encore qu'un petit nombre d'ouvriers, était appelé à prendre du développement par suite de la pose d'une voie de fer pour transports par wagons traînés par des mules.

En même temps que s'organisaient les divers chantiers de terrassements l'entrepreneur achevait l'installation de ses ateliers dans le nouvel emplacement, à El Guisr même. Cette installation comportait, savoir : en activité, un atelier de forges, ajustage et charronnage et un atelier de montage; en construction, un atelier spécial de réparations de locomotives et un atelier, séparé du groupe principal, pour la réparation des wagons.

Quant à la situation du matériel, elle était la suivante :

Locomotives : 3 en service, 1 en réparation, 4 en débarquement à Port-Saïd, 8 en route pour Port-Saïd; nombre total, 16.

Excavateurs : 1 en service, 3 en place prêts à fonctionner, 2 montés aux ateliers et prêts à être conduits en place, 5 en montage aux ateliers et 5 en construction à Lyon ; nombre total 16.

Wagons : 50 en service, 350 en dépôt à Port-Saïd prêts à entrer en service ; nombre total, 400.

Voies ferrées : 1.160 mètres de voie posée, à 3 files de rails, pour excavateurs ; 7.190 mètres de voies de service ; 1.000 mètres de voie en approvisionnement sur place ; 3.000 mètres en dépôt à Port-Saïd ; 2.000 mètres en route pour Port-Saïd ; 2.000 mètres en chargement à Marseille ; ensemble, longueur totale 16.350 mètres. En outre du marché en cours qui assurait une livraison d'environ 4 kilomètres de voies par mois, l'entrepreneur avait conclu un autre marché pour une fourniture de 15 kilomètres de nouvelles voies qui devaient être livrées moitié en novembre, moitié en décembre.

Traverses. — L'entrepreneur assurait que toutes ses mesures étaient prises pour que les arrivages de traverses eussent lieu au moins en même temps que les livraisons de rails.

L'exposé que nous venons de faire de la situation de l'entreprise en août 1864 montre que les chantiers étaient à cette date en bonne voie d'organisation, et que l'entrepreneur avait fait des efforts pour donner une sérieuse impulsion aux travaux. Les retards qu'avaient subis jusque là l'organisation des chantiers et une mise en train vigoureuse des travaux avaient tenu en grande partie à l'insuffisance des moyens de transports mis par la Compagnie, en vertu d'une des stipulations du marché, à la disposition de l'entrepreneur[1] et au mauvais état de la

1. Cette insuffisance des moyens de transports fournis par la Compagnie à l'entrepreneur tenait à la lenteur apportée par la maison de construction à laquelle la Compagnie avait fait une première commande de grands chalands

rigole maritime ; ils avaient tenu aussi aux tâtonnements inévitables par lesquels avaient dû passer l'entrepreneur et à l'organisation longtemps imparfaite de son service de transports ; mais tout cela était maintenant en voie de sérieuse amélioration, et, en ce qui la concernait, la Compagnie comptait faire tout son possible pour augmenter le nombre de chalands mis à la disposition de l'entrepreneur.

Dès la fin de septembre, la Compagnie avait pu enfin se mettre en règle vis-à-vis de M. Couvreux en ce qui était de la livraison des chalands qu'elle avait à lui fournir pour ses transports. En outre, l'entrepreneur avait conclu avec un second tâcheron de transports un marché temporaire pour l'exécution duquel un grand nombre de chalands, par suite de l'arrêt des travaux de l'entreprise Aiton, avaient pu être mis provisoirement à sa disposition par la Compagnie. Toutes mesures étaient donc prises pour pouvoir transporter en un mois ou six semaines les trois à quatre milles tonnes de matériel qui se trouvaient à Port-Saïd, lorsque malheureusement, une nouvelle rupture de digue à la traversée des lacs Ballah, abaissant considérablement le niveau de l'eau dans la rigole maritime, vint arrêter pour quelque temps les transports, au grand préjudice du développement des chantiers.

Au *commencement de l'année* 1865, les chantiers étaient distribués comme suit, savoir :

Chantier dit des excavateurs conduit directement par M. Couvreux : les excavateurs étaient au nombre de six, dont, presque constamment, deux ou trois étaient en réparation ; le cube mensuel produit par ce chantier n'était que de 25 à 30.000 mètres cubes ;

Et quatre chantiers de terrassements à bras d'hommes confiés à des tâcherons ; le cube mensuel produit par ces chantiers, ensemble, était d'environ 45 à 50.000 mètres cubes.

10 locomotives desservaient les différents chantiers ; mais, plusieurs de ces locomotives étaient toujours, à tour de rôle, en réparation.

En fait, les chantiers étaient bien organisés ; mais par suite d'insuffisance de matériel, ils ne présentaient ni le développement ni l'activité indispensables. L'entreprise manquait notamment de matériel de voie et de locomotives.

Ce fut alors qu'intervînt, — ainsi qu'il a été expliqué précédemment, — le nouveau marché du 27 mars 1865, réduisant d'environ moitié l'importance du marché primitif du 1er octobre 1863.

---

en tôle à en faire la livraison. La situation de l'entreprise à l'époque considérée eût été certainement plus satisfaisante si la Compagnie avait pu, dès le début, mettre à sa disposition une vingtaine de ces grands chalands au lieu des nombreux petits chalands en bois (les seuls qu'elle possédait alors) déjà anciens, que l'on n'osait pas charger et qui exigeaient de fréquentes réparations.

A la date du 1er *avril* 1865, date à partir de laquelle le nouveau marché, par son article 3, prescrivait l'exécution de certains cubes déterminés de déblais par périodes trimestrielles successives, le cube total de déblais déjà exécuté par l'entrepreneur était de 561.590 mètres cubes.

II. — DEUXIÈME PHASE D'EXÉCUTION DES TRAVAUX EN CONFORMITÉ DU NOUVEAU MARCHÉ DU 27 MARS 1865

Avant de décrire les travaux exécutés par M. Couvreux en conformité du nouveau marché du 27 mars 1865, nous croyons utile, au sujet des conditions de délais auxquelles avait dû être assujettie l'exécution des dits travaux, notamment en ce qui était de l'élargissement et approfondissement de la rigole maritime, et en vue de faire ressortir les conséquences qui pouvaient résulter pour la Compagnie de retards d'exécution, de rappeler tout d'abord les circonstances et considérations qui avaient conduit la Compagnie à fixer les délais en question, et de faire connaître, en même temps, certaines conditions de délais d'exécution et autres figurant dans les divers marchés passés successivement avec MM. Borel, Lavalley et Cie pour l'exécution des autres parties du Canal.

RENSEIGNEMENTS SUR LES DIVERSES ENTREPRISES DE TRAVAUX DE CREUSEMENT DU CANAL AU MOMENT DE LA PASSATION DU MARCHÉ COUVREUX DU 27 MARS 1865, PUIS PENDANT L'EXÉCUTION MÊME DES TRAVAUX FAISANT L'OBJET DUDIT MARCHÉ.

Nous rappellerons, tout d'abord, que le premier marché Couvreux, en date du 1er octobre 1863, ne contenait aucune stipulation spéciale relative à la rigole maritime. Il mentionnait seulement, comme on l'a vu par son article 10, les cubes totaux de déblais, à sec et sous l'eau, que l'entrepreneur devrait avoir exécutés dans des délais successifs qui étaient indiqués.

A la date du 16 mars 1864 intervint le premier marché passé par la Compagnie avec MM. Borel, Lavalley et Cie, pour l'exécution des travaux du canal entre le seuil d'El Guisr et la mer Rouge. L'article de ce marché, relatif aux charges et obligations de la Compagnie, stipulait par l'un de ses paragraphes : d'une part, que la Compagnie s'engageait à maintenir, autant qu'il dépendrait d'elle, une profondeur d'eau minimum de 1m,20 dans ceux de ses canaux ou rigoles nécessaires aux entrepreneurs pour le transport de leur matériel et de leurs approvisionnements entre Port-Saïd et Suez et leurs différents chantiers; d'autre part, que, dans le cas où la profondeur serait inférieure à ce minimum et rendrait les transports plus onéreux ou impossibles avec les moyens habituellement employés par les entrepreneurs, la Compagnie aurait le choix, ou d'indemniser ceux-ci de l'excédant de leurs dépenses, ou de faire elle-même les transports en ne taxant les entrepreneurs qu'aux prix auxquels revenaient à ceux-ci lesdits transports par leurs moyens habituels[1]. D'après l'un des articles du même marché les travaux devaient être terminés pour la fin de l'année 1867.

Vint ensuite, à la date du 12 décembre 1864, le nouveau marché passé avec MM. Borel, Lavalley et Cie pour l'exécution des travaux du canal entre Port-Saïd et l'extrémité sud des lacs Ballah (origine du lot Couvreux). L'article de ce marché relatif aux délais d'exécution stipulait que les travaux du nouveau lot d'entreprise devraient être terminés pour le 1er juillet 1868, et, un autre article, que le délai d'exécution des travaux du lot de Suez serait reculé jusqu'à la même date. Ce dernier article contenait d'ailleurs les stipulations suivantes :

« La Compagnie ne serait tenue de livrer aux entrepreneurs le passage assuré et permanent de 1m,20 de tirant d'eau stipulé par l'un des paragraphes de l'article du marché de Suez, concernant les charges et obligations de la Compagnie, ni dans la longueur du canal maritime correspondante au lot

---

1. On voit par les dispositions rappelées ci-dessus que les entrepreneurs comptaient utiliser pour les transports de leur matériel et de leurs approvisionnements la rigole maritime de Port-Saïd au lac Timsah, la dernière partie du canal d'eau douce venant de Zagazig et aboutissant à Ismaïlia et la branche ou dérivation de Suez.

Il y a dès lors intérêt à donner ici quelques détails sur la situation dans laquelle se trouvaient ces trois voies de navigation au moment de la passation du marché du 26 mars 1864 et de faire connaître les dates où elles ont pu être utilisées par les entrepreneurs.

Le canal provisoire d'eau douce de Zagazig au lac Timsah a été livré à la navigation jusqu'à Ismaïlia le 23 janvier 1862 : il avait une largeur au plafond de 8 mètres et présentait une profondeur d'eau de 1m,20 en étiage et de 1m,95 en hautes eaux. Deux écluses, séparées par un bief de 1.255 mètres de longueur devaient être construites à son extrémité, à Ismaïlia, pour racheter la différence de niveau de 6m,60 entre le niveau de l'eau du canal et le niveau de l'eau de la rigole maritime ; ces écluses avaient été projetées avec une largeur de débouché de 6 mètres et une longueur de sas de 33 mètres ; mais, ainsi qu'il sera expliqué plus loin, leur largeur de débouché, au moment de l'exécution, a été portée à 8m,50.

La rigole maritime de Port-Saïd au lac Timsah a été terminée à son tour, et l'eau de la Méditerranée arriva jusqu'à son extrémité dans les premiers jours de novembre 1862. Cette rigole avait, théoriquement, une largeur de 15 mètres à la ligne d'eau et des profondeurs de 1m,50 à 2 mètres; elle était isolée du lac Timsah, à son extrémité, par un massif de terre qui avait été conservé à cet effet.

En attendant le remplissage du lac Timsah, qui devait exiger un assez long délai, et afin de créer le plus promptement possible une voie de communication par eau sans solution de continuité entre Port-Saïd et Ismaïlia, et, de là, se prolongeant par le canal d'eau douce vers le centre du Delta, et par la branche ou dérivation de Suez, vers Suez, un canal de jonction, isolé du lac, fut construit entre l'extrémité du canal d'eau douce et la rigole maritime. Ce canal, d'une longueur de 2.500 mètres, avait une largeur au plafond de 10 mètres et une profondeur d'eau de 2 mètres. Il fut achevé en même temps que les écluses d'Ismaïlia dont il est parlé plus loin.

La branche ou dérivation de Suez, ayant son origine à Néfiche, à 4 kilomètres environ d'Ismaïlia, d'une longueur d'environ 90 kilomètres et de même

Couvreux, ni dans le canal de jonction et le canal d'eau douce avant le 1er janvier 1866, étant entendu toutefois qu'elle livrerait le plus tôt possible le passage par les écluses d'Ismaïlia.

« La Compagnie serait dégagée de toute autre responsabilité à ce sujet vis-à-vis des entrepreneurs, en ce qui concernait le passage à travers le lot Couvreux, si elle satisfaisait aux conditions suivantes :

« 1° Si elle faisait pousser assez activement les travaux du lot en question, en vue de la création et de l'élargissement successif le long de la rive Ouest de la rigole existante, d'une banquette susceptible de recevoir les produits de déblais faits à la drague dans la dite rigole pour que, dès le 1er mai 1865, 6 petites dragues pussent être installées dans la longueur du lot, chacune avec un chantier libre de travail devant elle d'au moins 500 mètres, et pour que les dites dragues pussent avancer ensuite régulièrement d'au moins 10 mètres par jour, en portant la largeur de la rigole à 20 mètres mesurés à la ligne d'eau, sauf dans la partie correspondante aux grandes hauteurs du Seuil où la largeur serait réduite à 15 mètres, et en lui donnant la profondeur convenable depuis un minimum de 1m,50 jusqu'à un maximum de 2 mètres.

---

profil transversal que le canal principal, fut terminée comme terrassements et premiers ouvrages d'art, le 29 décembre 1863. Cette dérivation devait primitivement être partagée en 3 biefs de 30 kilomètres de longueur chacun, limités par des barrages à poutrelles de 6 mètres de largeur de débouché, devant permettre de régler à volonté le débit de l'eau sans arrêter la navigation; lesdits barrages devaient être établis, l'un à l'origine même de la dérivation, les deux autres aux kilomètres 30 et 60. On construisit seulement deux de ces barrages, l'un à l'origine, l'autre au kilomètre 61; et, en même temps, un barrage déversoir à l'extrémité pour l'évacuation dans la mer Rouge du trop-plein des eaux de la dérivation. Une écluse, d'une largeur de débouché de 6 mètres, comme les barrages à poutrelles, devait d'ailleurs être construite également à l'extrémité de la dérivation pour racheter la différence de niveau entre elle et la mer Rouge et établir ainsi la communication de l'une à l'autre.

Le marché passé avec MM. Borel, Lavalley et Cie le 26 mars 1864 entraîna pour la Compagnie les conséquences suivantes :

1° En vue de la circulation très active sur la dérivation qui devait résulter des opérations de l'entreprise :

Nécessité de la construction d'écluses sur cette dérivation en remplacement des simples barrages à poutrelles qui avaient pu être considérés comme suffisant à un moment où les transports semblaient devoir se borner aux seuls approvisionnements pour les ouvriers des contingents égyptiens et où l'on n'avait pas encore à se préoccuper d'une navigation plus active.

Il a été ainsi construit sur la dérivation, indépendamment de l'écluse d'extrémité, trois écluses placées aux kilomètres 16, 42 et 68.

2° En vue de permettre le passage du gros matériel de l'entreprise :

Nécessité, également, de donner aux quatre écluses de la dérivation de Suez ainsi qu'aux deux écluses de l'extrémité du canal d'eau douce, à Ismaïlia, une largeur de 8m,50.

L'écluse de Suez et les deux écluses d'Ismaïlia ont été terminées dans la première quinzaine d'août 1865, en sorte qu'un service de navigation en transit, sans transbordement, entre la Méditerranée et la mer Rouge, a pu être inauguré le 15 août 1865.

Les deux premières écluses de la dérivation n'ont été achevées qu'à la fin de 1865, et la troisième écluse à la fin de février 1866. Pendant la construction de ces écluses, la navigation sur la dérivation était assurée par des rigoles latérales. Les deux anciens barrages à poutrelles ont été démolis aussitôt après l'achèvement des écluses.

« 2° Si elle chargeait les entrepreneurs de faire eux-mêmes ce travail de dragages.

« Les entrepreneurs prenaient d'avance l'engagement de faire ledit travail avec les propres moyens dont ils disposeraient pour le lot de Port-Saïd, soit à la tâche, à un prix qui serait débattu au moment de l'exécution, soit en régie à la condition du simple remboursement de toutes leurs dépenses sans bénéfice [1].

« Au cas où, par suite de circonstances impossibles à prévoir, le passage du matériel des entrepreneurs pour l'exécution du lot de Suez ne pourrait avoir lieu librement, soit à travers le lot Couvreux, soit dans le canal d'eau douce, à partir de la date indiquée ci-dessus du 1er janvier 1866, le retard qui en résulterait ne donnerait aux entrepreneurs aucun droit à réclamation d'indemnité de dommage s'il n'excédait pas trois mois ; seulement, les entrepreneurs jouiraient alors, dans le délai d'exécution des travaux du lot de Suez, d'une prolongation égale à la durée du retard en question. »

Le 27 mars 1865, en même temps que le nouveau marché passé avec M. Couvreux réduisant son ancien lot d'entreprise, un autre marché fut passé avec MM. Borel, Lavalley et Cie (sous le titre d'acte additionel au marché du 12 décembre 1864) comprenant les travaux retranchés du lot Couvreux.

Au sujet du nouveau marché Couvreux :

Nous ferons remarquer tout d'abord que la plupart des dispositions qui y sont stipulées concernant l'ordre et la succession des travaux sont conformes à celles que mentionnait déjà le marché Borel Lavalley et Cie du 12 décembre 1864 comme devant être suivies pour dégager la Compagnie de toute responsabilité vis-à-vis de ces entrepreneurs en ce qui concernait le libre passage de leur matériel à travers le lot Couvreux. Les dispositions en question concernant l'ordre et la succession des travaux du nouveau marché Couvreux figurent également, à peu près dans les mêmes termes, dans l'acte additionnel de même date passé avec MM. Borel, Lavalley et Cie. On trouvera le libellé de ces dernières dans l'extrait donné plus loin du dit acte additionnel.

Et nous rappellerons, au sujet des délais d'exécution :

1° Que la première bande ou banquette de 15 mètres de largeur à exécuter le long de la rigole maritime, ainsi que l'élargissement de la rigole elle-même à la largeur de 15 mètres au moins à la cote 17m,50 (ancien nivellement) et son approfondissement à 2 mètres au-dessous de la dite cote devaient être terminés à la date du 1er janvier 1866 ;

2° Que la seconde bande devait être terminée à son tour, au plus tard, le 31 décembre 1866, et la troisième, au plus tard, le 31 décembre 1867, et ce, dans des conditions telles que trois mois avant leur achèvement respectif, 10 dragues pussent être installées dans la largeur de chacune d'elles et avoir chacune, devant elle, une longueur libre de 500 mètres ;

3° Enfin, que la totalité de la tranchée à sec du canal devait être achevée (comme sur les autres parties du canal : entreprise Borel Lavalley et Cie) pour le 1er juillet 1868, l'importance du travail par période trimestrielle étant réglée comme suit : pendant les 2e, 3e, et 4e trimestre de 1865, respectivement 200, 250 et 350.000 mètres cubes ; pendant chacun des trimestres suivants 400.000 mètres cubes ; et ce, indépendamment des apports, pourvu que l'importance n'en fût pas de plus du vingtième des déblais effectifs.

Nous rappellerons également que, dans le cas d'achèvement des travaux avant le délai fixé, l'entrepreneur devait recevoir une indemnité de

1. On voit par les dispositions qui viennent d'être rappelées du marché Borel Lavalley et Cie du 12 décembre 1864 que ces entrepreneurs prévoyaient déjà le cas où la Compagnie aurait à intervenir, soit directement, soit par leur intermédiaire, dans l'exécution d'une partie des travaux du lot primitif concédé à M. Couvreux par le marché du 1er octobre 1863.

50.000 francs par mois d'avance, et que, par contre, en cas de retard, il subirait une retenue d'un demi-centime par mètre cube et par mois de retard.

En ce qui est du marché Borel Lavalley et Cie :

Le marché avait pour objet l'exécution des travaux suivants, savoir :

Sur la partie du canal de 60k,500 à 66k,720 retranchée du lot Couvreux :

1° Élargissement à sec de la tranchée, du côté Ouest, de manière à l'amener à une largeur de 36 mètres au niveau de la cote 18m,00 et élargissement et approfondissement de la rigole de manière à porter sa largeur à 20 mètres mesurés à la cote 17m,50 et sa profondeur à 2 mètres au-dessous de ladite cote.

Ces travaux devaient être exécutés en régie et les entrepreneurs s'engageaient à y consacrer tous les moyens dont ils pourraient disposer, l'intention commune des parties étant qu'ils fussent terminés pour le 1er janvier 1866 au plus tard ;

2° Après les premiers travaux ci-dessus, achèvement de la tranchée à sec et du creusement du canal.

Sur la partie du canal de 66k,720 à 75k,400 (lot Couvreux) :

Après l'exécution préalable de la rigole de 15 mètres de largeur réservée à M. Couvreux, et au fur et à mesure de l'élargissement à sec de la tranchée par le même entrepreneur, dragages pour amener le canal à la largeur et à la profondeur définitives.

Les déblais de l'ensemble des travaux faisant l'objet du marché, de quelque nature qu'ils fussent, pouvaient être transportés et déposés par les entrepreneurs partout où il leur conviendrait, soit en dehors des banquettes du canal, soit dans le lac Timsah.

Il était dit, en *nota*, que si, dans un délai de quatre mois, la Compagnie leur en faisait la demande, MM. Borel, Lavalley et Cie, se chargeraient du creusement en régie de tout ou partie de la rigole réservée à M. Couvreux.

La totalité des travaux compris au marché devait être terminée au plus tard le 1er juillet 1868.

L'article du marché concernant les charges et obligations de la Compagnie contenait les stipulations suivantes :

« 1° La Compagnie, en outre du creusement de la rigole de 15 mètres de largeur et 2 mètres de profondeur, entre les points 66k,720 et 75k,400, dont elle se chargeait, ferait établir à ses frais, sur cette rigole, au delà du point 75k,400, un déversoir susceptible de remplir, avant le 1er avril 1866, le lac Timsah, à l'aide des eaux de la Méditerranée, tout en maintenant dans la rigole un tirant d'eau minimum de 1m,50.

« Les entrepreneurs acceptaient dès maintenant la construction en régie de ce déversoir et ils y procéderaient dans le plus bref délai.

« Si l'égalité de niveaux entre le lac Timsah et la rigole n'était établie qu'après le 1er avril 1866, ce retard ne donnerait aux entrepreneurs aucun droit à réclamation d'indemnité ou de dommages-intérêts s'il n'excédait pas trois mois; mais le délai pour l'exécution finale des travaux de dragages serait reculé de la quantité correspondante à ce retard.

« Il n'y aurait d'ailleurs lieu à réclamation contre la Compagnie et à prolongement de délai, en raison du retard dans le remplissage du lac Timsah, qu'autant que la rigole maritime aurait été amenée aux dimensions prévues dans le marché du 12 décembre 1864, de 20 mètres de largeur et de 2 mètres de profondeur sur les 60k,500 premiers kilomètres du canal avant le 1er janvier 1866 et continuellement maintenue depuis cette époque à ces dimensions[1].

---

1. *Renseignements sur l'opération de remplissage du lac Timsah* (Voir, pour plus amples détails, tome V, chapitre consacré à la description de l'opération

« 2° Les terrassements à sec entre les kilomètres 66k,720 et 75k,400 faits par M. Couvreux ou la Compagnie devraient être conduits de manière à permettre à MM. Borel, Lavalley et Cie, de draguer simultanément cette partie du Canal. A cet effet, ces déblais à sec seraient exécutés par tranches successives, s'étendant sur toute la longueur et sur toute la hauteur du lot, et d'une largeur approximative de 15 mètres à la cote 18 mètres.

« Une première bande de 15 mètres au moins devrait être exécutée le

---

de remplissage du lac). — L'inauguration, par le Président de la Compagnie, de l'entrée des eaux de la Méditerranée dans le lac Timsah avait eu lieu le 18 novembre 1862.

Mais le moment n'était pas venu encore de procéder au remplissage du lac : il y avait, en effet, un sérieux intérêt à se réserver la possibilité de faire à sec — comme cela a eu lieu — une notable partie des déblais à effectuer en contrebas du niveau de la Méditerranée pour l'ouverture du canal à travers les lagunes du lac et le seuil du Sérapéum ; en outre, il était de toute nécessité de ne pas affamer la rigole maritime où, en beaucoup de points, existaient encore, au grand détriment de la navigation, des étranglements qui entravaient le libre écoulement de l'eau jusqu'au seuil d'El Guisr.

Aussi, le soir même de l'inauguration, le barrage de retenue des eaux fut-il rétabli.

Toutefois, afin de pouvoir profiter de toutes les circonstances favorables d'une grande hauteur d'eau dans la rigole, telles qu'elles se produisaient lors des fortes marées de la Méditerranée ou de vents du nord prolongés, pour alimenter progressivement le lac, un pertuis en maçonnerie de 6 mètres de largeur de débouché, fermé au moyen de poutrelles, avait été construit en 1863 à l'extrémité de la rigole, en amont du barrage de retenue des eaux. La nécessité de ne pas affamer la rigole ne permit d'abord de faire fonctionner ce pertuis que d'une manière intermittente et restreinte. On dut même, dans le courant de 1866, depuis le mois de février jusqu'en août, en attendant que les points les plus défectueux de la rigole fussent suffisamment améliorés, interrompre complètement le fonctionnement du pertuis. A partir de la dernière date qui vient d'être citée, le pertuis fonctionna d'une manière assez régulière ; mais son débit maximum, d'environ 300.000 mètres cubes par jour, était insuffisant pour assurer le remplissage du lac aussi rapidement que le réclamaient les engagements pris par la Compagnie vis-à-vis de MM. Borel, Lavalley et Cie. L'ouvrage s'écroula, d'ailleurs, dans les derniers jours d'août 1866.

Ainsi qu'il est mentionné dans les dispositions de l'acte additionnel du 27 mars 1865 rappelées ci-dessus, les entrepreneurs s'étaient engagés à construire en régie, pour compte de la Compagnie, en remplacement de l'ancien pertuis, un déversoir susceptible de remplir, avant le 1er avril 1866, le lac Timsah à l'aide des eaux de la Méditerranée en maintenant dans la rigole maritime un tirant d'eau minimum de 1m,50.

Le nouvel ouvrage ne commença à fonctionner que le 12 décembre 1866 ; et ce fut seulement le 20 juin 1867, que, le barrage de retenue des eaux de la rigole maritime ayant été enlevé, une première drague, allégée, put être introduite dans le lac Timsah. Le niveau de l'eau du lac se trouvait encore, à ladite date, à 0m,25 en contrebas du niveau de la Méditerranée ; mais avec une pareille dénivellation, il ne se manifestait plus guère de courant sensible dans le Seuil, vers le lac, que quand les eaux de la Méditerranée étaient poussées dans la rigole par un vent persistant du Nord. L'eau du lac n'atteignit définitivement le niveau de la Méditerranée (cote 18m,20 d'après les nouveaux nivellements de 1864) que le 15 août suivant.

1er janvier 1866, au plus tard, et, à la même époque, la rigole aurait été aussi complètement élargie et approfondie.

« La première tranche enlevée, il serait procédé successivement à l'enlèvement de chacune des deux autres, dans des conditions telles que la seconde fût achevée le 31 décembre 1866, la troisième le 31 décembre 1867, et que 10 dragues pussent être installées dans la largeur de chacune d'elles et avoir chacune devant elle une longueur libre de 500 mètres, trois mois au moins avant leur achèvement respectif. »

Enfin, l'un des articles de l'acte additionnel stipulait que, si la totalité des travaux faisant l'objet de la nouvelle convention étaient terminés avant le terme du 1er juillet 1868, augmenté, s'il y avait lieu, des délais supplémentaires prévus en cas de retard dans le remplissage du lac Timsah, les entrepreneurs recevraient une prime de 100.000 francs par mois d'avance, à la condition toutefois que les travaux de leurs deux autres entreprises fussent achevés à la même époque; et que, par contre, si les entrepreneurs étaient en retard sur le terme fixé, ils subiraient une retenue de 1 centime par mètre cube et par mois de retard.

Pour compléter les renseignements concernant les délais d'exécution de la totalité des travaux de creusement du canal, successivement fixés, en cours d'exécution, par les différents marchés d'entreprise, nous mentionnerons encore ici les dispositions relatives aux nouveaux délais d'exécution stipulés, d'abord dans un 2e, puis dans un 3e acte additionnel passés avec MM. Borel, Lavalley et Cie, aux dates respectives des 4 décembre 1866 et 13 avril 1867.

Le 2e acte additionnel, en date du 4 décembre 1866, fut passé par la Compagnie avec MM. Borel, Lavalley et Cie par suite de l'adoption de nouveaux profils du canal.

L'article de ce nouveau marché concernant les délais d'exécution de la totalité des cubes primitivement prévus et des cubes supplémentaires résultant des nouveaux profils fixait les délais suivants :

Pour la portion du canal comprise entre Port-Saïd et le kilomètre 60k,500 dans un délai de trente-quatre mois à partir du 1er décembre 1866 (soit, à la date du 1er octobre 1869);

Pour la portion du canal comprise entre le kilomètre 60k,500 et l'extrémité sud de la grande tranchée actuelle de Toussoum, dans un délai de trente mois à partir du jour où les dragues pourraient pénétrer dans le lac Timsah.

Enfin, pour la portion du canal comprise entre Toussoum et Suez, dans le plus long des deux délais ci-après, savoir : soit dans un délai de trente-quatre mois à partir du moment où la première drague aurait pu effectuer son passage dans le canal d'eau douce, étant admis qu'aucun obstacle indépendant des entrepreneurs ne viendrait s'opposer au passage successif des autres dragues, soit dans un délai de trente mois à partir du moment où les dragues pourraient pénétrer dans le lac Timsah.

Le délai final résultant des indications ci-dessus était basé sur la prévision d'un cube total de 59.240.000 mètres cubes. Il serait augmenté ou diminué, en cas d'augmentation ou de diminution de cube, à raison de vingt jours par chaque million de mètres cubes.

Le 3e acte additionnel, en date du 13 avril 1867, fut passé par la Compagnie avec MM. Borel, Lavalley et Cie, par suite de modifications apportées dans le mode et les conditions d'exécution de certaines portions du canal entre le seuil du Sérapéum et Suez.

Les stipulations contenues dans ce nouveau marché au sujet des délais d'exécution étaient les suivantes :

En ce qui était des déblais que le nouveau marché indiquait comme devant maintenant être faits à sec, les entrepreneurs s'engageaient à les avoir terminés dans les délais suivants, savoir : les déblais à exécuter au débouché du canal dans les lacs Amers, du côté du Sérapéum pour le 1er juillet 1868; ceux à exécuter sur la partie du canal comprise entre les lacs Amers et Suez, pour le 1er juillet 1869;

D'autre part, eu égard à l'avantage qu'ils retireraient, au point de vue de la rapidité d'exécution de l'ensemble des travaux de leur entreprise, de la possibilité d'affecter aux autres parties du canal le matériel de dragages et de transports qui devait être employé aux portions devant être maintenant faites à sec, les entrepreneurs consentaient à rapprocher d'un mois et vingt jours les délais d'exécution stipulés par l'acte additionnel du 4 décembre 1866, en ce qui concernait les deux portions de canal s'étendant, ensemble, depuis le kilomètre 60k,500 jusqu'à Suez. De telle sorte que, la première drague étant arrivée à Suez, le 20 janvier 1867, si les dragues pouvaient entrer dans le lac Timsah pour le 20 mai, et si, d'ailleurs, toutes les autres conditions des marchés et actes additionnels qui pouvaient influer sur les délais d'exécution et auxquelles il n'était pas dérogé par la nouvelle convention se trouvaient remplies, la date d'achèvement du canal tout entier serait celle du 1er octobre 1869 [1].

Nous mentionnerons enfin :

Que, dans un 4e acte additionnel, en date du 15 janvier 1868, passé avec MM. Borel, Lavalley et Cie à l'occasion de modifications apportées dans le mode et les conditions d'exécution de certaines portions de canal comprises entre le seuil de Chalouf et Suez, il fut entendu que le nouveau mode d'exécution des travaux à sec ne changerait en rien les époques fixées antérieurement pour l'achèvement complet et la mise en eau du canal dans la plaine de Suez:

Et que, dans le 5e et dernier acte additionnel en date du 30 octobre de la même année, portant règlement de tous les comptes litigieux alors en suspens et fixation d'allocations pour certains travaux spéciaux, il fut stipulé : d'une part, que la prime qui serait due aux entrepreneurs en vertu des marchés, s'ils achevaient les travaux pour la date du 1er octobre 1869, était fixée d'un commun accord, compte tenu de toutes les causes de retard qui s'étaient produites jusqu'alors, à la somme de 2.800.000 francs qui serait payée aussitôt

---

1. D'après le 2e acte additionnel en date du 4 décembre 1866, le délai d'exécution de la portion du canal comprise entre Toussoum et Suez, — ainsi qu'il a été rappelé précédemment, — devait être le plus long des deux délais suivants, savoir :

Soit trente mois à partir de la date où les dragues pourraient pénétrer dans le lac Timsah; en sorte que si cette date se trouvait être (comme l'indiquait le 3e acte additionnel), celle du 20 mai 1867, le délai d'exécution serait fixé au 20 novembre 1869; et ce même délai s'appliquait à la portion du canal comprise entre le kilomètre 60k,500 et Toussoum;

Soit trente-quatre mois à partir de la date où la première drague aurait pu effectuer son passage dans le canal d'eau douce; en sorte que, cette date ayant été celle du 20 janvier 1867, le délai d'exécution se trouvait fixé comme ci-dessus, au 20 novembre 1869.

Le 3e acte additionnel ayant réduit d'un mois et vingt jours le délai d'exécution des deux portions de canal, s'étendant ensemble du kilomètre 60k,500 à Suez, ce délai s'est ainsi trouvé finalement fixé au 1er octobre 1869, sous la condition, bien entendu, que les dragues pourraient entrer dans le lac Timsah le 20 mai 1867. C'est cette même date du 1er octobre 1869 que le 2e acte additionnel avait fixée pour l'achèvement de la première portion du canal s'étendant de Port-Saïd au kilomètre, 60k,500. Elle se trouvait donc être la date d'achèvement du canal tout entier.

après la livraison du canal; d'autre part, que dans le cas où les entrepreneurs ne livreraient pas le canal avec les lacs Amers remplis pour la date fixée du 1er octobre 1869, ils subiraient sur le chiffre de la prime une réduction calculée sur le pied de 500.000 francs par mois; et que, si le retard venait à se prolonger au-delà des six mois à l'expiration desquels la prime se trouverait complètement supprimée, la dite réduction se transformerait en une amende calculée sur le même pied de 500.000 francs par mois.

PROGRAMME D'EXÉCUTION DES TRAVAUX

Le programme d'exécution des travaux du lot réservé à M. Couvreux par le nouveau marché du 27 mars 1865, était fixé par l'article 3 dudit marché, ainsi libellé :

Sur la partie du canal en double courbe comprise entre les deux chantiers n° 5 et n° 6 (numérotage des anciens chantiers des contingents égyptiens) les travaux seraient exécutés conformément au plan de la rectification de tracé décidée par la Compagnie, c'est-à-dire que, dans l'étendue de la première courbe, les terres de déblais devraient être portées à 4 mètres au moins de distance au-delà de la limite d'un élargissement projeté pour l'avenir, et que, dans l'étendue de la deuxième courbe, l'élargissement définitif du canal aurait lieu en partie du côté de la rive Asie.

En ce qui concernait le creusement de la rigole maritime, il était entendu que, si les excavateurs placés à la cote 18m,00 et le plus près possible de la rive (côté Afrique) ne pouvaient atteindre le talus de la rive Asie, l'entrepreneur ne serait pas obligé d'enlever les terres jusqu'à ce talus, mais qu'il n'en donnerait pas moins à la rigole la largeur prévue de 15 mètres.

Les déblais à sec se feraient par bandes successives et parallèles, d'une largeur de 15 mètres environ à la cote 18m,00, et s'étendant sur toute la largeur et sur toute la hauteur du lot.

Les installations devraient être immédiatement établies pour l'exécution de la première bande, qui aurait exactement 15 mètres de largeur à la cote 18m,00, qui serait entièrement exécutée sur la rive Afrique, et qui était provisoirement destinée à former une banquette susceptible de recevoir en dépôt provisoire les déblais provenant de l'exécution de la rigole. Cette bande serait terminée à la date du 1er janvier 1866, au plus tard. Il en serait de même de la rigole, et la banquette devrait, à cette époque, être entièrement débarrassée des terres qui y auraient été déposées.

La première bande enlevée, il serait procédé successivement à l'enlèvement de chacune des deux autres, dans des conditions telles que a seconde fut achevée au plus tard le 31 décembre 1866, la troisième, e 31 décembre 1867, et que trois mois avant leur achèvement respectif, dix dragues pussent être installées dans la largeur de chacune d'elles, et avoir chacune, devant elle, une longueur libre de 500 mètres.

Enfin, le reste des travaux devrait être conduit de manière que la totalité de la tranchée du canal fut terminée le 1er juillet 1868.

Le même article du nouveau marché, — ainsi que nous l'avons déjà mentionné précédemment, — avait d'ailleurs réglé comme suit l'importance du travail à exécuter par période trimestrielle : pendant les 2e, 3e et 4e trimestres de 1865, respectivement 200, 250 et 350.000 mètres cubes ; pendant chacun des trimestres suivants 400.000 mètres cubes, et ce, indépendamment des apports, pourvu que l'importance n'en fût pas de plus du vingtième des déblais effectifs.

La Compagnie par le nouveau marché du 27 mars 1865, — ainsi que le montre l'article 5 dudit marché, — avait mis entre les mains de M. Couvreux, pour l'accomplissement de la tâche qui avait été conservée à cet entrepreneur, toutes les ressources nécessaires en matériel supplémentaire. L'article du marché, reproduit ci-dessus, fixant l'ordre et la succession des travaux, montre, d'ailleurs, que les ressources mises à la disposition de l'entrepreneur devaient, dans la pensée de la Compagnie, être principalement concentrées sur la rigole maritime et la banquette latérale qui en était l'annexe indispensable : les efforts de l'entrepreneur devaient d'ailleurs, surtout, être dirigés — tout en les combinant avec le reste du travail — sur les points où la rigole présentait les plus petites largeurs et les moindres tirants d'eau. Nous rappellerons, enfin, qu'en prévision du cas où les excavateurs, pendant les premiers temps de leur fonctionnement, ne donneraient pas des résultats permettant d'assurer l'exécution de la rigole, aux dimensions voulues, dans le délai fixé, le dernier paragraphe de l'article 8 du marché donnait aux ingénieurs le droit de retirer immédiatement à M. Couvreux tout ou partie de ses travaux et leur confiait le soin de prendre toutes mesures nécessaires pour arriver au résultat désiré d'une manière quelconque.

MODES D'EXÉCUTION ET MARCHE DES TRAVAUX

M. Couvreux, qui était allé en France pour conférer avec l'Administration au sujet des conditions du nouveau marché d'entreprise, était de retour en Égypte dans les derniers jours d'avril (1865), et il s'occupa aussitôt d'une nouvelle organisation de ses chantiers de terrassements.

Ceux-ci, maintenant, devaient se trouver répartis seulement sur la partie du canal comprise entre les points $66^k,720$ et $75^k,400$.

Organisation des chantiers et situation des travaux à la date du 1er juin 1865. — Nous indiquons ci-dessous de quelle manière s'est faite la répartition des chantiers et faisons connaître en même temps la situation de chacun de ces chantiers au commencement de juin 1865.

(NOTA. — Les cubes de déblais indiqués comme étant à exécuter dans chaque chantier concernent seulement les déblais à faire à sec pour l'exécution, le long de la rigole maritime, de la première banquette de 15 mètres environ de largeur à la cote $18^m,00$. Quant au cube des déblais à exécuter sous l'eau pour l'élargissement et l'approfondissement de la rigole sur toute sa longueur de 8.680 mètres, il était, comme l'indique le marché, évalué à 200.000 mètres cubes.)

1er CHANTIER (tâcheron Korytkowski) : De $66^k,720$ à $68^k,00$; longueur, 1.280 mètres : cube à exécuter, 65.000 mètres cubes.

Le tâcheron se disposait à abandonner le système de déblais en cuvette qu'il avait suivi jusqu'alors pour attaquer le talus même de la tranchée. A cet effet, il prolongeait obliquement la cuvette déjà creusée en arrière de la rive pour gagner le plus promptement possible le bord même de la rigole en même temps qu'il posait le long de celle-ci sa voie de charge, afin de pouvoir utiliser au transport du matériel de cette voie les locomotives qui seraient ainsi rendues disponibles; le travail par excavateur avait été à peu près complètement supprimé.

Le nouveau marché avait laissé en dehors de l'entreprise une longueur de canal de 520 mètres, de $66^k,200$ à $66^k,720$ qui faisait partie de l'ancienne tâche Korytkowski et qui eût été onéreuse à exécuter par d'autres que par ce tâcheron. Celui-ci avait consenti à se charger du travail. Il se proposait, à cet effet, à partir du point où devait aboutir à la rigole son ancienne tranchée en cuvette, de faire le long de la rigole une voie de rebroussement se prolongeant jusqu'au point $66^k,200$.

Les voies de l'ancien chantier étaient suffisantes pour la nouvelle installation.

Le chantier était desservi par deux locomotives très fatiguées et qui avaient un besoin urgent de réparations. Il marchait bien, d'ailleurs, et semblait ne devoir inspirer aucune inquiétude.

2e CHANTIER (tâcheron Besset) : de 68k,00 à 70k,4 ; longueur, 2.400 mètres ; cube à exécuter, 95.000 mètres cubes.

Ce chantier était attaqué, en vue de l'élargissement de la banquette longeant la rigole, sur 900 mètres, avec deux charges ; 500 mètres étaient à peu près à largeur.

C'était dans ce chantier, au point 69k,00, qu'était en voie d'installation le premier excavateur à employer pour les déblais sous l'eau. La voie spéciale de cet excavateur était déjà posée sur 300 mètres. La voie contiguë pour le parcours des wagons en charge n'était pas encore posée ; l'entrepreneur comptait s'en passer en laissant tomber à terre les produits de l'excavateur pour les reprendre ensuite à la pelle ; il voyait dans ce mode de travail l'avantage de ne pas immobiliser une locomotive pendant tout le temps du chargement, et de ne charger dans les wagons que du terrain sec qui se viderait mieux à la décharge.

Le chantier n'était desservi que par une seule locomotive. Il en fallait évidemment une seconde.

Le matériel de voie manquait encore sur place pour les 1.500 mètres d'élargissement encore à faire ainsi que pour les voies de service lors de l'agrandissement du chantier ; mais ce matériel était à Port-Saïd et devait être rendu à bref délai à pied-d'œuvre.

Le chantier était bien conduit. On pouvait prévoir qu'il marcherait d'une manière aussi satisfaisante que possible lorsque l'entrepreneur aurait pu mettre à la disposition du tâcheron une des quatre locomotives qui étaient alors en montage dans les ateliers, probablement vers la fin du mois.

3e CHANTIER (tâcheron Breton) : de 70k,4 à 71k,4 ; longueur, 1.000 mètres ; cube à exécuter, 50.000 mètres cubes.

Le tâcheron venait de poser 400 mètres de voie le long de la rigole, avec une seule rampe, dont la voie était également posée, pour décharge. Il manquait encore 600 mètres de voie pour compléter l'installation du chantier.

Le chantier n'était desservi que par une seule locomotive ; il en fallait une seconde, avec une seconde voie de décharge.

4e CHANTIER (tâcheron Daneuse) : de 71k,4 à 73k,9 ; longueur, 2.500 mètres ; cube à exécuter 140 000 mètres.

Ce chantier était attaqué pour l'élargissement de la banquette sur une longueur de 600 mètres, avec trois charges. Il manquait, pour compléter son installation, 2.400 mètres de voie qui étaient à Port-Saïd, plus une nouvelle décharge vers le chantier VI[1].

---

1. Ainsi qu'il a été déjà signalé, cette désignation de chantier VI se rapportait à une ancienne division en six chantiers qui avait été adoptée pour la

Le chantier n'était desservi que par une seule locomotive très fatiguée et qui était même, alors, en réparation, en sorte que les travaux se trouvaient momentanément suspendus. En outre de cette locomotive, deux autres étaient nécessaires pour pouvoir mener les travaux avec la rapidité convenable.

Un excavateur devait être prochainement descendu pour travailler à l'élargissement de la rigole.

Le tâcheron était excellent. Tout permettait d'espérer que si le matériel indispensable lui était fourni, il mènerait son travail à bonne fin avec la rapidité convenable.

5e CHANTIER (tâcheron Robert) : De 73k,9 à 75k,3; longueur, 1.400 mètres; cube à exécuter, 50.000 mètres cubes.

Ce chantier n'avait pas encore de voie posée sur le bord de la rigole.

Le tâcheron ouvrait une tranchée en cuvette à l'extrémité du chantier pour entrer de ce côté vers la rigole, la décharge devant avoir lieu entre le canal dit de jonction et les dunes bornant au Nord le lac Timsah. Une seconde décharge devait être établie à l'extrémité opposée, et deux locomotives seraient alors indispensables.

Il manquait 2 kilomètres de voie; mais ce matériel devait arriver prochainement sur le chantier.

Le chantier accessoire du haut de la tranchée, avec petits wagons traînés par des animaux, continuait à marcher.

Situation du matériel. — LOCOMOTIVES. — Sans compter deux petites locomotives destinées aux mouvements des ateliers et aux transports du matériel, l'entrepreneur n'avait encore à sa disposition, à la date du 1er juin que 7 locomotives (3 achetées à Lyon [2] et 4 provenant de la maison Gouin) qui étaient trop faibles pour faire un bon service et qui, d'ailleurs, se trouvaient déjà extrêmement fatiguées et avaient besoin de fréquentes réparations; mais ce nombre devait, dans le délai d'un mois, être augmenté de 4 bonnes locomotives provenant de la maison Gouin, — en remplacement de 4 locomotives anciennement commandées et naufragées, — et en achèvement de montage dans les ateliers de l'entreprise; et, ainsi, se trouverait complété le nombre de 11 locomotives qui était nécessaire pour assurer une marche satisfaisante des cinq chantiers de terrassements. En outre, M. Couvreux,

---

tranchée ouverte par les contingents égyptiens à travers le seuil d'El Guisr, depuis El Ferdane jusqu'au lac Timsah.

2. En réalité, il y avait eu quatre locomotives provenant de Lyon; mais un grand nombre de pièces de l'une d'elles avaient été prises pour les réparations des trois autres. La locomotive en question devait d'ailleurs être transformée à l'aide d'éléments achetés à Alexandrie et provenant du naufrage d'un navire qui portait quatre locomotives commandées par l'entrepreneur à la maison Gouin; cette transformation semblait devoir durer plusieurs mois.

aussitôt après la passation de son nouveau marché, avait commandé à la maison Gouin 4 nouvelles locomotives destinées à servir de machines de rechange et qu'il espérait recevoir à la fin d'octobre.

Excavateurs. — L'entrepreneur avait sur les lieux, savoir :

1 excavateur hors de service et tout à fait abandonné;

5 excavateurs en service dans le chantier dit des excavateurs, du point 68k,00 au point 71k,00 ;

1 excavateur qui venait d'être descendu sur le bord de la rigole au point 69k,00 et qui était prêt à fonctionner pour l'élargissement et l'approfondissement de la rigole;

1 excavateur monté dans les ateliers et prêt à être descendu sur le bord de la rigole vers le point 72k,00 dès que tout se trouverait préparé pour le recevoir;

1 autre excavateur monté, avec de grands couloirs munis de palettes mobiles de chaque côté, pour essai d'un mode de transport au plus près, c'est-à-dire avec dépôt des terres dans le même profil. (L'entrepreneur n'était pas prêt encore à commencer cet essai qui n'avait d'ailleurs rien d'urgent.)

Enfin, dans les ateliers, les éléments de 2 nouveaux excavateurs.

En résumé, en dehors de l'excavateur hors de service et de celui qui était immobilisé, l'Entrepreneur avait à sa disposition 7 excavateurs, plus les éléments pour 2 excavateurs supplémentaires.

Or, le cube de déblais à faire sous l'eau pour l'élargissement et l'approfondissement de la rigole était évalué à 200.000 mètres cubes. Si, comme l'espérait l'entrepreneur, les excavateurs réussissaient dans le travail de dragages auquel ils allaient être appliqués, on pouvait admettre, — pensait-il, — que chaque excavateur ferait en moyenne 300 mètres cubes par jour. Dès lors, en mettant en activité pour les dragages les sept excavateurs déjà montés, il faudrait 100 journées de travail soit une durée totale d'environ quatre mois pour exécuter l'élargissement. Les deux excavateurs supplémentaires serviraient de machines de rechange pour parer aux nécessités de grosses réparations des excavateurs en place. On était donc en droit d'espérer que les travaux d'élargissement de la rigole dans l'étendue du lot Couvreux seraient terminés, sinon tout à fait dans le délai prescrit, tout au moins certainement avant l'époque où MM. Borel, Lavalley et Cie auraient eux-mêmes rempli leurs engagements en ce qui concernait l'amélioration de la rigole depuis Port-Saïd jusqu'à la nouvelle origine du lot Couvreux.

Wagons. — Les wagons, au nombre de 400, étaient en nombre à peu près suffisant, mais avaient besoin d'importantes réparations. Une commande supplémentaire de 75 wagons faite en France par l'entrepreneur, après la conclusion du nouveau marché, et les commandes simultanées de rechanges paraissaient devoir permettre de parer à toutes éventualités et dissiper en conséquence toute appréhension pour un certain temps. On pouvait suffire au présent avec les ressources existantes.

Voies de fer. — L'entrepreneur avait déjà sur place 15 kilomètres de voies construites avec de vieux rails. Une commande de 15 kilomètres de voies en nouveaux rails, faite avant la conclusion du nouveau marché, était arrivée à Port-Saïd, et la moitié de cette commande, déjà transportée sur les chantiers, était en grande partie posée. Les traverses approvisionnées étaient en quantité suffisante avant l'organisation définitive des chantiers; il était impossible de préciser si de nouvelles commandes seraient plus tard indispensables; mais, pour les besoins immédiats, c'est-à-dire pour les travaux d'élargissement de la rigole, on n'avait à concevoir aucune inquiétude.

Une commande de 3 kilomètres de voies en gros rails Vignole du poids de $36^{kg},5$, modèle P.-L.-M, avait été faite par l'entrepreneur, après la conclusion du nouveau marché, pour les voies destinées au service des excavateurs employés à l'élargissement de la rigole. L'expédition de ces rails devant avoir lieu par bateaux à vapeur, on pouvait espérer qu'ils arriveraient en temps opportun, les voies déjà existantes sur les chantiers permettant de satisfaire aux premiers besoins.

On voit, par l'exposé qui précède de la situation de l'entreprise au commencement de juin 1865, que l'entrepreneur avait pris alors et continuait de prendre toutes ses dispositions pour l'exécution du nouveau marché en ce qui concernait l'élargissement de la rigole. Peut-être y avait-il un peu de retard dans les nouvelles installations faites en vue de ce travail urgent; mais cela semblait avoir tenu surtout à ces deux circonstances que les locomotives manquaient et que les transports entre Port-Saïd et le Seuil étaient redevenus difficiles.

L'excavateur placé sur le bord de la rigole au point $69^{km},4$ commença ses essais de déblais sous l'eau au milieu de juin. Les déblais étaient versés directement sur le sol, repris ensuite à la pelle pour le chargement en wagons et emmenés à la décharge. Dans ces premiers essais, l'appareil fit, par journée de travail de dix heures, un avancement de 80 mètres, enlevant en moyenne $2^{mc},50$ par mètre courant, ce qui correspondait à un cube de déblais de 200 mètres cubes. La preuve était donc faite que l'emploi de l'excavateur pour l'élargissement et l'approfondissement de la rigole était parfaitement praticable. On ne pouvait espérer toutefois d'obtenir avec les excavateurs existants, même après y avoir apporté diverses améliorations projetées, un travail de plus de 300 mètres cubes par jour, soit un travail effectif par mois de 6.000 mètres cubes. Dans ces conditions, et en admettant, d'une part, que les déblais à sec pour l'élargissement de la banquette seraient poussés avec l'activité nécessaire, d'autre part, que tous les excavateurs seraient transportés à bref délai sur le bord de la rigole pour les déblais sous l'eau, il était permis d'espérer que l'entrepreneur parviendrait à terminer l'élargissement et l'approfondissement de la rigole dans l'étendue de son lot pour le 1er janvier 1866.

Le terrain extrait par les excavateurs en service était du sable fin qui se détachait assez bien des godets et glissait sans difficulté sur le couloir incliné à 2 de base pour 1 de hauteur. Toutefois, une portion assez considérable de déblais retombait dans le puisard par suite de la forme imparfaite des godets qui avait pourtant été déjà améliorée par la suppression de la mobilité de la paroi de derrière. M. Couvreux avait projeté une amélioration complète de la chaîne dragueuse pour laquelle il attendait des pièces de France et grâce à laquelle il espérait que l'inconvénient signalé serait très atténué, sinon complètement évité.

Pendant le mois de juillet 1865, les chantiers de l'entreprise se sont trouvé ralentis par suite des désertions d'ouvriers occasionnées par l'épidémie de choléra qui sévit à cette époque dans l'Isthme.

Situation des travaux en septembre 1865. — Les travaux étaient en bonne voie. Les nouvelles installations faites en vue de la rigole marchaient avec l'activité désirable.

CHANTIER KORYTKOWSKI. — L'élargissement de la banquette était près d'être terminé sur une longueur de 700 mètres. L'excavateur installé au chantier Besset pour l'élargissement de la rigole était sur le point d'avoir terminé son travail et devait être transporté pour le même travail au chantier Korytkowski.

CHANTIER BESSET. — L'élargissement de la banquette était fait sur 500 mètres de longueur. C'est sur ce chantier, on se le rappelle, qu'avait été installé le premier excavateur pour l'élargissement de la rigole. Comme il est dit ci-dessus, cet excavateur, après avoir terminé son travail, devait être transporté au chantier Korytkowski.

Entre le chantier Besset et le chantier Breton existait une lacune d'environ 1.100 mètres de longueur sur laquelle l'élargissement de la banquette n'était pas encore commencé. C'était la dernière portion que l'entreprise se proposait d'entamer, parce que, dans cette partie, la rigole s'était toujours maintenue en meilleur état que sur les autres points.

CHANTIER BRETON. — L'élargissement de la banquette était près d'être terminé sur 500 mètres de longueur. L'excavateur destiné à ce chantier était en réparation.

CHANTIER DANEUSE. — L'élargissement de la banquette était fait sur 400 mètres de longueur et un excavateur y était installé pour l'élargissement de la rigole.

CHANTIER ROBERT. — On avait commencé l'élargissement de la banquette du côté de l'extrémité nord.

L'entrepreneur avait été amené à développer ses ateliers de réparations. Ces ateliers, indépendamment de l'atelier spécial de réparations des wagons, d'une superficie de 530 mètres carrés, occupaient de leur côté une superficie totale de 1.130 mètres carrés. Ils comprenaient, savoir : un atelier de menuiserie contenant 6 établis ; un atelier de forges contenant 3 forges volantes et 6 forges fixes; un atelier d'ajustage contenant une fonderie de cuivre, un marteau pilon, une grosse machine et une petite machine fixes, une cisaille, diverses autres machines-outils mises en mouvement au moyen d'un arbre de couche de 20 mètres de longueur. L'enceinte des ateliers comprenait encore un magasin d'une superficie de 260 mètres carrés pour le dépôt de toutes les matières et des objets de toute nature destinés aux travaux.

TABLEAU DU DÉVELOPPEMENT DES VOIES DE FER ET DES NOMBRES D'OUVRIERS

DÉSIGNATION DES CHANTIERS	VOIES ORDINAIRES de charge	de parcours	de décharge	VOIES D'EXCAVATEURS à sec	mouillés	NOMBRE d'ouvriers
	Mètres	Mètres	Mètres	Mètres	Mètres	
Chantier Korytkowski.....	2.500	4.000	900	»	»	250
— Besset...........	2.000	850	2.000	»	»	55
— des excavateurs..	2.400	»	1.500	2.100	600	70
Ateliers..................	»	1.050	»	»	»	110
Chantier Breton...........	1.600	1.250	600	»	600	70
— Daneuse.........	1.900	2.800	550	»	500	75
— Robert...........	1.050	500	700	»	»	95
	11.450	10.450	6.250	2.100	1.700	725
	28.150 mètres			3.800 mètres		

Situation des travaux à la fin de décembre 1865. — Les travaux étaient attaqués sur toute l'étendue du lot de l'entreprise sauf entre les points $72^k,630$ et $73^k,705$.

La situation des travaux en ce qui concernait les déblais à sec était à peu près conforme aux prévisions du marché du 27 mars 1865; mais il n'en était pas de même pour les déblais sous l'eau.

Cette situation était, en effet, celle indiquée dans le tableau ci-dessous :

	CUBES TOTAUX à exécuter	CUBES exécutés
	Mètres cubes	Mètres cubes
Déblais à sec { Rive Afrique.....................	4.136.608	1.180.287
Déblais à sec { Rive Asie........................		14.035
Déblais sous l'eau pour amener la rigole à une largeur de 15 mètres à la cote $18^m,20$ et à une profondeur de 2 mètres { Cubes dragués et enlevés......	123.812	24.459
{ Cubes dragués et non enlevés.		1.330
Apports....................................	»	39.136
TOTAUX...............	4.260.420	1.259.247

	Mètres cubes
D'après l'article du marché relatif aux délais d'exécution, l'entrepreneur devait exécuter pendant les trois derniers trimestres de 1865 un cube total de.....	800.000
Le cube déjà exécuté à la date du 1er avril 1865 était de.	561.590
Par conséquent, le cube total exécuté à la fin de 1865 aurait dû être de	1.361.590
On voit par le tableau ci-dessus que ce cube n'a été que de.	1.259.247
D'où une différence de	102.343

correspondant à un mois environ de travail.

Quant au travail d'élargissement et d'approfondissement de la rigole, — qui devait être achevé à la date du 1er janvier 1886, — il n'avait été commencé que le 15 juin 1865 et n'avait été ensuite poursuivi, jusqu'au 31 décembre, qu'avec trois excavateurs seulement. Ces trois appareils avaient travaillé respectivement entre les points $66^{k}800$ et $67^{k}700$; $68^{k}750$ et $69^{k},220$; $72^{k},630$ et $73^{k},705$, soit en tout, sur une longueur de 2.445 mètres. Un quatrième excavateur avait été placé au chantier Robert et devait commencer son travail au point $74^{k},400$.

Marche des travaux pendant l'année 1866. — Dès le début de l'année 1866, tous les chantiers précédemment décrits marchaient régulièrement.

Un seul chantier restait à attaquer, celui de la rive Asie, dans l'étendue de la rectification de la courbe sud du Seuil, de $73^{k},460$ à $74^{k},540$. L'entrepreneur donna l'exécution à la tâche des travaux de ce chantier à deux de ses agents, MM. Poilay et Menneton, qui attaquèrent leur travail avec vigueur. Après avoir procédé d'abord, pendant un certain temps, exclusivement à la brouette, ils installèrent le long du chantier une voie de fer destinée à conduire les déblais dans le lac Timsah, et un pont provisoire fut construit sur le canal de la carrière du plateau des Hyènes que la voie devait traverser. Le chantier fut alors desservi par deux locomotives.

Au commencement d'avril, l'entreprise avait environ 300 wagons en service desservis par onze locomotives, indépendamment de quelques locomotives de service. Un excavateur à sec travaillait au chantier VI, produisant un travail journalier moyen de 300 mètres cubes; un autre excavateur, transporteur, était installé à titre d'essai, ayant un rendement de 100 à 120 mètres cubes par jour; enfin quatre excavateurs creusaient la rigole aux points $68^{k},00$, $71^{k},00$, $72^{k},8$ et $74^{k},5$, avec un rendement journalier moyen d'environ 125 mètres cubes. Le parcours total sur lequel les excavateurs mouillés avaient à travailler était de 8.530 mètres. Ils avaient attaqué jusqu'alors une longueur d'environ 4.900 mètres sur laquelle la navigation n'avait plus rien à redouter et où la rigole, sur plusieurs points, avait déjà les dimensions prescrites.

De nombreux départs d'ouvriers grecs et autrichiens, en mars, avril et mai, coïncidant avec les fêtes du Courbam-Beiram, eurent naturellement pour résultat de diminuer beaucoup la production des chantiers des excavateurs pendant les trois mois en question.

Au commencement de juillet, sept excavateurs mouillés se trouvaient en chantier.

L'enlèvement des déblais à sec se continuait à peu près régulièrement dans toute l'étendue du lot. Toutefois, l'entrepreneur n'ayant pas exploité ses chantiers conformément aux prescriptions du marché, c'est-à-dire de manière à créer tout d'abord la banquette de 15 mètres de largeur un peu au-dessus du niveau de l'eau, quelques-uns des excavateurs mouillés, obligés de travailler sur des points où il leur était difficile de déposer commodément leurs déblais, éprouvaient par ce fait, dans leur marche, un certain ralentissement.

Dans le courant d'août, les excavateurs eurent à subir une semaine d'arrêt par suite de la rupture du pertuis provisoire d'extrémité de la rigole servant à régler l'introduction de l'eau de la Méditerranée dans le lac Timsah. Cette rupture du pertuis, en asséchant la rigole, avait eu pour conséquence d'empêcher l'approvisionnement d'eau douce des excavateurs qui se faisait par la voie même de la rigole.

Dès le commencement d'octobre, la rigole se trouvait avoir des dimensions suffisante pour permettre le passage du matériel de l'entreprise Borel Lavalley et Cie; et effectivement, dans les derniers jours de novembre, l'entreprise put diriger de Port-Saïd sur Ismaïlia les premières dragues destinées aux chantiers du seuil du Sérapéum : ces dragues traversèrent le seuil d'El Guisr sans rencontrer le moindre obstacle. Toutefois la rigole était assez loin encore d'avoir les dimensions prévues au marché : sur beaucoup de points, en effet, sa largeur à la côte 15,50 n'était encore que de 4 à 5 mètres au lieu de 7 mètres. Or, il était d'un très grand intérêt pour la Compagnie de voir réaliser rapidement la rigole aux dimensions prescrites, puisque de la section mouillée de cette rigole dépendait la longueur du délai nécessaire au remplissage du lac Timsah. Nous rappellerons à ce sujet que le pertuis-déversoir définitif de l'extrémité de la rigole, destiné à l'opération du remplissage du lac, a commencé à fonctionner le 12 décembre 1866.

A la fin de décembre, la situation de l'entreprise était la suivante :

	CUBES TOTAUX À EXÉCUTER	CUBES EXÉCUTÉS
	Mètres cubes	Mètres cubes
Déblais à sec	4.126.608	2.628.905
Déblais sous l'eau	200.000	188.301
TOTAUX	4.326.608	2.817.206

D'après l'article du marché relatif aux délais d'exécution, l'entrepreneur devait exécuter, savoir :

	Mètres cubes
Pendant les trois derniers trimestres de 1865.............	800.000
Et pendant l'année 1866................................	1.600.000
Le cube déjà exécuté à la date du 1er avril 1865 était de...	561.590
Par conséquent, le cube total exécuté à la fin de 1866 devait être au moins de..................................	2.961.590

Le tableau ci-dessus montre que l'entreprise était encore, à la fin de 1866, comme à la fin de 1865, légèrement en retard sur ses travaux.

Il y a lieu de noter, en outre :

D'une part, que les terrassements à sec n'avaient pas été enlevés par bandes de 15 mètres parallèles à l'axe du canal, de manière à permettre la mise en travail prochaine des dragues de MM. Borel, Lavalley et Cie dans les conditions prévues au marché.

[Toutefois et nonobstant l'existence de points assez nombreux où les terrassements à sec n'étaient pas suffisamment avancés, comme il y avait des endroits où la largeur du terrain dérasé à la côte 18m,00 dépassait de beaucoup l'arête Afrique du plafond du Canal, on estimait que les dragues pourraient, à ces endroits, être placées par couples, marchant l'une vers l'autre.]

D'autre part, que la rigole maritime n'avait pas encore partout les dimensions prescrites.

Marche des travaux pendant l'année 1867. — Avant de décrire la marche des travaux de l'entreprise pendant l'année 1867, nous rappellerons encore que le troisième acte additionnel passé avec MM. Borel, Lavalley et Cie, le 13 avril de ladite année, avait fixé comme date de l'achèvement de la totalité des travaux du canal la date du 1er octobre 1869, sous la condition que les entrepreneurs pourraient faire pénétrer leurs dragues dans le lac Timsah et installer leurs chantiers de dragages dans le seuil d'El Guisr pour le 20 mai 1867.

En ce qui était de la possibilité de faire entrer les dragues dans le lac pour la date indiquée, elle ne paraissait pas douteuse au moment même de la passation du troisième acte additionnel. Le niveau de l'eau du lac se trouvait alors en effet, à la côte 17m,45; et comme la montée de l'eau, à cette période de l'opération de remplissage, était de plus d'un centimètre par jour, on pouvait compter, qu'à la date du 20 mai, le niveau de l'eau du lac atteindrait au moins, comme il l'a atteint effectivement, la côte 17m,82. Or, à l'époque de l'année où l'on se trouvait, l'eau dans la rigole maritime, à l'origine du seuil d'El Guisr, se maintenait à une cote de 18 mètres à 18m,10; et l'on regardait comme à peu près certain, que les dragues pourraient pénétrer dans le lac malgré une dénivellation d'une vingtaine de centimètres. La libre communication entre la rigole maritime et le lac paraissait donc pouvoir être sûrement établie pour le 20 mai. [En fait, la première drague de l'entreprise Borel Lavalley et Cie, allégée, n'a pénétré dans le lac que le 20 juin ; le niveau de l'eau du lac était alors à la cote 17m,97. L'eau du lac n'a atteint la cote 18m,20 du niveau moyen de la Méditerranée que le 15 août suivant.]

Mais, en ce qui concernait l'état de la rigole à la traversée du Seuil, dont les dimensions avaient été fixées par l'acte additionnel du 27 mars 1865 avec MM. Borel, Lavalley et Cie, on était loin d'être aussi sûr que la situation serait suffisamment satisfaisante pour prévenir toutes réclamations de la part des entrepreneurs.

Grâce aux efforts déployés par M. Couvreux pendant les premiers mois de l'année 1867 dans le travail d'élargissement de la rigole, on pouvait admettre que celle-ci se trouvait avoir été effectivement établie, comme première exécution, dans toute l'étendue du lot d'entreprise, suivant les dimensions fixées ; et il en avait été certainement ainsi pour la portion de la rigole dépendant du chantier de régie d'El Ferdane (portion de rigole de la partie nord du Seuil détachée du lot primitif Couvreux). Mais, par suite des diverses causes suivantes : apports de sables amenés par le vent ; grand mouvement de la navigation dans le Seuil, et, surtout développement de la navigation à vapeur; fort courant produit par l'opération du remplissage du lac Timsah, les berges de la rigole, formées d'un terrain de sable, éprouvaient des éboulements incessants sous l'action du passage de nombreuses embarcations de toutes sortes qui sillonnaient le Seuil dans les deux sens, de telle sorte que les talus s'étaient allongés au point de réduire notablement la largeur de la rigole au plafond ; en outre, les sables en suspension dans l'eau, entraînés par les courants, arrivaient à former des hauts fonds jusque dans le milieu de la rigole. Aussi à peine avait-on réalisé le profil normal sur une certaine longueur de rigole, qu'à peu d'intervalle on ne pouvait plus y faire passer le gabarit. Le danger de cette situation, qui pouvait mettre obstacle au libre passage des grandes dragues et gêner la circulation des gabares à clapets appelées à desservir les dragues employées dans le Seuil, n'avait été révélé qu'un peu tardivement par des profils en travers levés dans toute l'étendue du Seuil. Des mesures énergiques durent être prises pour y remédier. Le seul moyen d'arriver à réaliser une situation stable était de donner à la rigole des dimensions notablement plus grandes que celles prévues, et ce fut le parti auquel on s'arrêta : une surlargeur était d'ailleurs indispensable pour permettre la libre circulation des gabares à clapets qui eût été presque impossible avec une rigole n'ayant que 7 mètres de largeur au plafond, à la cote 15m,50. Le but poursuivi fut donc de chercher à livrer à MM. Borel, Lavalley et Cie une rigole ayant une largeur de 25 mètres à la ligne d'eau, une profondeur de 2 mètres, un talus à 5 pour 1 du côté Asie et un talus à 2 pour 1 du côté Afrique. Le chantier de régie d'El Ferdane fut chargé du travail d'élargissement et de la mise à profondeur sur la partie de la rigole s'étendant du kilomètre 60^{k},5 au kilomètre 69, empiétant ainsi d'un peu plus de 2 kilomètres sur la partie du lot Couvreux où il y avait encore beaucoup à faire. De son côté, M. Couvreux, comme on le verra ci-dessous, s'empressa de prêter son concours le plus complet au même travail sur le reste de la longueur de la rigole, du kilomètre 69 au kilomètre 75^{k},300.

Les terrassements à sec du lot Couvreux, à partir du commencement de l'année 1867, furent poussés et ensuite poursuivis pendant tout le cours de l'année avec une grande activité. Le cube exécuté pendant le premier trimestre fut de 480.000 mètres cubes, dépassant ainsi de 80.000 mètres cubes le minimum fixé par le marché. L'entrepreneur répara donc rapidement les légers retards des années précédentes.

Au sujet de ces retards, il convient de signaler que, pendant la première année de fonctionnement du nouveau marché (1865), M. Couvreux avait rencontré des difficultés vraiment sérieuses à satisfaire à la rapidité d'exécution que lui prescrivait le marché ; que, parmi les circonstances de force majeure qui avaient entravé ses travaux, il pouvait invoquer notamment, pour justifier ses retards de ladite année, l'épidémie de choléra qui avait sévi dans l'Isthme pendant près d'un mois ; d'autre part, que, pendant l'année 1866, la mort lui avait enlevé un de ses principaux tâcherons, celui du chantier VI, et que les formalités de la liquidation de la tâche en cours avaient entraîné un certain ralentissement des travaux.

La rectification, côte Asie, de la courbe du kilomètre 74 était complètement terminée dès la fin de mars.

L'entrepreneur poussa de même avec activité les travaux d'amélioration de la portion de rigole qui lui avait été réservée. En avril, 3 excavateurs étaient en plein fonctionnement à ces travaux. Un peu plus tard, le nombre des excavateurs était porté à 4.

A l'endroit de la rectification de la courbe sud du Seuil, l'élargissement de la rigole devant se faire du côté Asie (du kilomètre 73^{k},460 au kilomètre 74^{k},540), on ne pouvait y employer des excavateurs. Sur la demande de l'entrepreneur, la Compagnie, dans le courant de mai, mit à sa disposition pour l'exécution de ces travaux, une des trois petites dragues qui avaient été commandées pour l'entretien du canal d'eau douce et dont la remise n'avait pas encore été faite au Gouvernement égyptien.

Malgré tous les efforts déployés par M. Couvreux, avec ses 4 excavateurs, pour l'amélioration de la rigole, les résultats obtenus à la fin de juin laissaient encore à désirer : le parcours d'un gabarit dans la rigole avait révélé encore, en effet, l'existence de fonds de 1^{m},35 à 1^{m},50 seulement sur des points même où les excavateurs avaient fait une nouvelle passe. [Rappelons, pourtant, qu'une première drague de l'entreprise Borel Lavalley et Cie avait pu, allégée il est vrai, traverser le Seuil, sans encombre et pénétrer dès le 20 juin dans le lac Timsah.] Pour arriver plus promptement à la complète amélioration de la rigole, dans toute la traversée du Seuil, la portion de rigole dont l'amélioration avait été réservée à M. Couvreux fut de nouveau réduite, et le chantier de régie d'El Ferdane fut étendu, en ce qui était de cette amélioration, jusqu'au kilomètre $70^k,400$. Dans le chantier de régie ainsi étendu, la rigole fut terminée, avec les dimensions voulues, à la fin d'août.

Les 4 élévateurs de M. Couvreux, sur la portion de rigole réservée à cet entrepreneur, n'avaient plus, du reste, à améliorer que la partie de $70^k,400$ à $72^k,800$. La passe qu'ils exécutaient donnait à peu près $1^m,50$ de plus de largeur à la rigole; mais cette amélioration partielle n'était que d'une médiocre utilité pour assurer le passage des grandes dragues Borel, Lavalley et Cie, attendu que les seuils ou ensablements que l'on avait à faire disparaître se trouvaient au milieu de la rigole et que les élindes trop courtes des excavateurs ne pouvaient les atteindre. Aussi le travail de ces excavateurs fut-il définitivement arrêté dans la seconde quinzaine de septembre. L'achèvement de l'amélioration de la rigole eut lieu au moyen de dragues par les soins du chantier de régie d'El Ferdane.

Ainsi qu'on le verra par le décompte général ci-après des travaux de l'entreprise, le cube des déblais sous l'eau, primitivement prévu de 200.000 mètres cubes, s'est trouvé notablement dépassé par suite des déblais supplémentaires qu'a entraînés l'amélioration de la rigole après les premiers travaux d'élargissement et d'approfondissement.

Année 1868. — Les travaux de l'entreprise ont été complètement terminés le 31 janvier 1868.

D'après l'article 2 du marché, le cube des déblais à sec avait été évalué à un volume d'environ 4.000.000 de mètres cubes, et le cube des déblais sous l'eau à un volume d'environ 200.000 mètres cubes. Les calculs des profils levés avant exécution modifièrent légèrement le premier chiffre, en sorte que le cube total des déblais à exécuter par l'entreprise, non compris l'enlèvement des apports qui seraient occasionnés par les vents, avait été finalement établi comme suit :

	Mètres cubes
Déblais à sec........................	4.126.608
Déblais sous l'eau....................	200.000
CUBE TOTAL........	4.326.608

D'autre part, l'article 3 du marché avait fixé la date d'achèvement des travaux au 1er juillet 1868, à la condition que le cube total des apports ne dépasserait pas le vingtième des déblais effectifs. En réalité, ainsi qu'on le verra par le décompte général ci-après des travaux de l'entreprise, le cube total des déblais exécutés par l'entrepreneur, compte tenu des apports et des déblais supplémentaires, a été de 4.598.660 mètres cubes, dépassant de 272.052 mètres cubes, c'est-à-dire de plus d'un vingtième le cube primitivement prévu. La Compagnie a estimé que ce supplément de cube eût justifié une prolongation de délai d'un mois dans la date fixée pour l'achèvement des travaux, c'est-à-dire jusqu'au 1er août 1868. Dès lors, les travaux ayant été complètement terminés le 31 janvier de ladite année, la prime de 50.000 francs par mois d'avance stipulée par l'article 9 du marché en faveur de l'Entrepreneur a été appliquée à une période de six mois.

DÉCOMPTE GÉNÉRAL DE L'ENTREPRISE COUVREUX

NATURE DES TRAVAUX	CUBES	PRIX UNITAIRE	SOMMES
	Mètres cubes	Francs	Francs
Terrassements à sec :			
Terrassements exécutés tant au-dessus qu'au-dessous de la cote 18m,00, entre les points 64k,407 et 75k,268	3.911.377,37 231.041,06	2,55 3,05	9.974.012,29 704.675,23
Terrassements sous l'eau :			
Dragages à l'excavateur exécutés de juin 1865 à fin avril 1867, entre les points 66k,720 et 75k,268	206.761,99	4,10	847.724,16
Dragages à l'excavateur exécutés de mai à fin septembre 1867	60.711,21	4,70	285.342,69
Terres retroussées à bras d'homme et considérées comme dragages	6.987,92	4,10	28.650,47
Dragages exécutés avec une drague fournie par la Compagnie	7.492,56	3,10	23.226,94
Enlèvement de produits de dragages exécutés en régie :			
Dépôts situés à 5 mètres au plus des voies de charge	7.322,15	1,60	11.715,44
Dépôts situés à plus de 5 mètres des voies de charge	18.972,14	2,20	41.738,71
Enlèvement des sables apportés par le vent :			
Pendant la durée des travaux	102.993,93	1,60	164.790,29
Suppléments d'apports accordé en juillet 1869	45.000,00	4,10	184.500,00
TOTAUX	4.598.660,33		12.266.376,22
Prime d'achèvement			300.000 »
Somme totale payée à l'entrepreneur			12.566.376,22

NOTES :

1° Prix moyen du mètre cube de déblais payé à l'Entrepreneur :

$$\frac{12.566.376,22}{4.598.660,33} = 2^{f},733.$$

2° Part des dépenses de matériel et d'installations dans le prix moyen du mètre cube de déblais :

	Francs
Somme totale payée par l'entrepreneur pour achats de matériel et dépenses d'installation	3.600.000
A déduire la valeur du matériel à la fin des travaux, approximativement	500.000
Reste comme montant des dépenses de matériel et d'installation.	3.100.000

D'où :

Part pour 100 desdites dépenses dans le prix moyen du mètre cube de déblais payé à l'Entrepreneur :

$$\frac{3.100.000}{125.663} = \text{approximativement, } 25\ 0/0.$$

CREUSEMENT DU CANAL MARITIME A LA TRAVERSÉE DE LA PARTIE NORD DU SEUIL D'EL GUISR

CHANTIER DE RÉGIE D'EL FERDANE

Ainsi qu'il a déjà été expliqué précédemment au chapitre concernant les travaux de l'entreprise Couvreux, deux marchés ont été passés par la Compagnie à la date du 27 mars 1865 :

L'un, avec M. Couvreux, réduisant le lot d'entreprise qui lui avait été concédé par un premier marché du 1er octobre 1863 et qui comprenait le creusement du canal dans toute la traversée du seuil d'El Guisr, du kilomètre 60k,500 au kilomètre 75k,400;

L'autre marché, concédant à MM. Borel, Lavalley et Cie la partie retranchée du lot Couvreux et qui se trouvait ainsi comporter les travaux suivants (art. 1er du marché) :

1° Entre les kilomètres 60k,500 et 66k,720 :

a. Élargissement à sec, du côté ouest, de manière à amener la tranchée du canal à une largeur totale de 36 mètres au niveau de la cote 18 mètres (ancien nivellement); élargissement et creusement de la rigole maritime existante de manière à porter sa largeur à 20 mètres, mesurée à la cote 17m,50, et sa profondeur à 2 mètres au-dessous de la dite cote;

b. Enlèvement, après les travaux ci-dessus, de tous les déblais restant à faire à sec au-dessus de la cote 18 mètres;

c. Dragage du surplus des terres inférieures à cette cote, de manière à amener le canal à ses dimensions définitives.

La Compagnie se réservait de diminuer s'il y avait lieu, l'inclinaison sur la verticale des talus de la rive Afrique.

2° Entre les kilomètres 66k,720 et 75k,400 (limite du lot Couvreux) :

c'. Dragage (après l'exécution de la rigole préalable, laquelle n'aurait dans cette longueur que 15 mètres de largeur à la cote de 17^m,50 et qui était réservée à M. Couvreux) des déblais compris au-dessous de la cote 18 mètres, de manière à amener le canal à sa largeur et à sa profondeur définitives.

L'importance respective de ces divers travaux était d'ailleurs évaluée approximativement comme suit :

	Mètres cubes
Catégorie a :	
Terrassements à sec pour un premier élargissement de la tranchée	180.000
Dragages pour l'élargissement et le creusement de la rigole.	180.000
Catégorie b :	
Terrassements à sec pour l'achèvement de la tranchée	300.000
Catégorie c et c' :	
Dragages pour le creusement du canal à ses dimensions définitives	4.200.000

L'article 2 du marché stipulait d'ailleurs :

D'une part, que les travaux de la catégorie *a* seraient exécutés en régie; qu'ils devraient être commencés dans le plus bref délai possible; que MM. Borel, Lavalley et Cie y consacreraient tous les moyens dont ils pourraient disposer, l'intention commune des parties étant qu'ils fussent terminés pour le 1er janvier 1866 au plus tard; que 400 hommes et 3 dragues au moins devraient y être employés avant trois mois, et il était entendu que la Compagnie resterait toujours maîtresse de faire cesser la régie à sa volonté en prévenant les entrepreneurs quinze jours d'avance ;

[L'article final du marché (art. 12) stipulait, de son côté, que la clause relative aux travaux à faire en régie [1] (déblais

1. Antérieurement aux travaux en régie qui vont être décrits au présent chapitre, en même temps que fonctionnait l'entreprise Couvreux, installée au seuil d'El Guisr depuis le commencement de 1864, et qui, en vertu du premier marché en date du 1er octobre 1863, avait déjà exécuté pour sa part, à la date du 30 juin 1864, un cube de déblais de 44.383 mètres cubes, la Compagnie avait, de son côté, fait exécuter directement dans le Seuil, par ses propres tâcherons, certains travaux urgents de déblais destinés à empêcher des éboulements dans la rigole maritime. Le cube ainsi exécuté avait été de 17.590 mètres cubes.

de la catégorie *a*) ne serait exécutoire que sur la demande du directeur général des travaux, l'intention commune des parties étant d'ailleurs de transformer la régie en marché à prix fixe et délai déterminé, aussitôt qu'une étude spéciale faite sur les lieux leur aurait permis de se rendre compte des conditions dudit marché ;]

D'autre part, que tous les autres travaux seraient entièrement exécutés aux frais et risques des entrepreneurs.

Enfin l'article 3 du marché contenait les stipulations suivantes :

La Compagnie, en outre du creusement de la rigole de 15 mètres de largeur et 2 mètres de profondeur entre les kilomètres 66^k,720 et 75^k,400 dont elle se chargeait, ferait établir à ses frais, sur cette rigole, au-delà du kilomètre 75^k,400, un déversoir susceptible de remplir avant le 1er avril 1866, le lac Timsah, à l'aide des eaux de la Méditerranée, tout en maintenant dans la rigole un tirant d'eau minimum de 1^m,50.

Les entrepreneurs acceptaient dès maintenant la construction en régie de ce déversoir et ils y procéderaient dans le plus bref délai.

Si l'égalité des niveaux entre le lac Timsah et la rigole n'était établie qu'après le 1er avril 1866, ce retard ne donnerait aux entrepreneurs aucun droit à réclamations d'indemnité ou de dommages-intérêts s'il n'excédait pas trois mois; mais le délai pour l'exécution finale des travaux de dragages serait reculé de la quantité correspondant à ce retard.

(Suivaient des prescriptions concernant la manière dont devraient être conduits les terrassements à sec entre les kilomètres 66^k,720 en 70^k,400 faits par M. Couvreux ou par la Compagnie.)

Nous croyons utile de rappeler ici, comme nous l'avons déjà fait au chapitre concernant l'entreprise Couvreux :

1° Que par le premier marché passé le 26 mars 1864 avec

MM. Borel, Lavalley et Cie pour l'exécution des travaux du canal entre le seuil d'El Guisr et la mer Rouge, la Compagnie s'était engagée à maintenir, autant qu'il dépendrait d'elle, une profondeur d'eau minimum de 1m,20 dans ceux de ses canaux ou rigoles nécessaires aux entrepreneurs pour le transport de leur matériel et de leurs approvisionnements entre Port-Saïd et Suez et leurs différents chantiers ;

2° Et que, par le second marché passé le 12 décembre 1864 avec les mêmes entrepreneurs pour l'exécution des travaux du canal entre Port-Saïd et le seuil d'El Guisr, il était stipulé que la Compagnie ne serait tenue de livrer aux entrepreneurs le passage assuré de 1m,20 de tirant d'eau, mentionné au marché précédent, dans la longueur du canal correspondante au lot Couvreux (traversée du Seuil) avant le 1er janvier 1866.

Programme d'exécution des travaux

Après réception des deux marchés du 27 mars 1865, les ingénieurs avaient à s'entendre avec MM. Borel, Lavalley et Cie en ce qui était de la portion de travail à faire en régie par ces entrepreneurs dans le lot qui leur était attribué, sous réserve de la transformation en marché ferme si l'entente pouvait s'établir à ce sujet. Par suite de diverses circonstances (notamment l'arrivée des délégués du Commerce dans l'Isthme), la conférence projetée se trouva ajournée. Pour remédier à cet ajournement, les ingénieurs organisèrent immédiatement avec les ressources dont ils disposaient, de premiers chantiers de terrassement à la brouette pour l'exécution de la banquette de 15 mètres de largeur, qui devait être créée tout d'abord le long de la rigole maritime et destinée à permettre ensuite le travail d'élargissement et d'approfondissement de la rigole : Quelque solution qui dut intervenir, c'était, en effet, du temps de gagné et du travail fait. Au moment où ils prirent possession des chantiers, l'ancienne entreprise Couvreux venait à peine de construire au kilomètre 62^k,700 trois baraques et d'installer sur ce point quelques ouvriers. Les ingénieurs achetèrent à l'entreprise tout le matériel affecté à cet embryon d'installation qu'ils s'empressèrent de développer en construisant à leur tour, aussi économiquement que possible, de nombreux abris en planches. Dans les derniers jours d'avril, on avait déjà 220 hommes sur le chantier. On espérait pouvoir en réunir sans trop de difficulté environ 500 lorsque l'on aurait des abris suffisants et le matériel indispensable.

Dans l'ignorance où ils se trouvaient des intentions de MM. Borel, Lavalley et Cie, et en attendant qu'une résolution définitive put être prise au sujet des travaux en régie, les ingénieurs demandèrent à l'Administration d'être mis à même de parer à toute éventualité.

Les déblais à sec à exécuter en régie, d'après le marché, leur paraissaient devoir être divisés de la manière suivante :

1° *Terrassements à la brouette*, comprenant toutes les portions de canal où la hauteur du terrain n'excédait pas 2 mètres au-dessus de la cote 18^m,30.

Ces portions de Canal étaient les suivantes :

	Mètres
De 60^{km},500 à 61^{km},600	1.100
De 61^{km},900 à 62^{km},700	800
De 63^{km},950 à 64^{km},300	350
Longueur totale	2.250

Le cube total à enlever était d'environ 40.000 mètres cubes. Avec 300 hommes, le travail devait être fait en deux mois.

2° *Terrassements par wagons traînés par des chameaux ou des mules.* — Ce mode de travail serait appliqué

De 61^{km},600 à 61^{km},900, longueur 300 mètres.

Sur ce parcours, la hauteur du terrain était trop considérable pour permettre d'y travailler avantageusement jusqu'en bas à la brouette; il fallait d'ailleurs moins d'hommes avec les wagons; enfin, on avait tout le matériel nécessaire.

Le cube à enlever était d'environ 20.000 mètres cubes. Le travail pouvait être fait en trois mois. Le chantier avait été organisé immédiatement.

3° *Terrassements à la locomotive et au wagon :*

De $62^{km},700$ à $63^{km},950$, longueur 1.250 mètres.

Sur ce parcours, la hauteur du terrain devenait considérable, atteignant jusqu'à 8 mètres au-dessus de la cote $18^{m},30$. Le cube à enlever pouvait être évalué à environ 70 mètres cubes par mètre courant, soit, en tout 87.500 mètres cubes.

Ici, le transport par bêtes de trait n'était plus applicable à cause de sa lenteur, et il devenait de toute nécessité d'employer une locomotive pour remorquer les wagons. Avec une locomotive marchant sans interruption — ce qui obligeait à en avoir une de rechange — il faudrait cinq mois pour faire le travail. On pourrait, il est vrai, diminuer dans une certaine mesure le cube à enlever à la locomotive en faisant déblayer à la brouette la partie supérieure du terrain, soit à l'aide des chantiers mentionnés plus haut dès qu'ils deviendraient disponibles, soit, si cela était possible, en organisant immédiatement des chantiers supplémentaires.

On ne devait pas perdre de vue, en tout cas, que, d'après les divers marchés passés avec MM. Borel, Lavalley et Cie, les travaux d'élargissement et d'approfondissement de la rigole maritime devaient être terminés pour le 1er janvier 1866, et que ces travaux ne pouvaient être entrepris qu'après la constitution de la banquette de 15 mètres de largeur longeant la rigole. Il n'y avait donc pas un moment à perdre pour commencer ces derniers travaux. Il était d'ailleurs prudent d'envisager l'hypothèse où MM. Borel, Lavalley et Cie refuseraient de s'engager par un marché ferme dégageant la Compagnie de toute responsabilité, et, en pareil cas, les ingénieurs estimaient que la Compagnie aurait tout intérêt à exécuter directement les travaux. Afin de se trouver en situation de parer à toute éventualité, ils demandaient à l'Administration l'envoi le plus prompt possible de deux locomotives à six roues du poids de 20 à 25 tonnes et de 4.000 traverses. Ils annonçaient d'ailleurs qu'ils comptaient utiliser aux travaux, les rails et les wagons provenant de l'ancienne entreprise Aiton.

Les ingénieurs faisaient remarquer à l'appui de leur demande, que, quelque dût être la solution à intervenir avec MM. Borel, Lavalley et Cie, le matériel restreint dont ils demandaient l'envoi trouverait toujours à être utilisé dans les travaux et pourrait, à un moment donné, vu les brèves échéances imposées à la Compagnie, leur être d'un grand secours; que, dans l'hypothèse où MM. Borel, Lavalley et Cie se décideraient à s'engager par un marché ferme, ils auraient absolument besoin de locomotives, et qu'ils seraient probablement bien aises de profiter de l'avance que leur donnerait la commande faite par la Compagnie; que si, au contraire, ils voulaient faire eux-mêmes leur commande, les deux machines commandées par la Compagnie seraient certainement utiles pour venir en aide à l'entreprise Couvreux, d'abord pour l'amélioration de la rigole, puis pour l'ensemble des travaux de cette entreprise[1].

---

1. Un marché fut passé par la Compagnie, à la date du 20 mai 1865, avec MM. Schneider et Cie, propriétaires des usines du Creusot, pour la livraison de deux locomotives-tenders, dites locomotives de gares, que ces constructeurs avaient construites dans leurs ateliers et qu'ils employaient dans leurs exploitations depuis le mois de septembre 1864. Ces locomotives, avant d'être expédiées, devaient subir toutes les réparations qu'avait rendues nécessaires l'emploi qui en avait été fait jusque-là, être remises complètement en bon état. Le prix de chaque machine rendue à Bordeaux était fixé à 48.600 francs, le drawback réservé aux constructeurs. Ce prix avait été fixé en considération des combinaisons onéreuses que le Creusot était obligé d'adopter pour remplacer immédiatement les deux machines dans ses exploitations. Il était entendu, d'ailleurs, que dans le cas où de nouvelles machines seraient demandées par la Compagnie aux fournisseurs dans un délai de trois mois, le prix de chaque machine prise au Creusot ne dépasserait pas 42.000 francs, le drawback étant également réservé auxdits fournisseurs.

Le marché comprenait en outre la commande, s'élevant à 4.345 francs, de pièces de rechange pour les deux locomotives.

A la suite d'une conférence tenue à Port-Saïd, le 2 mai, entre les ingénieurs et MM. Borel, Lavalley et Cie, en présence du Président de la Compagnie, il fut définitivement décidé que la partie à faire à sec des travaux de la catégorie *a* de l'acte additionnel du 27 mars serait exécutée par les soins directs de la Compagnie. La commande par l'Administration des deux locomotives et des 4.000 traverses sollicitée précédemment par les ingénieurs suivit de près cette résolution, et les ingénieurs prirent leurs dispositions pour pousser les travaux le plus activement possible.

MODES D'EXÉCUTION ET MARCHE DES TRAVAUX

Dans les derniers jours de mai, 330 ouvriers étaient occupés sur les chantiers et avaient déjà exécuté 19.000 mètres cubes de déblais.

A la même date, un premier approvisionnement de rails, traverses, wagonets, wagons, etc., était arrivé à pied-d'œuvre. Ce matériel, qui provenait en grande partie de l'ancienne entreprise Aiton, exigeait malheureusement d'importantes réparations pour être mis en état de fonctionnement. On espérait pourtant pouvoir installer à bref délai un chantier de déblais aux wagonets traînés par des mules. On s'occupait d'ailleurs activement de l'installation des petits ateliers de réparations indispensables pour wagons et locomotives, de la construction de logements pour les mécaniciens et de la pose de voies de fer, de manière à pouvoir faire fonctionner de suite, dès qu'elles arriveraient, deux locomotives qui étaient attendues de France.

Les premiers chantiers étaient à peine installés et en pleine activité qu'ils se trouvèrent presque complètement arrêtés par suite des désertions d'ouvriers provoquées par l'épidémie de choléra qui sévit dans l'Isthme pendant la seconde quinzaine de juin et la première quinzaine de juillet. Cet arrêt des travaux, heureusement, ne fut pas de longue durée, les ouvriers étant revenus sur les chantiers dès la fin de l'épidémie.

A la fin de juillet, le cube des déblais exécutés était de 50.000 mètres cubes.

	Mètres
La banquette de 15 mètres de largeur longeant la rigole était établie sur une longueur de ci...........................	1.940
En ajoutant la partie précédemment déblayée par M. Couvreux pendant sa première entreprise, de $64^{k},300$ à $66^{k},720$ ci........	2.420
On se trouvait avoir déjà une longueur totale de banquette de	4.360

le long de laquelle on pourrait installer des appareils de dragages.

Ainsi qu'il est expliqué précédemment, il avait été décidé, au commencement de mai, par une première application de la réserve stipulée au dernier article de l'acte additionnel du 27 mars 1865, que les travaux d'élargissement à sec à faire de $60^{k},500$ à $66^{k},720$ pour amener la tranchée du canal à une largeur de 36 mètres au niveau de la cote $18^{m},00$ (première partie des travaux de la catégorie *a* prévue au marché), au lieu d'être exécutés en régie pour compte de la Compagnie par MM. Borel, Lavalley et Cie, seraient exécutés par voie de régie directe.

Au bout de peu de mois, ces travaux étaient en bonne voie d'exécution et ils se faisaient économiquement.

Au commencement de septembre, les ingénieurs proposèrent à l'Administration de prendre une décision semblable pour les travaux d'élargissement et d'approfondissement de la rigole maritime (déblais sous l'eau formant la seconde et dernière partie des travaux de la catégorie *a*). Cette proposition était le résultat d'un accord qui s'était établi entre MM. Borel, Lavalley et Cie et les ingénieurs, dans une conférence tenue à la fin de juillet à Ismaïlia en présence du Président de la Compagnie, sur la préférence à donner, en ce qui était des dits-travaux, au mode d'exécution par voie de régie directe.

Cette préférence était justifiée par les considérations suivantes :

D'après l'article 2 de l'acte additionnel, MM. Borel, Lavalley et Cie, s'ils restaient chargés de l'exécution en régie des déblais sous l'eau, devaient affecter trois dragues au moins à ces travaux. Or, d'une part, dans l'état où se trouvait alors la rigole maritime entre le kilomètre 20 et El Ferdane, il était et il resterait longtemps encore impossible de transporter ces trois dragues toutes montées, en sorte qu'il faudrait les démonter presque complètement pour en effectuer le transport et les remonter ensuite sur place, ce qui occasionnerait de grandes pertes de temps et de grandes dépenses. D'autre part, on avait à considérer que les entrepreneurs n'avaient pas trop de toutes leurs petites dragues pour pouvoir effectuer en temps opportun l'amélioration indispensable de la rigole maritime dans l'étendue de leur lot d'entreprise de Port-Saïd au seuil d'El Guisr. Il fallait donc recourir à un matériel spécial pour l'élargissement et l'approfondissement de la rigole entre les kilomètres $60^{k},500$ et $66^{k},720$; et ainsi se trouvait annulé l'avantage qu'avait eu certainement en vue l'Administration en chargeant les entrepreneurs de l'exécution en régie de ces travaux pour compte de la Compagnie.

La question s'était dès lors posée de savoir quel matériel spécial il convenait de commander. Les bons résultats donnés par les excavateurs de M. Couvreux, employés à l'amélioration de la rigole dans l'étendue du lot de cet entrepreneur, ne semblaient pas permettre d'hésiter à leur donner la préférence sur les dragues ordinaires; et, dans la conférence, il fut reconnu d'un commun accord qu'il faudrait commander d'urgence au moins quatre de ces appareils.

Finalement MM. Borel, Lavalley et Cie ayant formellement refusé de s'engager à exécuter les travaux à prix ferme et à les terminer dans un délai terminé, il fut convenu, en présence du Président de la Compagnie et avec son assentiment, que la Compagnie ferait directement les déblais sous l'eau pour l'élargissement et l'approfondissement de la rigole maritime, comme elle faisait déjà les déblais à sec pour l'établissement de la première banquette de 15 mètres de largeur longeant la rigole. Seulement, M. Lavalley, qui partait pour la France le lendemain de la conférence, promettait son obligeant concours pour la commande des excavateurs : les principales dispositions à adopter pour ces appareils avaient été étudiées et en partie arrêtées d'un commun accord dans diverses conférences tenues entre les ingénieurs et MM. Couvreux et Lavalley.

COMMANDES D'EXCAVATEURS

Une première commande de quatre excavateurs, préparée à Paris, fut faite à MM. Gabert frères, de Lyon, le 23 août 1865. Les principales conditions de cette commande sont mentionnées plus loin.

Les ingénieurs, à la suite de la conférence d'Ismaïlia, s'étaient mis de leur côté à la préparation d'un projet de commande qui, par suite de circonstances diverses, ne put être adressé à l'Administration qu'au commencement de septembre.

Dans leur rapport à l'appui de ce projet de commande, les ingénieurs faisaient remarquer que les excavateurs Couvreux en service au Canal, bien que fonctionnant d'une manière satisfaisante, étaient pourtant susceptibles de quelques améliorations : les principales modifications qu'ils jugeaient utile d'adopter consistaient dans la substitution du fer au bois dans la construction du truc et de la charpente de l'appareil, et dans la surélévation du point de décharge des déblais. La première de ces modifications pouvait se passer d'explications. La seconde modification se justifiait par ces considérations : que les excavateurs Couvreux, avec leur élinde d'alors et leur petit couloir, ne pouvaient faire que des passes d'une faible largeur, qui n'empêchaient pas les roues du chariot d'être, néanmoins, vite encombrées et qui obligeaient à de nombreux et fréquents ripages de la voie ; et que ces inconvénients seraient évités par la surélévation du point de décharge, laquelle nécessitait, il est vrai, l'allongement de l'élinde, mais qui permettait d'adopter un plus long couloir en laissant à celui-ci une pente convenable pour rejeter les déblais loin de la voie de l'excavateur.

Les autres modifications proposées étaient indiquées et justifiées ainsi que les précédentes, dans des notes qui accompagnaient le rapport.

Extraits des notes qui accompagnaient le rapport des ingénieurs du 2 septembre. — L'emploi du bois pour le châssis ainsi que pour la charpente supérieure de l'excavateur était inadmissible en Egypte. La plus grande partie des réparations faites par M. Couvreux à ses appareils résultait du travail excessif des pièces de cette charpente. Il était impossible, en outre, de fixer d'une manière parfaite les différents éléments des machines sur ladite charpente. Il importait donc de remplacer le bois par des fers à double T, et, notamment, d'ajouter dans le châssis du truc un troisième longeron portant également des boîtes à graisse placées en dedans de la roue intermédiaire, et ce, par cette considération que le transport de l'appareil sur voie ordinaire se faisait au moyen des deux roues les plus rapprochées du couloir entre lesquelles tombait le centre de gravité de l'excavateur, l'élinde et la chaîne dragueuse étant enlevées. La charpente supérieure devait d'ailleurs être surélevée en raison des modifications au mécanisme indiquées ci-après.

Par suite de la position du mécanisme par rapport à l'élinde dans les excavateurs actuels, il arrivait — les appareils travaillant sur la rive Afrique du canal — que le vent du N. O. envoyait dans la chambre des machines une grande quantité de sable sortant du couloir. Pour aérer convenablement cette chambre, tout en évitant les apports, il convenait de tourner la chaudière bout pour bout, et par suite, de monter tout le mécanisme, ainsi que l'élinde, sur la gauche de la chaudière.

Il importait également de séparer la chambre des machines de celle du couloir et de l'élinde par une cloison pleine en tôle, d'augmenter le contreventement transversal de la charpente, de pourvoir à un orifice plus commode pour le remplissage de la chaudière, qui se faisait actuellement par le trou d'homme, et d'installer un robinet de vidange ordinaire pour vider à chaud.

Les bâtis de la machine motrice et du petit cheval des excavateurs actuels manquaient de fixité; l'emploi d'une charpente en fer éviterait ce grave inconvénient en rendant tous les éléments de l'appareil parfaitement solidaires.

La plus importante modification à introduire dans les excavateurs actuels consistait à allonger le couloir de manière à déverser les déblais le plus loin possible, afin d'éviter l'encombrement des roues du chariot par les déblais et les trop fréquents ripages de la voie de l'appareil. Ce résultat ne pouvait être obtenu qu'en surélevant d'un mètre au moins le tourteau supérieur, et cela par les moyens suivants :

1° Remonter de $0^m,30$ environ au-dessus du plancher du truc tout le corps de la machine motrice ;

2° Allonger d'environ $0^m,60$ la bielle de la machine ;

3° Augmenter d'un tiers environ le diamètre de la roue d'engrenage du tourteau supérieur. Cette dernière modification était indispensable, toutes choses égales d'ailleurs, attendu que dans le but de réduire la marche de la chaîne dragueuse à une vitesse convenable pour l'excavateur mouillé, on était, dans les conditions actuelles, obligé de faire marcher la machine aux deux tiers de sa vitesse normale, soit à 40 tours au lieu de 60.

Les dispositions qui précèdent fourniraient facilement le moyen de reporter de $0^m,30$ environ, vers le couloir, l'axe du tourteau supérieur pour empêcher les déblais de retomber dans le puisard, ce qui avait lieu actuellement au grand désavantage du rendement de l'excavateur.

Dans le but d'éviter totalement la reprise, en cours de travail, des produits des excavateurs, le couloir devait avoir au moins 4 mètres de longueur à partir de la face extérieure de la charpente et le point de déversement des déblais se trouver au moins à 2 mètres au-dessus du niveau des rails.

L'élinde serait également construite en fer à double T, et sa longueur portée à 15 mètres au lieu de 12. Elle serait rendue indépendante du tourteau supérieur au moyen d'un axe de suspension spécial. Pour faciliter l'allongement et le raccourcissement de l'élinde, ses paliers de suspension seraient montés à coulisse avec vis de rappel.

Les dernières modifications adoptées par M. Couvreux pour les tourteaux, les maillons et les godets de la chaîne dragueuse pourraient être acceptées telles quelles, à l'exception de la forme donnée au fond du godet qui devait être un peu plus évasée. Il était bien entendu que, dans ce cas, il faudrait augmenter en proportion le diamètre des joues du tourteau inférieur de l'élinde, afin de maintenir libre le passage des godets et dans les mêmes bonnes conditions où il se trouvait actuellement.

Le rapport des ingénieurs se terminait par la proposition de faire une commande de 6 excavateurs [1].

En conformité de cette demande, par un marché additionnel du 30 septembre 1865 conclu avec MM. Gabert frères, le nombre des excavateurs à fournir par ces constructeurs fut porté à 6. De nouvelles spécifications étaient introduites dans ce marché additionnel, devant s'appliquer aux 6 appareils.

A la même date du 30 septembre, la Compagnie commanda à la maison Maze, Voisine et Touchard, de Paris, 60 wagons de terrassements d'une contenance de 5 mètres cubes.

Le 3 octobre suivant, une commande de pièces de rechanges pour les wagons fut faite à la même maison, comprenant 120 paires de roues montées sur leurs essieux, 60 châssis-cadres construits en fer à T pour la consolidation des wagons et 240 boîtes à graisse pour les fusées extérieures des essieux.

Le 9 octobre, un nouveau marché fut passé avec MM. Gabert frères, pour la fourniture de 6 tenders destinés à l'alimentation des excavateurs.

Enfin, le 6 décembre, puis le 6 septembre de l'année suivante (1866), furent faites à la même maison deux commandes de pièces de rechanges pour les 6 excavateurs.

Pour compléter les renseignements donnés précédemment sur les excavateurs Couvreux, nous croyons utile de mentionner ici les principales spécifications relatives aux nouveaux excavateurs et à leurs tenders contenues dans les marchés de commandes.

SPÉCIFICATIONS CONTENUES DANS LE MARCHÉ DU 23 AOUT 1865 AVEC MM. GABERT FRÈRES POUR LA FOURNITURE DES QUATRE PREMIERS EXCAVATEURS.

Les excavateurs seraient de même force et de même contexture générale que ceux que les constructeurs avaient déjà livrés à M. Couvreux pour les travaux du canal.

[Dans les nouveaux excavateurs construits, la surface totale de chauffe de la

1. La quantité de déblais à extraire sous l'eau pour porter la rigole maritime à 20 mètres de largeur et 2 mètres de profondeur entre les kilomètres 60k,500 et 66k,720 était évaluée à environ 200.000 mètres cubes.

Or, un excavateur mouillé déversant ses déblais directement sur le sol, semblait pouvoir produire un travail mensuel d'environ 8.000 mètres cubes, à raison de vingt jours de travail par mois. Dès lors, en admettant que tous les excavateurs pussent être mis en marche vers la fin de novembre (et il fut loin d'en être ainsi), on reconnaissait la nécessité d'avoir six excavateurs pour arriver à obtenir le 1er janvier 1866, un tirant d'eau de 1m,20 dans la rigole et pour permettre de donner ensuite à cette rigole les dimensions ci-dessus indiquées, nécessaires au remplissage du lac Timsah dans le délai prescrit.

chaudière était de 24 mètres carrés, la capacité de la caisse à eau de 1^{mc},30 et la capacité de la soute à charbon de 2^{mc},80.]

La charpente des appareils serait en fer et tôle ordinaires laminée : l'élinde et la bigue de suspension seraient seules en bois. (Comme on le verra plus loin, le marché additionnel du 4 septembre a spécifié que l'élinde serait également en fer.)

Les dispositions nouvelles des appareils nécessitant une élévation d'un mètre, l'axe de l'arbre à cames serait porté à 5 mètres au-dessus des rails, et sa position par rapport à un plan vertical passant par l'axe longitudinal serait à 1^{m},05 de ce plan et du côté opposé au talus dragué.

L'écartement des axes des rails était porté à 3 mètres au lieu de 2^{m},50.

L'allongement de l'élinde serait en rapport avec la surélévation de l'appareil.

La longueur des longerons du châssis horizontal serait portée à 6^{m},60 au lieu de 5^{m},50.

Le couloir aurait une saillie de 3 mètres mesurés à partir de l'axe du rail.

Afin de préserver le moteur des apports de sable occasionnés par les vents régnants, la machine serait placée, par rapport à l'élinde, du côté opposé à celui des appareils existants.

Les roues d'engrenages seraient montées sur les nouveaux arbres à cames.

Les godets seraient au nombre de 18 par appareil.

Les maillons de la chaîne dragueuse seraient en fer Châtillon, double, corroyé ; les boulons en acier ordinaire ; les uns et les autres suivant le dernier type Couvreux. Les maillons mâles porteraient des bagues en acier, rapportées sans soudure.

La machine à vapeur proprement dite serait entièrement enfermée dans une enveloppe métallique ne permettant pas l'entrée du sable ou de la boue dans les organes du mouvement.

Les appareils devaient être terminés dans les délais nécessaires pour que les 2 premiers d'entre eux pussent être transportés à la gare du chemin de fer de Lyon au plus tard le 8 novembre; 2 autres, le 30 du même mois ; les 2 derniers, le 30 décembre.

Le prix de chaque appareil, rendu à Marseille, où aurait lieu la livraison, était fixé à 34.000 francs.

La Compagnie prenait à sa charge les droits de brevets à payer à M. Couvreux, s'il y avait lieu[1].

---

1. Dès la signature du marché de commande des excavateurs, M. Couvreux adressa à la Compagnie une demande de paiement d'une prime pour droit de brevet.

La Compagnie, pour pouvoir, en connaissance de cause, prendre une décision sur la question de savoir si une prime devait être payée à M. Couvreux, et le cas échéant, quel devait être le chiffre de cette prime, réclama l'avis d'un expert sur la validité et l'importance d'un brevet du 24 juin 1864 invoqué par l'inventeur et de quelques brevets ultérieurs pour additions et perfectionnements.

Le rapport produit par l'expert dans le courant de mai 1866 concluait ainsi :

« De tous les brevets pris par M. Couvreux antérieurement au brevet du 24 juin 1864, notamment son brevet de 1860 pour un *excavateur-porteur à l'usage des terrassements*, il résulte que le principe et la disposition générale de l'excavateur de M. Couvreux sont dans le domaine public, attendu que, sauf un certain nombre de modifications et additions, le brevet du 24 juin 1864 est la répétition de celui du 5 mai 1860.

« L'idée de M. Couvreux de faire mouvoir son excavateur au moyen d'une

Le drawback restait acquis aux constructeurs.

Le marché additionnel du 30 septembre concernant la commande des deux excavateurs supplémentaires, tout en spécifiant que toutes les clauses et conditions indiquées au précédent marché lui seraient applicables, spécifiait en même temps que seraient applicables aux six excavateurs, les stipulations suivantes contenues dans une lettre adressée, à la date du 4 septembre, à MM. Gabert frères, par le président de la Compagnie[1].

1° Changer le rapport des engrenages donnant le mouvement au tourteau supérieur : (le rapport adopté a été de 1/8 au lieu de 1/6);

---

petite machine spéciale agissant sur les roues porteuses paraissait être la seule des additions apportées aux anciens appareils, et appliquées par la Compagnie, qui comportait le caractère d'un perfectionnement véritable. M. Couvreux était donc en droit d'en revendiquer la propriété, et, conséquemment, de réclamer une prime à la Compagnie. Toutefois, le peu d'importance de ce perfectionnement ne peut rendre M. Couvreux exigeant sur le chiffre de la prime. »

Finalement, la Compagnie consentit à allouer à M. Couvreux une prime de 1.000 francs par excavateur, soit pour les 6 excavateurs commandés en dernière analyse, une prime totale de 6.000 francs.

1. *Complément des notes qui accompagnaient le rapport des ingénieurs du 2 septembre.* — (On rappelle que les explications au sujet des stipulations faisant l'objet des paragraphes 1°, 5° et 8° ont été données précédemment.)

2° Il convenait de porter le diamètre des roues à 1 mètre, au lieu de 0^m,70, afin de faciliter la réparation des pièces placées sous le châssis et d'élever le point de déversement des déblais;

3° Chaque essieu des excavateurs actuels portait quatre roues, dont les deux extrêmes étaient espacées de 2^m,50. Malgré cela, la stabilité de l'appareil n'était nullement assurée. Trois roues par essieu suffisaient; et, pour avoir une plus grande stabilité, lorsque l'excavateur est en travail, on devait allonger l'essieu d'environ 0^m,50 du côté de l'élinde, et espacer les roues entre elles à largeur de voie normale de manière que les points de contact des roues extrêmes fussent à 3^m,02 de distance l'un de l'autre. Cette disposition permettrait, en outre, de circuler avec des wagons indifféremment sur l'une ou l'autre voie ainsi formée;

4° Il convenait que la roue extrême du côté de l'élinde fût montée sur une partie carrée et simplement maintenue par un double écrou afin d'en permettre le démontage pour transporter l'appareil sur une voie ordinaire et éviter les inconvénients qui, avec les appareils actuels, se produisaient aux croisements, courbes, etc.;

6° Le système de translation de l'excavateur en travail par bielles d'accouplement offrait de grands inconvénients, tant par ce motif que lesdites bielles étaient continuellement ensablées, que parce qu'il fallait les démonter lors du transport de l'appareil sur voie ordinaire au travers des croisements, etc. Ces bielles devaient être remplacées par des engrenages;

7° La longueur du truc était actuellement insuffisante : il n'y avait pas de place pour le chauffeur, le charbon, etc. Il convenait de l'allonger d'environ 2^m,50 du côté du foyer et d'y placer des soutes à charbon et des bâches à eau. Cette modification, en raison de la répartition égale du poids de l'appareil en travail sur les trois essieux, qu'il convenait de maintenir à leur écartement actuel, obligerait à reporter l'élinde et le couloir entre les deux roues d'avant, ce qui était préférable à la disposition actuelle dans laquelle le tablier du puisard était en partie coupé par la roue intermédiaire.

On devrait d'ailleurs, en même temps que les appareils, commander, pour les desservir, de petits tenders spéciaux, mais indépendants.

2° Porter le diamètre des roues des appareils de $0^m,70$ à 1 mètre;

3° Placer trois roues sur chaque essieu (la roue du milieu était à double rebord);

4° Faciliter le démontage de la roue extrême du côté de l'élinde;

5° Conserver à $0^m,15$ le diamètre des essieux, à condition que les moyeux des roues seront tout auprès des boîtes à graisse, de façon à diminuer le porte-à-faux sur les essieux (dans les appareils le diamètre était de $0^m,14$); le diamètre adopté de $0^m,15$ paraissait bien suffisant, surtout avec l'introduction du troisième longeron et le système de trois roues.

Ajouter le troisième longeron et le relier solidement avec le reste de la charpente (sans cette précaution, lorsque l'appareil reposerait sur la voie de $1^m,50$, le longeron intermédiaire cèderait sous la charge et le longeron extérieur en porte-à-faux appuierait fortement sur l'extrémité de l'essieu).

Disposer les coussinets des boîtes à graisse situées du côté de l'élinde de manière à ce qu'on puisse les retirer lorsque l'excavateur roulera sur une voie de $1^m,50$ (de cette manière, la flexion du bâtis n'amènerait pas de charge sur l'extrémité de l'essieu);

6° Remplacer, pour l'accouplement des roues, les bielles par des engrenages;

7° Donner aux longerons un allongement de $2^m,50$, le reportant du côté du foyer, et en profitant pour placer l'axe de l'élinde au milieu de l'écartement des roues extrêmes; disposer les soutes à l'eau et à charbon sur cette partie allongée du truc;

8° Faire l'élinde en fer.

L'indemnité à allouer aux constructeurs en raison des modifications ci-dessus aux stipulations primitives devait être fixée d'un commun accord, ou par un tiers arbitre en cas de désaccord, au moment de la réception des appareils.

SPÉCIFICATIONS RELATIVES A LA FOURNITURE DES SIX TENDERS

Les tenders seraient divisés en deux compartiments : l'un d'une contenance de 5 mètres cubes pour le charbon; l'autre d'une contenance de 6 mètres cubes destiné à servir de réservoir à eau.

Ils seraient formés d'une caisse en tôle reposant sur un châssis en bois de chêne porté par deux essieux à trois roues.

Les dimensions de la caisse à eau seraient d'environ 3 mètres de long sur $1^m,25$ de large et $1^m,80$ de hauteur moyenne; celles de la caisse à charbon, d'environ 2 mètres de long sur $1^m,70$ de largeur et, également, $1^m,80$ de hauteur moyenne.

Les six tenders seraient terminés dans les mêmes délais que les excavateurs.

Le prix de chaque tender était fixé à 3.500.

SITUATION DES TRAVAUX AU MILIEU DE SEPTEMBRE 1865

Le chantier de régie était entièrement sorti de la période d'installation.

Le campement du chantier était établi à El Ferdane, entre les points $62^k,700$ et $62^k,850$. Tous les bâtiments nécessaires à l'exploitation étaient terminés. Ils comprenaient, savoir :

Une remise à locomotives;

Un hangar pour wagons;

Un château d'eau ;
Un atelier de réparations;
Un dépôt de matériel;
Un magasin de matières inflammables ;
Un bâtiment pour le logement du chef de chantier et pour magasin ;
Un bâtiment pour le logement des ouvriers européens;
Une cantine avec annexes, une boutique de commerce, un four et une boulangerie ;
Des gourbis pour ouvriers grecs et ouvriers arabes.

Tous les bâtiments étaient en bois et avaient été construits le plus économiquement possible. Ils couvraient ensemble une superficie de 652 mètres carrés.

Les longueurs de voies posées étaient les suivantes :

Dans le chantier avec mulets	807	mètres
— avec locomotives	1.169	—

Il est à noter que les terrassements à sec pour l'élargissement de la tranchée n'étaient à exécuter que sur la partie du canal s'étendant du point $60^{k},500$, origine du chantier de régie, jusqu'au point $64^{k},300$. Sur le reste de la longueur du chantier, de $64^{k},300$ à $66^{k},720$, lesdits terrassements avaient été exécutés du temps de la première entreprise Couvreux par le tâcheron Korytkowski.

Le chantier des terrassements avec mules fonctionnait dans la partie nord du chantier et avait sa décharge au point $61^{k},200$. Le chantier des terrassements à la locomotive était installé sur le reste de la longueur du chantier, étant desservi d'abord par une première décharge, sise au Nord, vers le point $62^{k},00$; une seconde décharge était projetée au Sud, vers le point $65^{k},00$.

SITUATION DES TRAVAUX A LA FIN D'OCTOBRE 1865

On a vu précédemment que parmi les travaux à exécuter à l'entreprise par MM. Borel, Lavalley et Cie, en conformité du marché du 27 mars 1865, figurait l'enlèvement, après l'exécution en régie de la première banquette de 15 mètres de largeur longeant la rigole maritime, de tous les déblais à sec qui resteraient encore à faire au-dessus de la cote $18^{m},00$. Au cours des travaux du chantier de régie, les entrepreneurs ayant reconnu l'intérêt qu'il y avait à profiter des installations existantes de ce chantier pour faire rapidement le plus de déblais possible, il fut décidé d'un commun accord que l'élargissement complet de la tranchée serait fait par le chantier de régie.

A la fin d'octobre la situation des travaux était la suivante :

	Mètres cubes
Déblais transportés à la brouette et au wagonet	118.000
— — à la locomotive	26.000
CUBE TOTAL	144.000

Tous les terrassements qui pouvaient se faire économiquement à la brouette étaient sur le point d'être terminés. La partie attaquée au moyen de wagonets traînés par des mules avait acquis tout le développement dont elle était susceptible et était en pleine exploitation. Enfin les terrassements à la locomotive marchaient d'une manière satisfaisante grâce aux deux excellentes locomotives qui desservaient le chantier : la production moyenne était de 120 à 130 wagons par jour, soit d'environ 500 mètres cubes de déblais. Malheureusement, M. Couvreux n'avait pu mettre à la disposition de la régie que 24 wagons. On espérait pouvoir produire un travail au moins double lorsque l'on aurait reçu les grands wagons d'une contenance de 5 mètres commandés en France. La production des chantiers à la brouette et au wagonet était également d'environ 500 mètres cubes par jour. Le travail total du chantier de régie en octobre avait été de 30.000 mètres cubes.

Sur la longueur du chantier des terrassements à sec, s'étendant comme il est dit ci-dessus, de $60^k,500$ à $64^k,300$, la tranchée était déjà achevée à toute largeur sur une longueur de 1.550 mètres. Sur la partie restante du chantier de régie, de $64^k,300$ à $66^k,720$, l'élargissement complet de la tranchée — ainsi que la remarque en a déjà été faite — avait été exécuté précédemment par l'entreprise Couvreux.

La seconde partie du travail à exécuter par la régie, consistant dans l'élargissement et l'approfondissement de la rigole maritime, comportait comme premières dispositions à prendre, la pose d'une voie à trois rails pour les excavateurs et d'une voie ordinaire continue d'un bout à l'autre du chantier pour la circulation des wagons et des locomotives destinés à l'enlèvement des produits des dragages. Cette dernière voie devait d'ailleurs être reliée à celle déjà existante sur le chantier des terrassements à sec exploités à la locomotive afin de permettre l'accès aux deux décharges situées, l'une au nord du chantier, l'autre au sud, et qui avaient été placées de manière à réduire autant que possible le parcours de transport des déblais produits par les excavateurs.

Quant à l'installation des excavateurs eux-mêmes et à la marche à suivre avec ces appareils, les dispositions à prendre devaient être combinées de manière à améliorer la navigation sur la plus grande longueur dans le plus bref délai possible. Il importait que l'installation fût complète pour l'époque de l'arrivée des excavateurs. Les ingénieurs avaient adressés dans ce but à l'Administration des projets de commandes de tout le matériel indispensable de voies et accessoires.

SITUATION DES TRAVAUX A LA FIN DÉCEMBRE 1865

	Mètres cubes
Déblais à sec transportés à la brouette et au wagonet..	165.454
— — — à la locomotive..............	33.652
CUBE TOTAL................	199.106

Le faible cube relatif exécuté jusque-là à la locomotive avait tenu à cette double cause : d'une part, que la régie n'avait pu utiliser le matériel provenant de l'entreprise Aiton sans le transformer; d'autre part, que les 24 wagons loués par M. Couvreux à la régie étaient en mauvais état et insuffisants.

MARCHE DES TRAVAUX PENDANT LE 1er TRIMESTRE DE L'ANNÉE 1866

	Mètres cubes
Cube des déblais exécutés pendant le trimestre.....	98.825
Cube renseigné à la fin de décembre 1865...........	199.106
Cube total des déblais à sec à la fin de mars 1866...	297.931

Les travaux d'élargissement de la rigole maritime n'étaient pas encore commencés.

Les wagons que M. Couvreux avait loués à la régie lui avaient été restitués, ils avaient été remplacés par 36 wagons de la fourniture Maze, Voisine et Touchard. Ce nombre de 36 wagons n'avait pu, provisoirement, être dépassé, parce que les cadres trop faibles des wagons livrés avaient dû être renforcés, chacun, par deux traverses supplémentaires en fer, et qu'il avait fallu, ainsi, pour les 36 wagons, employés toutes les traverses de la commande. Les pièces manquantes avaient fait aussitôt l'objet d'une nouvelle commande.

Il y avait eu, en outre, en service, 30 wagons provenant de l'ancienne entreprise Aiton et qui avaient été agrandis et transformés pour pouvoir être remorqués par des locomotives.

Une grue roulante reçue récemment de France venait d'être montée ainsi qu'une cisaille poinçonneuse, un étau limier et quelques machines à percer, tous outils qui étaient d'un grand secours pour l'exécution des nombreuses modifications qu'il avait fallu faire au matériel.

Une plaque tournante et deux excavateurs étaient en montage.

On poussait activement la pose de la voie de parcours par laquelle devaient être enlevés les produits des dragages, ainsi que de la voie de la nouvelle décharge du kilomètre 65.

MARCHE DES TRAVAUX PENDANT LE 2e TRIMESTRE DE 1866

	DÉBLAIS A SEC	DÉBLAIS SOUS L'EAU
	Mètres cubes	Mètres cubes
Cube des déblais exécutés pendant le trimestre..	49.735	8.000
Cube renseigné à la fin de mars 1866..........	297.781	»
Cubes totaux à la fin de juin 1866.............	347.516	8.000

Des haies sèches durent être construites à la traversée des dunes d'El Ferdane pour combattre l'envahissement des sables : ces haies ont été établies sur une longueur de 2.500 mètres. Il fut inutile d'en construire sur les points déjà protégés par les décharges des déblais extraits du canal.

Ainsi que le fait a déjà été signalé à propos des travaux de l'entreprise Couvreux, de nombreuses désertions d'ouvriers ont eu lieu sur les chantiers de l'Isthme pendant les mois de mars, avril et mai : ces désertions ont naturellement produit un ralentissement momentané des travaux du chantier de régie. On profita de ce ralentissement des travaux de déblais pour pousser l'installation des voies de service des excavateurs.

Deux excavateurs ont commencé à travailler à partir du 1er juin. Après de nombreuses modifications faites sur place, ils marchèrent d'une manière satisfaisante. L'un des deux excavateurs avait rencontré, au kilomètre 62k,50, à 1m,50 environ de profondeur, sous l'eau, la couche de pierre à plâtre qui se trouve partout dans les lacs Ballah et n'avait pu l'entamer. On dut, un peu plus tard, faire briser à la mine ce banc de pierre.

MARCHE DES TRAVAUX PENDANT LE SECOND SEMESTRE DE 1866

	DÉBLAIS A SEC	DÉBLAIS SOUS L'EAU
	Mètres cubes	Mètres cubes
Cube des déblais exécutés pendant le semestre.	54.581	107.000
Cube renseigné à la fin de juin 1866..........	347.516	8.000
Cubes totaux à la fin de l'année 1866..........	402.097	115.000

Un troisième excavateur fut mis en activité au commencement de juillet, on s'occupait d'ailleurs activement du montage de deux autres excavateurs. Il ne fut pas jugé possible de monter le sixième de ces appareils parce qu'une partie notable de ses éléments devaient être absorbés comme rechanges pour les cinq en activité.

A la fin de juillet, la pose de la voie des excavateurs était terminée sur toute l'étendue du chantier de régie, de 60k,500 à 66k,720. Le montage des excavateurs était également terminé, et ces appareils fonctionnaient régulièrement, travaillant jour et nuit au moyen de doubles équipes.

Pendant les deux mois d'août et de septembre, toute l'activité fut concentrée sur le chantier des excavateurs. On avait dragué d'abord à une profondeur d'environ 2m,40 afin de s'assurer une profondeur d'eau de 2 mètres. Mais comme, en définitive, les dragues de l'entreprise

Borel Lavalley et Cie appelées à se rendre dans la région sud du canal ne devaient avoir qu'un tirant d'eau maximum de 1^m,20, on prit le parmi de relever les élindes des excavateurs de manière à ne draguer provisoirement qu'à une profondeur de 1^m,80 et de pouvoir ainsi réaliser promptement une large rigole pour le passage du matériel des entrepreneurs. On se proposait, lorsqu'il serait possible de faire franchir la rigole par les dragues, de suspendre momentanément les dragages et de relever les élindes des excavateurs. On devait boucher en même temps les boghazs laissés momentanément ouverts dans les lacs Ballah pour soulager les berges ; le plan d'eau remonterait alors d'environ 30 centimètres et les dragues pourraient s'engager avec sécurité dans la rigole.

A la fin d'octobre, la rigole se trouvait avoir une largeur et une profondeur suffisantes pour permettre la circulation des plus grands appareils de l'entreprise Borel Lavalley et Cie. Malheureusement, le travail forcé que les excavateurs avaient dû exécuter, de jour et de nuit, pour arriver à ce résultat, avait grandement détérioré certaines parties de ces appareils, notamment les chaînes dragueuses; il fallut donc faire entrer les excavateurs, à tour de rôle, en réparation, ce qui entraîna naturellement une certaine diminution dans la production du chantier de dragages.

Maintenant que la largeur et la profondeur de la rigole étaient plus que suffisantes, les terrassements à sec, qui avaient été quelque peu ralentis pendant les derniers mois, avaient repris leur marche normale : le meilleur état des wagons, depuis les modifications qu'on y avait apportées, avait, enfin, fait sortir le chantier des conditions défavorables dans lesquelles il avait dû longtemps fonctionner.

Les deux chantiers de terrassements à sec et de déblais sous l'eau marchèrent donc désormais de front.

Dans les derniers jours de novembre, l'entreprise Borel Lavalley et Cie put diriger de Port-Saïd sur Ismaïlia les premières dragues destinées aux chantiers du Sérapéum. Ces dragues traversèrent le Seuil sans rencontrer le moindre obstacle.

MARCHE DES TRAVAUX PENDANT LE 1er SEMESTRE DE 1867

	DÉBLAIS A SEC	DÉBLAIS SOUS L'EAU
	Mètres cubes	Mètres cubes
Cubes des déblais exécutés pendant le semestre.	77.903	58.526
Cubes renseignés à la fin de 1866.............	402.097	115.000
Cubes totaux à la fin de juin 1867............	480.000	173.526

[Le cube total des déblais à faire à sec pour l'ouverture complète de la tranchée au-dessus de la cote 18^{m},00 était évalué, d'après les profils, à 180.000 mètres cubes. Ce cube était donc complètement réalisé à la fin de juin 1867 ; mais le cube effectif exécuté était, en réalité, plus élevé, tout à la fois parce que, en beaucoup d'endroits, on était descendu au-dessous de la cote 18^{m},00 et aussi en raison de quelques remaniements de terres qui avaient été indispensables pour l'établissement des voies et rampes de décharges. En ce qui est des déblais sous l'eau, on se rappelle qu'ils avaient été évalués à 180.000 mètres cubes; il restait donc encore à exécuter 6.474 mètres cubes pour atteindre ce chiffre.]

Dès les premiers mois de l'année, les déblais à sec étaient fort avancés, et l'on avait commencé à dresser les talus définitifs de la tranchée. A partir de juin, tous les efforts furent reportés sur l'enlèvement des déblais déposés sur berge provenant des dragues et des excavateurs qui travaillaient à l'amélioration de la rigole. On achevait à moments perdus le dressement des talus définitifs de la tranchée.

L'utilité avait été reconnue, même après le passage des grandes dragues de l'entreprise Borel Lavalley et Cie, de continuer à élargir la rigole. Il eût été impossible en effet à l'entreprise, lorsqu'elle en viendrait, en conformité du marché spécial du 27 mars 1865, à l'exécution des dragages dans le Seuil, de faire circuler librement dans un chenal n'ayant que 7 mètres de largeur à la cote 15^{m},50 les gabares à clapets chargées de porter les produits des dragages dans le lac Timsah. Suivant accord avec MM. Borel, Lavalley et Cie, le travail d'élargissement de la rigole fut continué par la régie.

A la fin de mars, les déblais sous l'eau pouvaient être considérés comme terminés dans l'étendue du chantier de régie au point de vue des engagements pris vis-à-vis de l'entreprise Borel Lavalley et Cie, la rigole ayant en moyenne une largeur de 25 mètres avec talus à 5 pour 1 du côté Asie et 2 pour 1 du côté Afrique. Afin d'améliorer encore la situation, on continua néanmoins les dragages avec des excavateurs; ceux-ci ne devaient cesser leur travail qu'à l'arrivée des dragues.

Au commencement de mai, les dragages furent repris avec une nouvelle activité au moyen des 5 excavateurs, tant dans l'étendue du chantier de régie que sur les 2 premiers kilomètres du lot Couvreux dont la régie s'était chargée ; et cela par suite de circonstances déjà mentionnées à propos de l'entreprise Couvreux et que nous rappellerons brièvement :

Pour que la date du 1er octobre 1869 fixée par le 3e acte additionnel passé le 13 avril 1867 avec MM. Borel, Lavalley et Cie, comme date de l'achèvement de la totalité des travaux du canal ne fût pas dépassée, il fallait que les entrepreneurs pussent faire passer leurs dragues dans le lac Timsah et installer leurs chantiers de dragages dans le Seuil pour le 20 mai.

En ce qui était de la possibilité de faire entrer les dragues dans le lac Timsah pour la date indiquée, elle ne paraissait pas douteuse. (La première drague n'est pourtant entrée dans le lac que le 20 juin. Le pertuis déversoir construit par MM. Borel, Lavalley et Cie et destiné au remplissage du lac n'avait commencé à fonctionner que le 12 décembre précédent.)

Mais, en ce qui était de l'état de la rigole, dont les dimensions avaient été fixées par l'acte additionnel du 27 mars 1865, on n'était pas aussi sûr que la situation serait suffisamment satisfaisante pour éviter toutes réclamations de la part des entrepreneurs : la rigole, en effet, dans toute l'étendue du Seuil, par suite de causes diverses précédemment énumérées, était loin d'avoir conservé les dimensions obtenues par les premiers travaux d'élargissement et d'approfondissement ; les talus s'étaient allongés, réduisant ainsi la largeur au plafond, la profondeur d'eau avait diminué et des bancs s'étaient formés au milieu du lit. D'énergiques efforts devaient donc être faits, à la fois par M. Couvreux et par la régie, pour arriver à obtenir le plus promptement possible une situation satisfaisante, c'est-à-dire pour arriver, malgré les circonstances défavorables contre lesquelles on avait à lutter, à mettre et maintenir la rigole dans les conditions de largeur et de profondeur stipulées par le 1er acte additionnel et dont MM. Borel, Lavalley et Cie exigeaient la réalisation avant de faire pénétrer leurs dragues dans le lac Timsah. Tous les appareils mis en action fonctionnèrent de seize à dix-huit heures par jour.

Pour le curage et l'élargissement de la rigole par le chantier de régie, entre 60k,500 et 69k,00, il y avait en service pendant le mois de juin, indépendamment des 5 excavateurs, les 2 petites dragues du canal d'eau douce, appartenant au Gouvernement égyptien et mises par lui à la disposition de la régie, une ancienne petite drague de la Compagnie, prêtée également à la régie par l'entreprise Borel Lavalley et Cie, et 4 dragues à manivelles mues à bras d'hommes. L'entreprise avait également prêté à la régie 2 anciennes dragues petit modèle des Forges et Chantiers ; mais les réparations considérables que ces dragues avaient nécessitées et surtout le retard de leur arrivée sur le chantier n'avaient pas permis de les utiliser avant les derniers jours de juin ; l'une d'elles, après quelques jours de marche, avait même dû être arrêtée pour modifier la trémie qui laissait retomber les 2/3 de ses produits dans le puisard, de telle sorte que l'on n'obtenait que 1m,50 de profondeur à l'axe du papillonnage tout en draguant à 2m,50[1].

Les cinq excavateurs avaient bien fonctionné. La partie de rigole sur laquelle ils avaient été installés, de 63k,00 à 69k00, était à la fin de juin complétement achevée.

---

1. L'entreprise Borel Lavalley et Cie, indépendamment des 3 dragues mentionnées, avait encore prêté à la régie une autre ancienne petite drague de

Les deux dragues du canal d'eau douce avaient également donné de bons résultats. L'une de ces dragues, dont la chaîne dragueuse, défectueuse, dut être complètement modifiée, travaillait à l'amélioration de la rigole, à El Ferdane. L'autre drague, ainsi qu'il sera expliqué plus loin, travaillait au chantier VI à curer la gare et à préparer l'entrée dans le lac Timsah de la première grande drague de l'entreprise Borel Lavalley et Cie; on dut, sitôt cette grande drague passée, interrompre son travail pour la mettre en réparation et y adapter un couloir de côté, celui qu'elle avait précédemment à l'arrière ne lui permettant pas d'être utilisé maintenant pour l'amélioration de la rigole.

En même temps que l'on travaillait à l'amélioration de la rigole, un chantier de dragages en régie avait été installé dès les premiers mois de 1867 pour l'agrandissement de la gare d'eau existante à l'extrémité de la rigole, au point où celle-ci devait déboucher dans le lac Timsah et d'où partait le canal de jonction conduisant à Ismaïlia. Les dragages se faisaient, comme il est dit plus haut, avec l'une des trois petites dragues à vapeur qui avaient été commandées pour le curage du canal d'eau douce. Le premier travail entrepris avait eu pour but d'adoucir le tournant brusque que formait au Nord, la jonction des deux canaux; il était terminé à la fin de mars, et les plus grandes embarcations pouvaient désormais passer très facilement d'un canal dans l'autre. On procéda ensuite à l'approfondissement de la gare dans la partie Sud, vers la digue de séparation d'avec le lac, afin que les grandes dragues, qui devaient être remisées, toutes montées, dans la gare pour être prêtes à entrer dans le lac dès que l'on serait en mesure de rompre la digue, ne fussent pas exposées à s'échouer au moment de cette opération.

[On rappelle que la première grande drague est entrée dans le lac le 20 juin.]

MARCHE DES TRAVAUX PENDANT LE 2e SEMESTRE DE 1867

	DÉBLAIS A SEC	DÉBLAIS SOUS L'EAU
	Mètres cubes	Mètres cubes
Cubes des déblais exécutés pendant le semestre.	71.321	86.387
Cubes renseignés à la fin du 1er semestre......	480.000	173.526
Cubes totaux à la fin de 1867..................	551.321	259.913

la Compagnie. Cette drague, livrée le 12 mai, n'avait pu être mise en service que le 17, après des réparations indispensables, et elle ne travailla que quinze jours. Sa coque était usée. Le 2 juin, une voie d'eau s'était déclarée dans la fonçure, réduite à 1 millimètre d'épaisseur, et l'on eut beaucoup de peine à entraîner la drague hors de la circulation pour la faire échouer au kilomètre 59, rive Asie. Cette drague était donc devenue une charge inutile pour la régie.

Dans les chantiers de régie d'El Ferdane, indépendamment des déblais à sec exécutés dans l'intérieur des profils, on eut à enlever 13.655 mètres cubes provenant tant d'apports de sable amenés par le vent que du percement de cuvettes en dehors des profils pour voies de décharge.

Dans les mêmes chantiers, l'enlèvement des produits des dragages déposés sur la plate-forme furent continués jusqu'à la fin de l'année.

Le chantier de régie des travaux d'amélioration de la rigole s'étant chargé d'une nouvelle partie du lot Couvreux s'étendait maintenant de 60k,500 à 70k,400. L'amélioration de toute cette partie de la rigole fut terminée dans les derniers jours d'août. A cette date, pour que la rigole dans toute l'étendue du Seuil eût les dimensions nécessaires pour assurer le libre passage des grandes dragues de l'entreprise Borel Lavalley et Cie, il ne restait plus à faire disparaître que quelques hauts fonds existant encore au milieu du chenal entre 70k,400 et 74k,00 (lot Couvreux), et, surtout à enlever un banc de pierre de 50 mètres environ de longueur régnant de 71k,220 à 71k,270 : ce banc de pierre n'avait jamais été attaqué par les excavateurs Couvreux qui relevaient leurs élindes en arrivant sur son emplacement; son existence n'ayant été signalée que tardivement, on n'avait pu prendre à temps les mesures nécessaires pour son extraction, et il en résulta naturellement un léger retard dans la mise en état de la rigole. Une autre cause de retard fut l'impossibilité d'utiliser, à cause de son mauvais état, une nouvelle drague mise à la disposition de la régie par l'entreprise Borel Lavalley et Cie. Enfin, la petite drague du canal d'eau douce mise précédemment à la disposition de M. Couvreux, se trouvant presque hors de service lorsqu'elle fut rendue par l'entrepreneur à la régie, avait exigé beaucoup de réparations et n'avait pu faire que peu de travail.

L'enlèvement du rocher mentionné plus haut s'est fait à la drague. Divers accidents survenus à la drague retardèrent l'achèvement du travail. On profita du temps d'arrêt occasionné par l'un des accidents pour briser la roche à coups de mines.

L'élargissement et approfondissement de la rigole dans des conditions permettant le passage des grandes dragues Borel Lavalley et Cie fut terminé le 15 octobre. Toutefois, dans l'étendue du lot Couvreux, quelques points n'étant pas encore à la profondeur de 2 mètres par suite d'ensablements produits par le passage des embarcations, les deux petites dragues du canal d'eau douce furent maintenues en service pour continuer le curage.

On a vu au chapitre de la description des profils en travers d'exécution du canal que, par une décision du mois de septembre 1866, l'administration, sur la proposition des ingénieurs, avait approuvé pour le talus de la rive Asie, dans la partie de la tranchée du seuil d'El Guisr comprise entre les points 74k,544 et 75k,334, soit sur une longueur de 790 mètres, une modification du profil type n° 1 de 1863 ayant pour principal objet d'adoucir l'inclinaison de la berge dans la zone d'action du batillage. Cette modification de profil devait occasionner un supplément de cube d'environ 41.000 mètres cubes. A l'appui de leur proposition, les ingénieurs avaient fait remarquer qu'une occasion favorable se présentait alors pour faire le travail puisque l'on pourrait profiter pour son exécution des installations déjà établies dans cette région du canal par les tâcherons de M. Couvreux pour les travaux de rectification de la courbe sud du Seuil.

Effectivement, le moment venu, c'est-à-dire après l'achèvement de la tâche qu'ils avaient entreprise pour le compte de M. Couvreux, les tâcherons, MM. Poilay et Menneton, prirent à la tâche pour compte de la Compagnie l'exécution des travaux de modification du talus de la rive Asie.

Les travaux commencèrent en août 1867 et furent de suite vigoureusement attaqués. Ils étaient terminés en novembre. Le cube total exécuté avait été de 38.200 mètres cubes.

Les mêmes tâcherons furent chargés de transporter dans le lac Timsah les déblais de curage de la rigole extraits par M. Couvreux et par la régie et provisoirement déposés sur la plate-forme de la rive Asie dans l'étendue de la rectification de la courbe Sud (de 73^k,460 à 74^k,540). Le cube à exécuter était de 8.247 mètres cubes.

MARCHE DES TRAVAUX PENDANT L'ANNÉE 1868

(FIN DES TRAVAUX DE LA RÉGIE)

	DÉBLAIS A SEC	DÉBLAIS SOUS L'EAU
	Mètres cubes	Mètres cubes
Cubes exécutés pendant l'année 1868..........	53.654	123.067
Cubes renseignés à la fin de 1867.............	551.321	259.913
Cubes totaux à la fin de 1868 (Fin des travaux).	604.975	382.980

Les travaux de curage de la rigole entrepris dès le mois de mai 1867 avaient notablement augmenté le cube des terres à transporter au wagon, en sorte que les terrassements à sec du chantier de régie d'El Ferdane ne purent être terminés qu'au commencement de 1868.

Les travaux d'enlèvement des produits des dragages déposés sur la plate-forme se continuèrent pendant les premiers mois de 1868. Ils étaient terminés le 1er mai.

La tâche concernant ces travaux fut augmentée dès le début de l'année :

1° Du travail à faire pour descendre la banquette de 3 mètres de largeur du talus Afrique, figurant au profil type de 1863 à une hauteur de 3 mètres (cote 21m,20) au-dessus du niveau de l'eau, à une hauteur de 1 mètre seulement (cote 19m,20) au-dessus du même niveau. Cette modification du profil avait été récemment décidée (en décembre 1867) par l'Administration.

2° Du rétablissement du profil type dans certains endroits où les apports de sable l'avaient déformé, par exemple près du kilomètre 65, où, en quelques points, les apports dépassaient 12 mètres cubes par mètre courant : ces apports s'étaient produits depuis deux années environ que le chantier avait été évacué par M. Couvreux.

L'ensemble de ces travaux devait exiger un cube de déblais d'environ 54.000 mètres cubes. Les travaux se poursuivirent pendant toute l'année.

Pour essayer de combattre de nouveaux apports de sable, on construisit au sommet des tranchées, des haies sèches disposées en épis et s'étendant jusqu'à 100 et 150 mètres de distance de la crête des talus.

Près du kilomètre 65 on eut à faire le ripage des deux conduites d'eau : l'une de ces conduites, celle du plus grand diamètre, était placée sur la banquette à la cote 21m,20, et si on l'eût abaissée en même temps que la banquette, elle eut trop couru le risque d'être enfouie sous les sables d'apports; l'autre conduite se trouvait bien à la crête du talus, mais dans l'intérieur du profil type qui n'avait pu en cet endroit, être rigoureusement exécuté.

Les travaux de curage de la rigole maritime avaient dû cesser dans la première quinzaine de janvier pour ne pas gêner la circulation, chaque jour plus active, des gabares de l'entreprise Borel Lavalley et Cie, qui avait commencé ses travaux de dragages dans le Seuil dès le mois de novembre 1867.

Tous les travaux de la régie étaient terminés à la fin de l'année 1868. Ainsi que l'indique le tableau ci-dessus, ils avaient comporté les cubes de déblais suivants :

Déblais à sec	604.975	mètres cubes.
Déblais sous l'eau	382.980	—

COMPTE GÉNÉRAL RÉCAPITULATIF DES DÉPENSES DE PREMIER ÉTABLISSEMENT DU CANAL ET DES RECETTES A LA FIN DE LA PÉRIODE DE CONSTRUCTION PROPREMENT DITE

(PÉRIODE DE 1859 A 1869)

I. — Relevé des Dépenses

D'APRÈS LES TABLEAUX DE LA BALANCE GÉNÉRALE DES ÉCRITURES A LA FIN DE CHAQUE EXERCICE

DÉSIGNATION des EXERCICES	DÉPENSES antérieures à la constitution de la Société	CHARGES SOCIALES	DOMAINE de la Compagnie	MATÉRIEL du domaine administratif et de l'Agence supérieure	FRAIS GÉNÉRAUX d'administration	DÉPENSES GÉNÉRALES de la construction	DÉPENSES des services accessoires	COMPTES COURANTS des divers services	DÉPENSE TOTALE par exercice
	Francs	Francs	Francs	Francs	Francs	Francs	Francs	Francs	Francs
Au 30 avril 1860	2.852.142,60	1.394.003,06	»	85.830,70	1.243.957,93	3.624.678,31	»	»	9.200.612,60
1860-1861...	41.339,67	1.431.320,79	»	10.690,79	1.052.620,69	10.830.671,48	»	»	13.366.643,42
1861-1862...	119 »	4.525.168,65	2.248.806,68	5.862,63	1.170.463,64	9.177.026,56	»	»	17.127.447,16
1862-1863...	»	7.651.242,50	4.199,89	5.519,40	1.327.232,29	18.348.535,75	»	»	27.336.729,83
1863-1864...	»	5.897.012,50	371.000 »	10.769,90	1.688.236,43	20.870.147,79	»	»	28.837.166,62
1864-1865...	»	6.853.242,50	376.320,35	8.072,69	1.471.978,86	22.601.229,96	»	»	31.310.844,36
1865-1866...	»	7.816.580 »	—1.800.561,88	6.439,72	1.870.756,89	32.867.559,67	»	»	40.760.774,40
1866-1867...	97.834 »	8.870.524,15	— 28.720,15	854,71	2.663.885,99	54.547.022,57	3.154.853,51	»	69.306.255,08
1867-1868...	»	6.056.351,65	4.734,73	1.493,80	2.863.304,05	38.515.062,53	3.619.420,59	»	51.060.367,35
1868-1869...	»	24.594.186,65	— 255.469,20	5.732 »	1.608.804,96	68.808.160,26	2.100.004,34	19.205.118,20	116.066.537,21
2e semestre 1869	»	7.823.436,25	»	»	8.264.411,38	19.783.772,34	2.813.183,96	—10.250.299,38	28.434.504,55
TOTAUX ...	2.991.435,27	82.913.068,70	920.310,42	141.266,34	25.225.653,11	299.973.867,22	11.687.462,70	8.954.818,82	432.807.882,58

NOTE AU SUJET DES DÉPENSES ANTÉRIEURES A LA CONSTITUTION DE LA SOCIÉTÉ

A la première Assemblée générale des Actionnaires, en date du 15 mai 1860, le Président de la Compagnie donna, au sujet des dépenses antérieures à la constitution de la Société et dont le détail se trouve ci-après, les explications suivantes :

Les études et les travaux du début se partageaient en deux périodes :

La première période comprenait quatre années : elle avait commencé en novembre 1854, à la date de l'acte de concession, pour se terminer à la fin de 1858, époque où la Société, définitivement constituée, s'était substituée au Vice-Roi et à son mandataire.

La seconde période avait commencé le 1er janvier 1859 avec l'existence légale de la Société. Elle comprenait toutes les opérations exécutées par la Société elle-même.

En octroyant la concession de l'entreprise à une Compagnie Universelle, le Vice-Roi avait mis à la disposition du Président fondateur les ressources et les moyens nécessaires pour commencer et poursuivre avec activité les études des avant-projets et faire sur le terrain les explorations scientifiques et toutes les opérations préparatoires.

Les ingénieurs du Vice-Roi avaient été chargés des premiers travaux ; les arsenaux du Caire et d'Alexandrie avaient été ouverts à la Compagnie ; des escortes et des moyens de transports par terre et par eau avaient été généreusement fournis ; un matériel important avait été commandé au nom du Vice-Roi et payé par lui.

C'est ainsi qu'avant l'existence de la Société des travaux considérables s'étaient exécutés à son bénéfice.

Les dépenses faites antérieurement à la constitution de la Société et en vue de cette constitution avaient été payées au moyen d'avances faites par le Vice-Roi et par les membres fondateurs de la Compagnie.

Ces dépenses, d'après l'article 5 des statuts constituaient une des charges de l'entreprise. Le Conseil d'administration en avait arrêté le montant au chiffre de 2.852.142 fr. 60 [1]. Sur cette somme, 1.594.097 fr. 54 avaient été payés au moyen des avances et débours faits par le Gouvernement égyptien pour compte de la Compagnie, et dont le total s'était élevé à 2.394.914 fr. 52, en y comprenant le matériel et les

1. D'après l'Inventaire général ou compte général récapitulatif des dépenses de construction du canal et des recettes au 31 décembre 1869, tel qu'il a été présenté à l'approbation de l'Assemblée générale des actionnaires du 31 juillet 1872 (et tel qu'il est reproduit plus loin), le montant total des dépenses antérieures à la constitution de la Société a été définitivement arrêté, ainsi d'ailleurs que le montre le tableau précédent, au chiffre de 2.991.435 fr. 27 dont il y avait lieu de déduire, pour recettes 6.504 fr. 88.

travaux exécutés dont le Vice-Roi avait bien voulu faire rétrocession à la Société en approuvant définitivement sa constitution.

Bien que lesdites avances eussent déjà suffisamment témoigné, par leur importance, des généreuses dispositions du Vice-Roi en faveur de l'entreprise, Son Altesse avait voulu en donner une nouvelle preuve en prenant à sa charge les dépenses relatives à la réception et au séjour en Égypte de la Commission Internationale et à diverses études, s'élevant à la somme de 270.000 francs.

Le détail du montant total des dépenses de premier établissement, pendant la période de construction proprement dite, est donné au tableau qui se trouve plus loin de l'*Actif* de l'Inventaire ou Compte général récapitulatif des dépenses de construction du canal et des recettes au 31 décembre 1869.

Le détail du montant des ressources à l'aide desquelles il a été fait face à ces dépenses est donné au tableau, faisant suite au précédent, du *Passif* du même Inventaire.

II. — Compte des dépenses au 30 avril 1860

PRÉSENTÉ A L'APPROBATION DE LA PREMIÈRE ASSEMBLÉE GÉNÉRALE DES ACTIONNAIRES DU 15 MAI 1860

1° Dépenses antérieures a la constitution de la société.

(Réglement fait par le Conseil d'administration, en exécution de l'article 5 des statuts, des dépenses en question effectuées au moyen des avances de S. A. le Vice-Roi d'Egypte et des membres fondateurs.)

		Francs
Frais de personnel, de 1854 *à* 1859		371.294,83
Etudes et travaux préparatoires dans l'Isthme (Dépenses remboursées au Gouvernement égyptien)		986:793,93
Frais divers d'administration de 1854 *à* 1859 :	Francs	
Frais divers d'administration à Paris	55.904,65	
Frais divers dans les agences en France et à l'Etranger	53.806,67	
Intérêts et commissions de banque à divers	22.433,69	
Voyages et missions	389.309,25	
Publication des études, mémoires, rapports et documents en France et à l'Etranger. Impressions. Traductions	486.644,91	
Insertions. Annonces diverses	73.267,47	
Installation des bureaux. Frais des actes de constitution et confection des actions.	96.243,72	
		1.177.610,36
Frais de souscription :		
Personnel et frais divers de bureau. Local provisoire	94.740,35	
Commissions aux correspondants	47.742,81	
Publicité spéciale, insertions, annonces	173.960,32	
		316.443,48 Francs

II. — Compte des dépenses au 30 avril 1860

ÉSENTÉ A L'APPROBATION DE LA PREMIÈRE ASSEMBLÉE GÉNÉRALE DES ACTIONNAIRES DU 15 MAI 1860

1° Dépenses antérieures a la constitution de la société.

ent fait par le Conseil d'administration, en exécution de l'article 5 des statuts, des dépenses en question effectuées au moyen des avances de S. A. le Vice-Roi d'Egypte et des membres fondateurs.)

		Francs	
rsonnel, de 1854 à 1859		371.294,83	
avaux préparatoires dans l'Isthme (Dépenses remboursées au Gouvernement égyptien)		986:793,93	
d'administration de 1854 à 1859 :	Francs		
dministration à Paris	55.904,65		
is les agences en France et à l'Etranger	53.806,67		
nissions de banque à divers	22.433,69		
sions	389.309,25		
études, mémoires, rapports et documents en France et à l'Etranger. Traductions	486.644,91		
onces diverses	73.267,47		
bureaux. Frais des actes de constitution et confection des actions.	96.243,72		
		1.177.610,36	
uscription :			
is divers de bureau. Local provisoire	94.740,35		
x correspondants	47.742,81		
le, insertions, annonces	173.960,32		
		316.443,48	Fr
			2.852.

L DU DOMICILE ADMINISTRATIF A PARIS ET DU SIÈGE SOCIAL A ALEXANDRIE		85.830
S PAYÉS AUX ACTIONNAIRES POUR L'EXERCICE 1859		1.394.003
ÉNÉRAUX D'ADMINISTRATION EN 1859 ET 1860 :	Francs	
er et frais divers au domicile administratif à Paris, au siège social en Egypte et erses agences	1.043.890,20	
rtions, annonces	143.040,63	
ssions en France et à l'Etranger	57.027,10	
		1.243.957

S GÉNÉRALES POUR TRAVAUX :

ingénieurs de la Compagnie et frais généraux de leur service			333.695,21
		Francs	
npte-courant à l'entrepreneur général		758.240,20	
salaires et frais divers payés par l'entreprise		338.446,75	
ières diverses et objets d'approvisionnement		235.282,31	
bris pour habitations, hôpitaux, ateliers, magasins, etc.		134.315,59	
illage :	Francs		
ssements : dragues, locomobiles, etc.	1.369.347,87		
rs	163.571,13		
	205.465,37		
rts par terre	12.782,75		
rs	72.[illegible]		

III. — Inventaire général

RAL RÉCAPITULATIF DES DÉPENSES DE CONSTRUCTION DU CANAL ET DES RECETTES DE LA COMPAGI
AU 31 DÉCEMBRE 1869

SENTÉ A L'APPROBATION DE L'ASSEMBLÉE GÉNÉRALE DES ACTIONNAIRES DU 31 DÉCEMBRE 1869

DÉPENSES REPRÉSENTANT LE PRIX DE REVIENT DU CANAL AU 31 DÉCEMBRE 1869

ieures à la constitution de la Société :				
de constitution de la Société, de souscription et de confection des actions				Francs 2.991.435
s :				
e 100 millions (Souscriptions publiques des 26 septembre 1867 et 6 juillet 1868)			Francs 1.438.012,90	
actionnaires			66.846.868,30	
obligataires			12.018.187,50	
obligations			2.610.000 »	
				82.913.068
ales d'administration :				
ministration	Administration centrale à Paris	Francs 9.480.084,42		
	Agence supérieure en Egypte	4.702.387,46		
			14.182.471,88	
ıs de valeurs et, spécialement de Bons du Trésor égyptien, reçus en exécution ıpériale. (La Compagnie a été couverte de cette dépense dans le Compte des			8.980.593,28	
s divers payés aux correspondants de la Compagnie			794.759,22	
de transmission payés sur les actions de la Compagnie			1.267.828,73	
				25.225.653
construction :				
truction proprement dite			291.330.460,61	
es accessoires	Service de Santé	973.210,24		
	— du Télégraphe	197.417,27		
	— du Domaine	65.056,94		
	— du Transit	12.102.527,15		
			13.338.211,60	
				304.668.672
PRIX TOTAL DE REVIENT DU CANAL AU 31 DÉCEMBRE 1869				415.798.829

ACTIF SUIVANT ESTIMATION

pagnie, à Paris : Achat et appropriation			920.310,42	
riel des bureaux.	Paris	97.405,60		
	Alexandrie	9.331,50		
			106.737,10	
	Terrains : valeur	Mémoire		
	Bâtiments	4.780.281,59		
	Mobilier et articles divers	1.530,50		
			4.781.812,09	
	Mobilier	37.895,61		
	Matériel roulant et flottant	158.401,58		
	Approvisionnements	14.027,51		
	Traction	13.958,10		
			224.282,80	
	Matières, combustibles	5.091.410,27		
	Matériel divers	420.845,81		
			5.512.256,08	
	Matériel et outillage	40.380,80		
	Mobilier et articles divers	4.374 »		
	Fonds de roulement	2.600 »		
			47.354,80	
	Matériel	2.173.440 »		
	Bâtiments	219.800 »		
	Approvisionnements	5.930,42		
	Mobilier	535 »		
	Frais de premier établissement	3.016.594,58		
			5.416.300 »	
				17.009.053,2
				432.807.882,5

ACTIF COURANT

: Versements en retard sur obligations et délégations. Débiteurs en compte			2.445.666,14	
	Agence supérieure d'Alexandrie		6.435.639,64	
	Paris-Caisse	[illegible]		

	Francs	Francs	Francs
: 400.000 ACTIONS A 500 FRANCS			200.000.000
67-1868 : 333.333 OBLIGATIONS ÉMISES A 300 FRANCS			99.999.900
			299.999.900
RODUITS RÉALISÉS PAR LA COMPAGNIE PENDANT L'EXÉCUTION DU CANAL			
…s à la constitution de la Compagnie		6.504,88	
…ar le Vice-Roi conformément à la Sentence Impériale du 6 juillet 1864		84.000.000 »	
faites au Gouvernement égyptien par la Convention du Règlement de compte (Délégations)	30.000.000 »		
…s de Damiette et de Boulac achetés antérieurement par …ement égyptien	255.469,20		
		29.744.530,80	
…nents temporaires de fonds		19.013.920,22	
…ventes du Domaine :			
… Gouvernement	10.000.000 »		
…isition, le mobilier, le matériel et les constructions du fait … l'indemnité de licenciement du personnel	2.406.648,01		
	7.593.351,99		
…s divers	24.093,51		
		7.617.445,50	
…ices — Service de la Construction	401,70		
— du Transit et des Transports	4.458.465,81		
— de Santé	120.761,21		
— de la Poste et du Télégraphe	108.022,22		
— du Domaine	873.906,69		
		5.561.557,63	
: Négociations de traites, change de monnaies		636.140,18	
			146.580.099,
			446.579.999,
…IVERS			7.064.625,
MONTANT DU PASSIF			453.644.624,

…IONS AU SUJET DU RELEVÉ DES RECETTES ET PRODUITS RÉALISÉS PAR LA COMPAGNIE PENDANT L'EXÉCUTION DU CANAL

…ettes et produits a subi pendant quelques-unes des années qui ont suivi l'exécution, jusques et y comp… …n de laquelle s'est trouvé définitivement arrêté le montant desdites recettes et produits, les diverses recti…

…ements temporaires de fonds :

…e au 31 décembre 1869 …… 19.013.920,

…endant les années suivantes :

… de retard sur délégations afférents à l'exercice 1869 …… 145.628,18

de ventes du domaine : ventes de terrains divers :

ire au 31 décembre 1869 .... Francs 24.09
874, pour une cession de terrain .... 31.00(
Chiffre définitif 55.093

vice du Transit :

ire au 31 décembre 1869 .... 4.458.465
872, en raison du bénéfice de l'exploitation en participation avec le régisseur du magasin de 3.183
Chiffre définitif 4.461.649

vice de Santé :

re au 31 décembre 1869 .... 120.761
370 par suite de remboursement de frais d'hôpital pendant l'exercice 1869 .... 16.654
Chiffre définitif 137.415,

vice de la Poste et du Télégraphe :

re au 31 décembre 1869 .... 108.022,
70, par suite du règlement de transmissions de dépêches pendant l'exercice 1869 .... 15.685,
Chiffre définitif 123.707,

vice du Domaine :

re au 31 décembre 1869 .... 873.906,
70, du montant de recettes afférentes à l'exercice 1869 .... 69.741,
943.648,
par suite de remboursement de retenues pour rapatriements de divers 1.800
Chiffre définitif .... 941.848,(

, négociations de traites, change de monnaies :

e au 31 décembre 1869 .... 636.140,1

ions afférentes à l'exercice 1869 .... Francs
en excédant de produits sur émission de délégations 3.045,38
e sur remises d'espèces et de valeurs faites par le Vice-Roi, d'août 1865 à juillet 1870 .... 510.695,78
48.613,53
562.354,6
Chiffre définitif 1.198.494,8

des rectifications ci-dessus, à partir de l'inventaire au 31 décembre 1877, **le relevé annexe de** **réalisés par la Compagnie pendant l'exécution du Canal** a constamment figuré dans les inventaire me suivante :

es à la constitution de la Compagnie .... Francs 6.504,88

par le Vice-Roi, conformément à la Sentence Impériale du 6 juillet 1864 ... 84.000.000 »

faites au Gouvernement égyptien par la convention du règlement de compte (délégations) .... Francs 30.000.000 »

magasins de Damiette et de Boulac achetés antérieurement uvernement égyptien 255.469,20

29.744.530,80

ments temporaires de fonds 20.103.536,13

ventes du domaine :

Gouvernement égyptien .... 10.000.000 »
de l'acquisition, le mobilier, le matériel, les constructions gnie et l'indemnité de licenciement du personnel 2.406.648,01
7.593.351,99
rs 55.093,51
7.648.445,50

es :

ion 401,70
les transports 4.461.649,08
.... 137.415,21
des Télégraphes 123.707,67

RÉPARTITION DU MONTANT TOTAL DES DÉPENSES
STITUANT LE PRIX DE REVIENT DU CANAL AU 31 DÉCEMBRE 1869

I. — RELEVÉ DU MONTANT DES CHARGES SOCIALES
PENSES GÉNÉRALES D'ADMINISTRATION DÉDUCTION FAITE DES RECETTES ADMINISTRATIVES

		Francs
ıres à la constitution de la Société.		2.991.435,2
....		82.913.068,7
:s d'administration :	Francs	
ı 31 décembre 1869	25.225.653,11	
ıdministratives engagées en 1869 et payées seulement en 1870	683.966,62	
		25.909.619,7
charges sociales et des dépenses générales d'administration		111.814.123,70
:ant des diverses recettes administratives, savoir :		
la constitution de la Société	6.504,88	
: Gouvernement égyptien des frais de négociation des valeurs égyptiennes gnie en exécution de la Sentence Impériale..	8.980.593,28	
s temporaires de fonds..	20.103.536,13	
ient à l'inventaire au 31 décembre 1869 que pour un chiffre de 19.013.920,22; ns successives en ont porté finalement le montant au chiffre indiqué qui nent figuré dans les inventaires annuels à partir de l'année 1877.]		
ociations de traites, change de monnaies	1.198.494,87	
ient à l'inventaire au 31 décembre 1869 que pour un chiffre de 636.140,18. ı que ci-dessus.]		
déduire..		30.289.129
ırges sociales et des dépenses générales d'administration, déduction faite du montant des nistratives..		81.524.994

OBSERVATIONS SUR LE CHIFFRE CI-DESSUS

avoir le montant réel des charges sociales et des dépenses générales d'administration qui, nstituent les frais généraux de l'œuvre du canal, il y aurait encore à retrancher la part : desdits frais généraux dans les prix des deux rétrocessions suivantes faites par la Com- ıvernement égyptien, savoir :

cul qui va suivre, voir, plus loin, un calcul analogue relatif à l'évaluation du chiffre réel des :s par la Direction générale des travaux pour la construction du canal maritime et des ports :s accessoires.]

	Francs	
du canal d'eau douce en vertu de la Sentence Impériale :		
ocession : 10.000.000 francs. Part représentative des frais généraux de la approximativement 20 0/0..	2.000.000 »[1]	
; diverses en vertu de l'article 7 de la convention du 23 avril 1869 :		
ssions : 9.744.530 fr. 80. Part représentative des frais généraux de la Com- 0..	1.948.906,16	
Total a retrancher....................................		3.948.906

s frais généraux d'administration et de charges sociales ayant pesé sur le prix de revient du

VE DES DÉPENSES DE LA CONSTRUCTION DU CANAL DÉDUCTION FAITE DES RECETTES DU SERVI
)E LA CONSTRUCTION PROPREMENT DITE ET DES RECETTES DES SERVICES ACCESSOIRES

DÉPENSES DE LA CONSTRUCTION :

	Francs	Fra
onstruction proprement dite..	291.330.460,61	
vices accessoires..	13.338.211,60	
		304.668
engagées au 31 décembre 1869 par la Direction générale des travaux et payées 870..	1.854.648,34	
personnel payés en 1870..	339.311,96	
avalley et Cie payé également en 1870..	1.353.953,78	
		3.547.
de régularisation des dépenses remontant à la période de construction..		2.
ment, fait en 1878, sur le montant de l'actif suivant estimation figurant à l'Inventaire au 69, du montant des frais de premier établissement des conduites d'eau douce entre Port-Saïd its frais faisant partie, dès lors, des dépenses proprement dites de la construction............		3.016.
r contre :		311.235.
ériel pris en charge en 1871 par le Service de l'Entretien, ladite valeur diminuée toutefois du oins-values constatées ultérieurement, la valeur finale prise en charge étant venue dès lors en ı montant de l'actif suivant estimation du 31 décembre 1869, en déchargeant, par contre, d'une montant des dépenses de construction. (Voir le détail ci-après, au § III.)..		2.582.
MONTANT TOTAL des dépenses de la construction............		308.653.
recettes faites par le Service de la construction proprement dite et par les Services accessoires ode de la construction..		5.665.
iguraient à l'Inventaire au 31 décembre 1869 que pour un chiffre de 5.561.557 fr. 63. C'est par s rectifications pendant les trois années suivantes que le montant en a été finalement arrêté ué.]		
MONTANT DES DÉPENSES de la construction, déduction faite des recettes.		302.988.

CTIFICATION DE L'ACTIF, SUIVANT ESTIMATION FIGURANT A L'INVENTAIRE AU 31 DÉCEMBRE 1869

f, d'après l'Inventaire au 31 décembre 1869..			17.009.
ériel, pris en charge en 1871, par le Service de l'Entretien..		4.935.959,99	
on des moins-values constatées ultérieurement, savoir :			
En 1872..	750.239,86		
— 1875..	103.900 »		
— 1878..	504.551,21		
— 1880..	665.026,39		
— 1883..	329.686,75		
		2.353.404,21	
			2.582.
TOTAL..			19.591.

rais de premier établissement des conduites d'eau douce entre Ismaïlia et Port-Saïd, retranché

.PITULATION DES DÉPENSES CONSTITUANT LE PRIX DE REVIENT DU CANAL AU 31 DÉCEMBRE 1869
DÉDUCTION FAITE DES RECETTES

		Francs
et dépenses générales d'administration		81.524.9
nstruction	302.988.152,88	
mation, rectifié	16.575.014,49	
		319.563.1
DÉPENSE TOTALE, déduction faite des recettes [1]		401.088.1

V. — ÉVALUATION DU QUANTUM
QUEL LE MONTANT DES CHARGES SOCIALES ET DES DÉPENSES GÉNÉRALES D'ADMINISTRATION FIGURE DANS LE PRIX DE REVIENT RÉEL DU CANAL AU 31 DÉCEMBRE 1869

chiffres ci-dessus que les charges sociales et les dépenses générales d'administration figurent dan dépenses effectives pour le quantum suivant s'appliquant au montant des dépenses autres que lesc et dépenses générales d'administration :

$$\frac{81.524.99.,54}{319.563.167,37} = 0,2551 \text{; en nombre rond : } 25,5\ 0/0.$$

subdivise d'ailleurs, d'après les chiffres afférents à chacune des trois natures de dépenses, déduc s, comme il est indiqué ci-dessous :
question sont les suivants :

res à la constitution de la Société :

	Francs	Francs
Chiffre desdites dépenses	2.991.435,27	
A déduire le montant des recettes	6.504,88	
		2.984.93
Montant desdites charges	82.913.068,70	
A déduire le montant des produits des placements temporaires de fonds	20.103.536,13	
		62.809.532

d'administration :

	Francs		
Montant desdites dépenses		25.909.619,73	
mboursement à la Compagnie par le Gouvernement égyptien ciation des valeurs égyptiennes	8.980.593,28		
ttes diverses, négociations de traites, etc	1.198.494,87		
		10.179.088,15	
			15.730.531
TOTAL ÉGAL au chiffre mentionné précédemment			81.524.994

ntaire au 31 décembre 1869, le montant des dépenses représentant le prix de revient du Canal 432.887.882

tulation ci-dessus, dont les chiffres ont été établis en tenant compte à la fois des augmenta- onstatées ultérieurement et des recettes, le prix de revient se trouve ramené à 401.088.161

DIFFÉRENCE EN MOINS 31.719.720

n moins se compose des éléments suivants puisés dans les relevés ci-dessus :

n déduction des dépenses :

	Francs	
Recettes administratives	30.289.129,16	
Recettes de la Direction générale des travaux	5.665.021,69	
		35.954.150

nentaires venant au contraire en augmentation :

Dépenses administratives engagées au 31 décembre 1869 et payées

n du quantum total de 0,2551 s'établit en conséquence comme suit :

enses antérieures à la constitution de la société :

$$\frac{2.984.930,29}{319.563.167,37} = 0,0093, \text{ soit, en nombre rond, } 0,9\ 0/0,$$

rges sociales :

$$\frac{62.809.532,57}{319.563.167,37} = 0,1966, \quad \text{——} \quad 19,7\ 0/0,$$

enses générales d'administration :

$$\frac{15.730.531,58}{319.563.167,37} = 0,0492, \quad \text{——} \quad 4,9\ 0/0.$$

Quantum total........ 0,2551, —— 25,5 0/0.

UATION DU MONTANT RÉEL DES DÉPENSES DE CONSTRUCTION DU CANAL MARITIME ET DES PORTS ET OUVRAGES ACCESSOIRES A LA DATE DU 31 DÉCEMBRE 1869

OBSERVATIONS PRÉLIMINAIRES

mpte général récapitulatif des dépenses de premier établissement du canal, à la date du 31 décembre les tableaux de la balance des écritures à la fin de chaque année, le montant de ces dépense antérieures à la constitution de la Société et de celles concernant les charges sociales et les inistration, a été le suivant :

	Francs	Franc
maine de la Compagnie........	920.310,42	
tériel du domicile administratif et de l'Agence supérieure........	141.266,34	
		1.061.

—

enses générales de la construction........	299.973.8
enses des Services accessoires........	11.687.4
nptes-courants........	8.954.8
Total........	321.677.7

des dépenses de premier établissement s'est trouvée finalement répartie, d'après l'inventair récapitulatif de l'ensemble des dépenses au 31 décembre 1869, présenté à l'approbation de l'Assem ionnaires du 31 juillet 1872, de la manière suivante :

	Francs	Francs	Francs
enses de la construction proprement dite........		291.330.460,61	
enses des Services accessoires........		13.338.211,60	
			304.668.6
t estimation :			
el de la Compagnie, à Paris........	920.310,42		
ilier et matériel des bureaux de Paris et d'Alexandrie........	106.737,10		
		1.027.047,52	
ntant total de l'actif des services de l'Isthme........		15.982.005,77	
			17.009.0
Total égal........			321.677.7

Dépenses générales de la construction	299.973.867,22
Dépenses des Services accessoires	11.687.462,70
Comptes-courants	8.954.818,82
TOTAL	321.677.725,50

Cette portion des dépenses de premier établissement s'est trouvée finalement répartie, d'après l'inventaire ou compte général récapitulatif de l'ensemble des dépenses au 31 décembre 1869, présenté à l'approbation de l'Assemblée générale des actionnaires du 31 juillet 1872, de la manière suivante :

	Francs	Francs	Francs
Dépenses de la construction proprement dite		291.330.460,61	
Dépenses des Services accessoires		13.338.211,60	
			304.668.672,21
Actif suivant estimation :			
Hôtel de la Compagnie, à Paris	920.310,42		
Mobilier et matériel des bureaux de Paris et d'Alexandrie	106.737,10		
		1.027.047,52	
Montant total de l'actif des services de l'Isthme		15.982.005,77	
			17.009.053,29
TOTAL ÉGAL			321.677.725,50

NOTA. — Il y a lieu de remarquer que dans le chiffre total de l'actif suivant estimation, le mobilier et le matériel des bureaux de Paris et d'Alexandrie ne figure que pour une somme de 106.737 fr. 10, alors que les dépenses y afférentes avaient été de 141.266 fr. 34 ; d'où une moins-value de 34.529 fr. 24 dont le montant a été reporté sur les dépenses de la construction, tandis qu'il aurait dû, ce semble, être porté en augmentation du chiffre des frais généraux d'administration.

Quoi qu'il en soit, on doit évidemment s'en tenir aux indications de l'inventaire approuvé par l'Assemblée générale des actionnaires du 31 juillet 1872.

ÉVALUATION DU MONTANT DES DÉPENSES S'APPLIQUANT RÉELLEMENT À LA CONSTRUCTION DU CANAL MARITIME ET DES PORTS ET OUVRAGES ACCESSOIRES

	Francs
D'après le Relevé donné précédemment des dépenses générales de la construction proprement dite, le montant total de ces dépenses, déduction faite des recettes et non compris l'actif suivant estimation, a été trouvé de ci.	302.988.152,88

Pour avoir le montant de la dépense s'appliquant exclusivement à la construction du canal maritime et des ports et ouvrages accessoires, il y a lieu de déduire de ce chiffre, savoir :

1° La part afférente au Service de la construction dans le prix de rétrocession du canal d'eau douce au Gouvernement égyptien :

	Francs	Francs
Le prix de rétrocession a été de	10.000.000 »	
A retrancher la part représentative des frais généraux d'administration générale et de charges sociales ; soit 20 0/0	2.000.000 »	
Part afférente au service de la construction		8.000.000 »

2° De même, la part afférente au service de la construction dans la rétrocession également faite au Gouvernement égyptien en vertu de l'article 7 de la première convention du 23 avril 1869. (Cette rétrocession comprenait tous les hôpitaux construits dans l'Isthme et leur matériel ; toutes les constructions établies le long du canal en dehors des villes de Port-Saïd et d'Ismaïlia et du terre-plein de Suez ; la carrière et le port du Mex avec le matériel d'exploitation ; les magasins et établissements de Boulac et de Damiette.)

	Francs		
Le prix de rétrocession a été de	10.000.000 »		
Déduction de la valeur des magasins de Damiette qui ne figurait pas dans les dépenses de la construction	255.469,20		
	9.744.530,80		
A retrancher, pour les frais généraux d'administration et les charges sociales : 20 0/0	1.948.906,16		
Part afférente au Service de la construction		7.795.624,64	
TOTAL A DÉDUIRE			15.795.624,64
[illegible]			[illegible]

INVENTAIRE DES TRAVAUX EXÉCUTÉS POUR LA CONSTRUCTION DU CANAL MARITIME ET DES PORTS ET OUVRAGES ACCESSOIRES A LA DATE DU 31 DÉCEMBRE 1869

DÉSIGNATION DES TRAVAUX	CUBES EXÉCUTÉS		PRIX MOYENS en nombres ronds	DÉPENSES	
	PARTIELS	TOTAUX		PARTIELLES	TOTALES
	Mètres cubes	Mètres cubes	Francs	Francs	Francs
1° TERRASSEMENTS ET DRAGAGES					
Régie intéressée					
Division de Port-Saïd	516.000 »				
— d'El Guisr	5.681.866 »				
— d'Ismaïlia	2.421.066 »				
— de Suez	1.373.300 »				
		9.992.232 »	3 » [1]	....	29.976.696 »
Régie directe					
Division de Port-Saïd	369.000 »				
— d'El Guisr	2.058.109 »				
— d'Ismaïlia	1.000 »				
		2.428.109 »	3 » [1]	7.284.327 »	
— de Suez : Rocher de Chalouf et terres de découvert.	131.700 »	....	18 »	2.370.600 »	
Rochers du kil. 135 et terres de découvert	47.151 »	....	8 »	377.208 »	
		178.851 »			10.032.135 »
Entreprise Aiton					
Division de Port-Saïd	....	150.000 »	.....	....	1.746.000 »
Entreprise Couvreux					
Traversée du seuil d'El Guisr	....	4.598.660,33	2,73	....	12.566.376,22
Entreprise Borel Lavalley et Cie					
De Port-Saïd au kilom. 30	16.390.274,42		2,43	39.779.196,02	
Du kilom. 30 au seuil d'El Guisr.	11.076.549,54		2,75	30.427.281,59	
Traversée du seuil d'El Guisr	3.641.734,93		3 »	10.925.204,79	
Du seuil d'El Guisr aux lacs Amers	10.022.461,53		2,50	25.076.198,75	
Des lacs Amers à Suez	15.663.019,92		3,71	58.125.466,92	
Appoint aux chiffres de dépenses pour couvrir les différences résultant de l'application des prix moyens en chiffres ronds (Voir au chapitre de la liquidation de l'entreprise)	....	....	.....	1.516,25	
		56.794.040,34	2,89		164.334.864,35
TOTAUX		74.141.892,67	2,95	....	218.656.071,57

1. Il était de toute impossibilité d'établir, même approximativement, le prix moyen auquel est revenu le mètre cube des travaux de terrassements et de dragages exécutés, en premier lieu par la régie intéressée, puis par la régie directe. Ce prix, compte tenu de toutes les dépenses accessoires et des difficultés de toute sorte des travaux de la première heure, n'a certainement pas, malgré les faibles salaires des ouvriers des contingents égyptiens, été inférieur aux prix moyens payés plus tard aux entrepreneurs. On a donc cru pouvoir admettre le chiffre rond de 3 francs le mètre cube.

DÉSIGNATION DES TRAVAUX	CUBES EXÉCUTÉS		PRIX en nombres ronds	DÉPENSES	
	PARTIELS	TOTAUX		PARTIELLES	TOTALES
	Mètres cubes	Mètres cubes	Francs	Francs	Francs
2° JETÉES ET DIGUES					
Jetées de Port-Saïd					
Régie intéressée et régie directe :					
- Enrochements naturels........	82.500 »		42,81[1]	3.531.825 »	
Entreprise Dussaud frères :					
Enrochementsenblocsartificiels	249.404 »		42,81	10.676.968 »	
		331.904 »			14.208.793 »
Jetées et digues du port de Suez					
Tâche Borel Lavalley et Cie :					
Digues en enrochements	59.226,02		20 »	1.186.112,33	
Murettes sur le pourtour de la darse......................	375 »		5 »	1.875 »	
Digue de délimitation.........	3.964,51		14 »	55.503,15	
		63.565,53			1.243.490,48
TOTAUX.............		395.469,53			15.452.283,48
3° ENROCHEMENTS DE BERGES					
Régie directe					
Bassins de Port-Saïd		2.634 »	30 »		79.020 »
Canal maritime :					
Entre Port-Saïd et le Seuil d'El Guisr	24.335 »		21 »	511.035 »	
Dans le Seuil d'El Guisr.......	656 »		15 »	9 840 »	
ntre le lac Timsah et Toussoum	400 »		d°	6.000 »	
Dans le seuil de Chalouf.......	7.808 »		d°	117.120 »	
		33.199 »			643.995 »
TOTAUX..............		35.833 »			723.015 »
4° OUVRAGES ACCESSOIRES					
Régie directe					
Appropriations de terrains[2] :					
A Port-Saïd : Remblais....................		630.000 »	3,50	2.205.000 »	
— Trottoirs.......(mètres carrés)		15.000 »	1 »	15.000 »	
A Ismaïlia : Terrassements...............		106.200 »	2,50	265.500 »	
— Chaussées......(mètres carrés)		74.300 »	2,50	185.750 »	
— Trottoirs.......(mètres carrés)		1.960 »	3,50	31.150 »	
A Suez : Remblais (Tâche Borel Lavalley et Cie)		278.084 »	2,55	709.114 »	
					3.411.514 »
A reporter.............					3.411.514 »

1. Pour la détermination du prix d'inventaire à adopter en ce qui est des enrochements en blocs naturels, on n'avait pas à tenir compte des frais occasionnés à la Compagnie par l'ouverture de la carrière et par la construction du port du Mex puisque ces établissements ont été rétrocédés au Gouvernement égyptien contre remboursement des dépenses. Néanmoins les enrochements des jetées en blocs naturels sont revenus à un prix très élevé, notamment par suite de l'obligation où s'est trouvée la Compagnie d'acheter et d'exploiter directement une nombreuse flotte pour le transport des pierres. Il y a lieu en outre de considérer qu'il n'est pas tenu compte d'une manière spéciale dans l'évaluation des dépenses des jetées, ni de l'appontement construit à l'origine de la jetée de l'ouest, et qui a coûté 313.600 francs, ni de l'îlot en fer qui a entraîné à une dépense de 505.400 francs, ensemble 819.000 francs, ces ouvrages ayant cessé de présenter une utilité quelconque dans la constitution définitive de la jetée définitive. Mais ils avaient puissamment aidé à la mise en œuvre des blocs naturels. On a cru légitime, par ces diverses considérations, de compter les blocs naturels, à l'inventaire, au même prix que les blocs artificiels de l'entreprise Dussaud frères.

2. La valeur des terrains n'est portée que pour mémoire dans le tableau de l'Actif suivant estimation qui figure à l'inventaire au 31 décembre 1869.

DÉSIGNATION DES TRAVAUX	CUBES EXÉCUTÉS	PRIX	DÉPENSES PARTIELLES	DÉPENSES TOTALES
	Mètres cubes	Francs	Francs	Francs
Report				3.411.514 »
Canaux de service				
Canal de la carrière du plateau des Hyènes	96.819 »	1,50		145.228,50
Bacs et appontements				
A Port-Saïd. — Appontement du quai de l'avant-port			4.000	
— de l'Agence du Transit			13.400	
— de la Marine Impériale			43.650	
A Kantara. — 2 bacs, l'un pour les piétons, l'autre pour les animaux			40.430	
A Ismaïlia. — Embarcadère en charpente sur le bord du lac Timsah			20.240	
A Suez. — Embarcadère pour l'accostage des embarcations			9.600	
				131.320 »
Éclairage du Canal maritime et des ports				
(Voir, pour le détail des dépenses, au chapitre de l'Éclairage et du balisage)				313.260 »
Balisage du Canal				
(Voir, comme ci-dessus)				239.869,23
Pieux d'amarrage				
(Voir, comme ci-dessus)				113.591,82
Bouées d'amarrage				
(La valeur de ces bouées se trouve comprise dans le montant de l'Actif suivant estimation du Service du Transit à l'Inventaire au 31 décembre 1869)				»
Kilométrage du Canal				
(Voir, comme ci-dessus)				28.660,15
Remplissage des Lacs Amers				
Somme allouée à l'Entreprise Borel Lavalley et Cie pour cette opération				2.000.000 »
TOTAL DES DÉPENSES DES OUVRAGES ACCESSOIRES				6.383.443,70

RÉCAPITULATION

	Francs
1° Terrassements et dragages	218.656.071,57
2° Jetées de Port-Saïd	14.208.793 »
2° Jetées et digues du port de Suez	1.243.490,48
3° Enrochements des berges	723.015 »
4° Ouvrages accessoires	6.383.443,70
TOTAL DES DÉPENSES EFFECTIVES	241.214.813,75
Frais généraux de la Direction générale des travaux	45.977.714,49
Montant total des dépenses de construction du Canal maritime et des ports et ouvrages accessoires (comme ci-dessus)	287.192.528,24

NOTE AU SUJET DU QUANTUM DES FRAIS GÉNÉRAUX DE LA DIRECTION GÉNÉRALE DES TRAVAUX

Le montant des frais généraux de la Direction générale des travaux, qui figure à la récapitulation ci-dessus de l'Inventaire des travaux exécutés, représente, en nombre rond, 17,8 0/0 du montant des dépenses effectives.

Le chiffre de ce quantum peut paraître élevé. Il trouve sa justification dans les explications suivantes :

On avait à considérer tout d'abord que, pendant la période des quatre années qui avaient précédé l'exécution des travaux par voies d'entreprises, la Direction générale des travaux avait eu à faire de très grandes dépenses en frais d'études, en essais coûteux de matériel divers et de modes d'exécution, en installations de toute sorte indispensables à la mise en train des travaux et propres à amener la vie dans l'Isthme ; le tout devant permettre d'arriver à se rendre finalement bien compte des conditions d'exécution des travaux et à rendre ainsi les entreprises possibles.

En outre, pendant l'exécution même des travaux par les entreprises, le service du contrôle avait eu presque constamment à poursuivre des études et opérations sur le terrain pour des modifications dans les premières dispositions adoptées. L'établissement des situations mensuelles des entreprises exigeait un nombreux personnel technique et comptable.

En outre, encore, les services accessoires qu'avait dû établir la Direction générale des travaux, à savoir : le service de Santé et les services de la Poste et du Télégraphe, du Domaine et du Transit, dont les dépenses s'étaient élevées à 13.338.000 francs, n'avaient eu ces dépenses que partiellement couvertes par une recette de 5.561.000 francs. Il y avait aussi les services religieux ; il y avait le service des Eaux, qui indépendamment de ses dépenses d'exploitation, avait eu, en dernière analyse, pour conséquence de mettre à la charge de la construction du Canal, c'est-à-dire à la charge des frais généraux de la Direction générale des travaux, la dépense d'établissement des conduites d'eau d'Ismaïlia à Port-Saïd, s'élevant à 3.016.000 francs.

Enfin, une série de travaux divers exécutés en régie, qui ne figurent pas spécialement dans l'Inventaire général des travaux exécutés, étaient venues grever également les frais généraux : notamment les déblais de terrains durs rencontrés dans les travaux exécutés par les entreprises; les abris provisoires établis dans les campements; des ouvrages provisoires spéciaux, tels que le barrage déversoir ayant servi au remplissage du lac Timsah. Il y avait aussi le chapitre des indemnités allouées à divers pour pertes et dépenses exceptionnelles occasionnées par des circonstances de force majeure, par exemple, une indemnité de 119.000 francs à MM. Borel, Lavalley et Cie, pour pertes éprouvées par eux pendant l'épidémie de choléra de 1865. Les indemnités de licenciement allouées au personnel à la fin des travaux, avaient, de leur côté, chargé le montant des frais généraux d'une somme de 1.724.000 francs [1].

---

1. Le montant total des indemnités de licenciement du personnel de la construction qui n'est pas resté attaché au nouveau Service de l'Entretien a été finalement le suivant :

	Francs
Licenciements effectués en 1869 : Chiffre donné dans le rapport de la Commission de vérification des comptes des exercices 1869 et 1870	1.724.158,45
(On rappelle que, sur ce chiffre de dépense, suivant une mention figurant au Relevé des dépenses de la construction, tableau II, une somme de 339.311 fr. 96 n'a été payée que dans les premiers mois de 1870.)	
Licenciements effectués de mars à juillet 1870	22.180 »
— — dans le courant des années 1871 et 1872.	324.355,05
MONTANT TOTAL des indemnités de licenciements.	2.070.693,50

On remarquera que ce chiffre des indemnités de licenciement représente un quantum approximatif de 0,0065 dans le montant total des dépenses de la Direction générale des travaux et un quantum approximatif de 0,0054 dans le chiffre du prix réel de revient du Canal.

TABLEAU RÉCAPITULATIF DU PRIX RÉEL DE REVIENT DU CANAL MARITIME ET DES PORTS ET OUVRAGES ACCESSOIRES A LA DATE DU 31 DÉCEMBRE 1869.

		Francs
Montant des dépenses effectives pour la construction du canal maritime et des ports et ouvrages accessoires (Voir l'Inventaire ci-dessus des travaux exécutés)....		241.214.813,75
Montant de l'Actif suivant estimation (Voir le Relevé III ci-dessus de l'Actif rectifié)........................		16.575.014,49
		257.789.828,24
Frais généraux de la Direction générale des travaux (Voir l'Inventaire ci-dessus). Approximativement 17,8 0/0..		45.977.714,49
		303.767.542,73
Dépenses du canal d'eau douce et des constructions établies le long du canal maritime rétrocédées au Gouvernement égyptien, y compris les frais généraux de la Direction générale des travaux y afférant. (Voir le Relevé VI ci-dessus)...........................		15.795.624,64
Montant total des dépenses de la Direction générale des travaux (comme au Relevé IV)....................		319.567.163,37
Dépenses générales d'administ[on] (Voir le Relevé V). Approximativement 5,8 0/0	Francs 18.715.470,97	
Charges sociales (Voir le Relevé V). Approximativement 19,7 0/0...........	62.809.532,57	
Ensemble (comme au Relevé I).		81.524.994,54
Total général des dépenses, déduction faite des recettes (comme au Relevé IV).............		401.088.161,91
A déduire :		
Le prix de cession au Gouvernement égyptien du canal d'eau douce et des constructions établies le long du canal maritime................................		20.000.000 »
Prix réel de revient du canal maritime et des ports et ouvrages accessoires à la date du 31 décembre 1869.......................		381.088.161,91

ANNEXES

MATÉRIEL DE TERRASSEMENTS ET DRAGAGES DU DÉBUT DES TRAVAUX

ÉCLAIRAGE DE LA CÔTE MÉDITERRANÉENNE D'ÉGYPTE D'ALEXANDRIE A PORT-SAID

MATÉRIEL DE TERRASSEMENTS ET DRAGAGES DU DÉBUT DES TRAVAUX

Premiers appareils de terrassements employés au creusement du seuil d'El Guisr

(PLANCHE XXXVI)

Le creusement du canal maritime à la traversée du seuil d'El Guisr comportait un cube total de terrassements et de dragages d'environ 9 millions de mètres cubes.

Pour les terrassements à sec, le dépôt en cavalier des terres de déblai devait s'étendre assez loin pour que ledit dépôt restât d'une hauteur modérée.

Afin de réduire le plus possible le nombre des ouvriers à employer à ces travaux, l'entrepreneur général avait conçu un mode d'exécution comportant l'emploi des divers appareils suivants :

1° Pour le creusement d'une première tranche de terrain, de 3 mètres d'épaisseur, la *brouette volante* ou *appareil Balan;*

2° Pour le creusement d'une seconde tranche de terrain, de 6 mètres d'épaisseur, la *brouette à la corde;*

3° Enfin, pour l'achèvement du creusement à sec, la *grande toile sans fin de transport.*

Le creusement sous l'eau devait se faire au moyen de dragues desservies, soit par les toiles sans fin de transport, soit par des barques à clapets allant décharger les terres dans le lac Timsah.

Les deux premiers types d'appareils furent employés sur les divers chantiers du Seuil, concurremment avec de simples ateliers à la brouette ordinaire ou à la couffe, jusqu'au moment où le creusement du Seuil fut entrepris en grand avec les forts contingents d'ouvriers égyptiens travaillant exclusivement à la couffe.

Les grandes toiles sans fin donnèrent seulement lieu à de courts essais à la suite desquels elles furent immédiatement abandonnées.

Nous donnons ci-dessous la description des deux premiers types d'appareils, renvoyant au chapitre suivant pour ce qui concerne les toiles sans fin.

BROUETTE VOLANTE

L'appareil se composait d'un montant en charpente portant un grand levier transversal oscillant comme un fléau de balance.

Il était placé, côté Asie, sur le bord de la ligne extrême de la tranchée à ouvrir, faisant face à toute la largeur du canal et à l'emplacement, côté Afrique, où devaient être transportés les déblais.

DU DÉBUT DES TRAVAUX

Aux deux extrémités du levier étaient attachés deux câbles en fil de fer d'une longueur de 150 à 200 mètres, aboutissant à un point d'amarre commun situé à la limite de l'emplacement destiné au dépôt des déblais.

A chaque câble étaient adaptées des poulies à gorge auxquelles étaient suspendus de petits wagonets ou caisses de brouettes dans lesquels les ouvriers chargeaient les déblais.

Quelle que fût la position du bras de levier, les câbles avaient toujours une inclinaison en sens inverse ; il en résultait, qu'en même temps que le wagon plein roulait au point de décharge, le wagon vide, par le même mouvement de bascule, revenait au point où se faisait la fouille. Le trajet s'opérait donc du lieu de chargement au lieu de déchargement, et réciproquement, par le roulement simultané du wagon vide et du wagon plein le long des câbles.

L'ouvrier qui avait rempli son wagon n'avait qu'à l'accrocher à la poulie, tandis qu'à l'autre extrémité, la même manœuvre était faite par l'ouvrier qui avait vidé le sien.

Le mouvement de bascule ramenait ainsi les deux wagonets à leur point opposé de départ et l'appareil fonctionnait d'une manière continue.

D'une construction et d'une installation extrêmement simples, on estimait que chacun de ces appareils, équipé de 10 hommes, pourrait donner, par journée de dix heures, une moyenne de déblai de 80 mètres cubes. (L'expérience a prouvé que c'était là une très grande illusion.)

L'appareil était destiné, comme il est dit ci-dessus, à enlever la première couche de terrain jusqu'à une profondeur de 3 mètres, et à transporter les déblais à l'extrême limite du dépôt en cavalier, c'est-à-dire à une distance moyenne de 100 à 150 mètres de la berge.

A la profondeur de 3 mètres, son utilité cessait et il faisait place au second appareil.

BROUETTE A LA CORDE

La tranchée étant arrivée à la profondeur de 3 mètres, les terres à déblayer devaient être élevées à une plus grande hauteur et c'est alors que commençait le rôle de la brouette à la corde.

Il s'agissait d'aider l'ouvrier à remonter la pente du talus, d'une hauteur primitive de 3 mètres destinée à augmenter à mesure de l'approfondissement de la tranchée, avec sa brouette chargée qu'il devait vider sur l'emplacement du cavalier.

Pour arriver à ce résultat et faciliter la traction, des madriers étaient placés sur le chemin de la brouette ; un poteau vertical, d'environ 2 mètres de hauteur et portant une poulie à gorge, était fixé dans le remblai ; sur la poulie passait un câble s'accrochant par une extrémité à la brouette et tiré à son autre extrémité par deux hommes.

Arrivé au pied du talus, l'ouvrier qui conduisait la brouette pleine y adaptait le câble en même temps que les deux ouvriers attelés à l'autre extrémité du câble, tout en redescendant la brouette vide, obligeaient par leur propre poids la brouette pleine à remonter.

On a vu ci-dessus que, par son mécanisme, la brouette volante conduisait les terres de déblai à la plus extrême distance du cavalier de dépôt. La brouette à la corde ne devait les porter au contraire qu'à la limite la plus rapprochée du talus du canal, laissant seulement entre le remblai et le sommet du talus de la berge une banquette de 4 mètres.

On estimait que, dans les conditions indiquées, une brigade de 10 à 12 hommes pourrait extraire et mettre en remblai, en dix heures de travail, environ 70 mètres cubes. (L'expérience, comme pour la brouette volante, a été fort loin de donner de pareils résultats.)

Appareils à toile sans fin pour le transport des terres

ESSAIS FAITS A PARIS EN 1859

En 1843, M. Mougel Bey avait vu en Bavière, sur le canal *Louis*, alors en construction, des toiles sans fin mues par manège et par vapeur qui transportaient les déblais du canal en cavalier ; et, en 1847, il avait publié le dessin de ces machines dans un ouvrage intitulé *Mécanique des travaux publics*. Plus tard, en 1854, il avait proposé au Vice-Roi d'Égypte l'emploi de dragues munies d'appareils analogues pour porter directement sur berge les produits du dragage. Lorsqu'il fut chargé de la direction des travaux du canal de Suez, il avait donc depuis longtemps l'idée de la construction de dragues munies d'appareils de transport à toile sans fin pour le creusement des canaux.

En décembre 1858, la Compagnie ayant constitué à Paris son premier personnel de travaux, M. Mougel Bey, en même temps qu'il s'occupait de l'étude de projets de drague flottante pour les déblais sous l'eau et de drague à sec ou excavateur pour les déblais au-dessus de l'eau, fit étudier simultanément des projets de toile sans fin à appliquer à chacune de ces machines à déblai pour le transport mécanique des terres en cavalier.

Dans les premières études de toiles de transport à appliquer aux dragues mouillées, l'appareil devait se composer d'une poutre-jumelle en bois, de 10 à 15 mètres de longueur, à inclinaison variable, sur laquelle roulaient des galets dont les axes portaient une toile sans fin métallique à mouvement forcé ; la poutre-jumelle reposait sur une charpente en bois portée par la drague ; la toile sans fin était formée de plaques métalliques reposant sur des maillons latéraux, avec lames transversales sous les joints ; enfin, diverses combinaisons étaient proposées pour faire verser les terres soit par le côté, soit par l'arrière de la drague. Pour les appareils à appliquer aux excavateurs, la toile sans fin, d'une longueur d'une trentaine de mètres, composée comme la précédente, devait reposer sur une double charpente munie de roues et portée par une double voie de fer à grand écartement.

En février 1859, des propositions ayant été faites par M. Cavé, de Paris, pour établir sur une de ses dragues, alors en fonctionnement sur la Seine, un des appareils de transport projetés par la Compagnie, M. Mougel Bey fit faire l'étude détaillée et dresser les plans d'exécution d'une toile sans fin destinée à être adaptée à une drague versant ses produits par le côté.

Dans cette étude, la toile sans fin, formée de cinq sangles métalliques recouvertes d'une toile de $0^m,80$ de largeur, était portée par une poutre métallique de 19 mètres de longueur pouvant se soutenir sur 7 à 8 mètres en porte-à-faux et prendre une inclinaison de 20 0/0, ladite poutre formée de deux flasques en tôle double T d'une hauteur de $0^m,80$ et portant deux tambours extrêmes de $0^m,80$ de diamètre avec des rouleaux-supports intermédiaires de $0^m,30$ de diamètre, distants entre eux de $1^m,20$; dans la partie en retour, la toile était soutenue à l'aide de trois rouleaux-releveurs fixes de $0^m,20$ de diamètre, et sa tension était obtenue au moyen de deux rouleaux-tendeurs de $0^m,30$, ces cinq rouleaux à peu près uniformément répartis dans la longueur de la poutre ; enfin, le mouvement était donné à la toile par son adhérence sur le tambour d'origine de la poutre recevant lui-même son mouvement de la machine de la drague par l'intermédiaire d'une courroie et d'un engrenage conique.

Le 10 avril 1859, la Compagnie passa un marché avec MM. Claparède et Commartin de Paris pour l'exécution d'un appareil de transport conforme au programme qui vient d'être indiqué, non compris toutefois la toile sans fin proprement dite, qui fut l'objet de diverses commandes spéciales auprès d'autres fournisseurs.

En même temps qu'elle s'occupait de toutes ces commandes, la Compagnie, dans le but de se couvrir autant que possible de ses frais d'expérimentation des appareils transporteurs en les appliquant à des travaux utiles, faisait des démarches auprès des ingénieurs de la ville de Paris pour obtenir l'entreprise d'une partie des remblais d'un chemin projeté latéralement à la rive droite de la Seine en amont du pont de Neuilly, le sable destiné à la confection desdits remblais devant être pris dans le lit de la Seine, au moyen de dragages, à une distance d'au moins 10 mètres du pied de la levée du chemin projeté.

La Compagnie ayant trouvé là, non seulement un champ d'expérimentation pour les toiles sans fin, mais encore une occasion d'étude comparative de divers autres modes de transport sur berge de produits de dragages, nous croyons utile de rendre compte avec quelque détail de tous les essais entrepris.

Les chantiers de travaux de remblais de Neuilly comprenaient plusieurs lots.

Conformément aux termes d'une soumission déposée à cet effet par la Compagnie, un lot de 45.000 mètres cubes de remblai à exécuter dans un délai de quatre mois à partir de l'avis d'achèvement de la digue en enrochements, au prix de 1 fr. 21 le mètre cube, lui fut accordé par arrêté préfectoral du 25 mai 1859. Quelques jours auparavant, par convention éventuelle du 16 mai, la Compagnie avait arrêté les conditions de location de la drague mise à sa disposition par M. Cavé ; enfin, par une autre convention éventuelle du 12 du même mois, elle avait rétrocédé à un entrepreneur l'exécution des travaux de remblais, aux conditions mêmes de sa propre soumission, mais avec obligation pour elle de fournir, savoir : une toile de transmission de 18 mètres de longueur toute installée sur la drague, conformément au marché Claparède et Commartin ; un appareil de transport de 70 mètres construit suivant certaines dispositions déjà arrêtées et destiné à servir d'intermédiaire entre la drague travaillant à une certaine distance de la rive et le remblai à effectuer ; enfin, tous les dessins et renseignements nécessaires pour pouvoir exécuter les terrassements par transport direct du produit de la drague sur le profil de remblai.

Les travaux commencèrent dans la première quinzaine de juillet. C'était M. Couvreux, entrepreneur de Lyon, qui avait définitivement repris le marché de la Compagnie[1].

La drague munie de la toile de transport versait directement ses produits sur la berge. Mais le lit de la rivière au pied de la digue ne donnant pas un cube de sable suffisant pour permettre de compléter par ce seul procédé le remblai dans chaque profil, il fallut y suppléer ; et M. Couvreux fut amené ainsi à faire usage d'un appareil de son invention, appelé *élévateur*, consistant en une grue à vapeur à grande volée, montée sur une plate-forme en charpente garnie de roues reposant sur des rails, le tout disposé de manière à permettre soit le mouvement de rotation de la volée, soit le mouvement d'avancement dans le sens longitudinal sur la digue même en construction. Cet élévateur faisait devant lui le remblai sur une largeur d'une quinzaine de mètres ; la largeur totale du remblai à effectuer étant de 40 mètres, l'élévateur, pour la portion de 25 mètres qu'il ne pouvait faire directement, versait le contenu des caisses à déblai dans des wagons qui allaient compléter le remblai. L'appareil était desservi par quatre chalands portant chacun 6 caisses d'une capacité de 3 mètres cubes. Il pouvait, quand le service des chalands se faisait bien, enlever et décharger jusqu'à 300 caisses par journée de travail de dix heures. Lorsque, soit par suite d'insuffisance de sable au pied de la digue, soit par suite de réparations ou modifications à la toile de transport en expérimentation, la drague ne pouvait pas verser directement sur berge, elle s'éloignait de la rive et draguait en pleine rivière pour alimenter l'élévateur Couvreux. D'un autre côté, dans les intervalles d'arrêts forcés

1. Le montage sur la drague de la poutre portant la toile sans fin avait été terminé le 11 juillet, et l'on commença de suite l'essai de divers types de toiles sans fin. L'usure très grande de la toile était la principale difficulté pratique. Cependant, le 27 août, un essai assez satisfaisant eut lieu en présence de M. de Lesseps et de quelques membres de la Commission des travaux. On fit de nouvelles expériences également satisfaisantes ; mais l'incendie de la drague Cavé dans la nuit du 15 au 16 septembre y mit brusquement fin. (Voir, un peu plus loin, pour plus amples détails.)

de la drague elle-même, le sable était fourni à l'élévateur par d'autres dragues travaillant dans un lot voisin de remblais.

La drague Cavé ayant été incendiée le 16 septembre, la Compagnie, dont l'entrepreneur n'avait encore exécuté à cette date qu'un cube total d'environ 15.000 mètres, se mit en instance auprès des ingénieurs de la Ville pour obtenir la résiliation de son marché qui lui fut accordée. Les travaux furent alors continués par M. Castor qui se servit, pour la mise à terre des produits des dragages, d'une grue fixe installée sur pilotis et déchargeant dans des wagons les caisses à déblai amenées par les chalands, de telle sorte que la totalité du remblai était faite alors uniquement par voie de wagonage. Enfin, dans un lot voisin de remblai appartenant à un autre entrepreneur, le sable fourni par les dragues était reçu directement dans des chalands d'où il était ensuite repris à bras d'hommes et transporté à la brouette pour la confection du remblai.

Par la description succincte qui vient d'être faite des divers modes d'exécution employés dans les chantiers de terrassements de Neuilly, on voit que les ingénieurs de la Compagnie avaient trouvé là, ainsi qu'il est dit plus haut, une excellente occasion d'études comparatives de prix de revient, qui étaient d'un extrême intérêt pour les futurs travaux du canal maritime. Il fut constaté alors que, pour la mise à terre de produits de dragages, avec dépôt en remblai parallèlement à la rive, en dehors du système de versement direct sur berge à l'aide de la toile sans fin, l'emploi de la grue mobile Couvreux était plus économique que l'emploi de la grue fixe Castor ; et que ce second mode d'exécution était, à son tour, plus économique que la reprise des terres à bras d'hommes avec transports à la brouette. Ces appréciations s'appliquaient à des appareils ou méthodes d'un usage pratique et reposaient sur des attachements de prix réels de revient. Mais il n'en était certainement pas de même des appréciations qui furent faites en même temps concernant l'emploi de la toile sans fin et établissant le prix de revient du travail effectué par cet appareil, à l'aide des seuls résultats de simples expériences, souvent arrêtées et plus ou moins longtemps suspendues par de fréquentes nécessités de réparations ou de modifications. Sans tenir compte ni des longs temps d'arrêt ni des dépenses de réparations, on prouvait aisément, il est vrai, à l'aide des chiffres relevés dans les expériences, que l'emploi de la toile sans fin constituerait un mode d'exécution très notablement plus économique que l'emploi des grues ou élévateurs ; mais pour arriver à une semblable conclusion, il avait fallu admettre, *à priori*, que l'on arriverait, par une succession de modifications et améliorations, à obtenir enfin une marche régulière continue de la toile sans fin ; or, les espérances que l'on avait conçues à ce sujet ne se sont malheureusement pas réalisées malgré de longs et persistants essais, faits plus tard à Port-Saïd, de divers systèmes de toiles sans fin. Si la Compagnie, avant de faire ou d'autoriser d'importantes commandes de ces appareils, avait pu prendre le temps de pousser à fond les premières expériences entreprises de manière à pouvoir se décider sûrement, soit pour l'adoption d'appareils vraiment pratiques, soit pour la condamnation absolue du système — qui dut être décidée plus tard, — elle se fût épargné, à la fois, les fortes dépenses d'acquisition d'un matériel qui, finalement, ne put être utilisé, les grandes pertes de temps occasionnées en Égypte par les essais infructueux d'utilisation de ce matériel, enfin de longs retards dans les études du matériel définitif.

Le montage sur la drague de la poutre métallique destinée à porter la toile sans fin se trouvait, comme il est dit plus haut, terminé le 11 juillet 1859 et, alors, commencèrent les essais de différents types de toile sans fin.

On essaya successivement, en attendant la confection des sangles métalliques de soutien, un fort tissu de chanvre plus ou moins bien renforcé sur ses bords par des boudins diversement composés, puis un tissu mixte contenant des fils métalliques. Sous l'effort de la tension nécessaire pour que la toile fut entraînée par le tambour moteur, celle-ci éprouvait de très grands allongements et, simultanément, un notable rétrécissement. Pour combattre ce double effet, indépendamment de barres transversales en fer logées dans le tissu et destinées à s'opposer au rétrécissement, on plaça sous les toiles, — ainsi du reste, que cela avait été projeté dès le début, — des sangles métalliques, au nombre de trois (il aurait dû y en avoir cinq) dans la largeur de la toile. Mais ces sangles s'usèrent rapidement et se rompirent après une très courte durée de travail. Ces premiers essais durèrent environ cinq semaines. Leur insuccès sembla incontestablement dû aux deux causes principales suivantes : 1° A la trop grande vitesse de la toile : la transmission de mouvement de la machine au tambour moteur se trouvait en effet, combinée de telle sorte que, quand la drague marchait à la vitesse normale de 22 godets à la minute, la toile avait une vitesse de 2^{m},30 par seconde, vitesse excessive qui rendait funestes pour tous les organes consécutifs de la toile les moindres irrégularités de mouvement : 2° Au mode adopté pour donner le mouvement à la toile sans fin : ce mouvement, en effet, n'étant produit que par l'adhérence de la toile sur le tambour moteur, il fallait pour obtenir une adhérence suffisante, que la toile eût une tension considérable qui en altérait promptement tous les éléments.

On remédia au premier inconvénient, et, par suite, on réduisit très notablement le second, en changeant l'engrenage conique de transmission de mouvement de manière à faire baisser la vitesse de la toile à 1 mètre ou 1^{m},25 par seconde. Dans ces nouvelles conditions de vitesse de marche, la toile sans fin en expérimentation, bien que déjà en mauvais état, fonctionna d'une manière assez satisfaisante et sans éprouver de trop grandes altérations. Il importe pourtant de noter cette circonstance, à savoir, que la toile sans fin, même quand elle était en fonctionnement régulier, ne produisait pas tout le travail effectif sur lequel on avait pu compter, et ce, par suite des conditions suivantes dans lesquelles s'exécutait le travail : le couloir de la drague Cavé étant fort bas, on avait été obligé de donner à la toile une forte inclinaison pour faire monter jusque sur la berge les terres fournies par la drague et ces terres étant très humides revenaient sur elles-mêmes et retombaient dans la rivière par les bords de la toile trop fortement tendue pendant les temps d'arrêt ou même de simple ralentissement de marche de l'appareil.

Malgré son faible rendement, la toile en expérimentation avait cependant déjà transporté 3.600 mètres cubes de déblais, et l'on pouvait encore espérer d'elle, même dans l'état défectueux où elle se trouvait, un travail au moins égal, lorsque l'incendie survenu à la drague le 16 septembre interrompit forcément les expériences.

En même temps que se faisaient les essais de différents types de toile sans fin sur la poutre adaptée à la drague, on avait essayé deux modes de suspension de cette poutre pour satisfaire aux conditions diverses dans lesquelles la drague pouvait se trouver en faisant son chemin devant elle : le premier, faisant porter le poids de la poutre sur la drague même en l'équilibrant au moyen d'un margotin fixé à l'autre bord ; le second, faisant porter tout le poids de la poutre sur le margotin placé au-dessous d'elle en son milieu.

D'un autre côté, pendant la durée de ces divers essais, M. Mougel Bey avait fait étudier, pour les transports de terre à grande distance, un système de poutre indépendante de la drague et portée par des charpentes armées de tirants. Dans cette poutre, les flasques en tôle double T étaient remplacées par des fers I du commerce de $0^m,22$ de hauteur ; et pour donner le mouvement au tambour moteur de la toile on devait se servir d'une locomobile. Une poutre de ce système, d'une longueur de 70 mètres, destinée à servir d'intermédiaire entre la drague et la berge, et à pouvoir ainsi porter directement en cavalier les produits de la drague placée en rivière, à 70 mètres de distance de la rive, avait été exécutée par MM. Claparède et Commartin en vertu d'un marché en date du 5 juillet 1859[1]. Tout le système de la poutre et de ses charpentes

1. Par leur marché, MM. Claparède et Commartin s'engageaient à construire et à livrer, dans le délai d'un mois, à l'endroit désigné par le marché, (bord de la Seine, rive droite, près le bois de Boulogne où se trouvait alors la drague Cavé) :

« Un appareil destiné au transport des remblais, formé d'un système de

de support avec leur câbles de suspension fut monté à Neuilly sur deux chalands solidaires. Après le montage, la poutre présenta en plan un fort gauchissement qui aurait certainement nui au bon fonctionnement de l'appareil s'il ne l'avait même rendu tout à fait impossible. Les constructeurs attribuaient ce gauchissement aux tractions obliques qu'exerçaient les câbles de suspension sur les extrémités de la poutre ; les ingénieurs de la Compagnie l'attribuaient à un défaut de montage. L'incendie de la drague qui survint à cette époque fit renoncer à toute idée de faire les réparations ou modifications qui eussent été indispensables pour pouvoir entreprendre des essais de l'appareil.

On a vu plus haut que l'insuccès des essais de la première toile sans fin expérimentée tenait principalement à la manière dont cette toile recevait son mouvement et qui obligeait à lui donner une tension trop considérable. Pour remédier à ce défaut capital, on en revint à l'idée primitive d'une toile à mouvement forcé. Une étude détaillée fut faite en ce sens dans le courant d'août 1859. Dans cette nouvelle étude, la toile sans fin, au lieu d'être portée par des rouleaux indépendants fixés aux flasques de la poutre était fixée elle-même longitudinalement, soit à de grands maillons en fer plat d'un mètre de longueur, formant rebords, soit à des bouts de chaîne-câble de même longueur, les uns et les autres supportés à leurs extrémités par les axes de galets se déplaçant sur la poutre en roulant à l'aller et au retour sur deux cornières, l'une supérieure, l'autre inférieure, faisant l'office de rails. Les flasques de la poutre étaient formées de feuilles de tôle de $0^{m}30$, de hauteur et de 5 millimètres d'épaisseur renforcées haut et bas, mais d'un seul côté, par les cornières-rails du poids de $4^{kg},5$ par mètre courant.

Le nouveau système de toile sans fin devait s'appliquer à deux sortes d'appareils de transport des terres :

L'un consistant, comme précédemment, dans une poutre de 18 à 20 mètres de longueur à inclinaison variable, à adapter aux dragues pour le déversement direct sur berge du produit des dragages. La toile, qui était bordée longitudinalement par de grands maillons en

---

charpentes armées de tirants et ferrures, soutenant et guidant une ferme jumelle en fer de 70 mètres de longueur portant une toile sans fin. Cette ferme, qui pourrait à volonté prendre différents degrés d'inclinaison, serait munie de rouleaux pour soutenir et tendre au besoin la toile sans fin sur laquelle les remblais étaient transportés par l'action d'une locomobile. »

Cet appareil devait être construit conformément aux dessins annexés au marché.

La Compagnie s'engageait à livrer les deux bateaux sur lesquels l'appareil devait être monté, ainsi que la toile et les chaînes nécessaires.

Les prix convenus étaient de 100 francs pour le mètre cube de bois et de 58 francs par 100 kilogrammes pour le fer et la fonte.

fer plat était mise en mouvement au moyen d'une lanterne pentagonale placée à l'origine de la poutre et munie de cames venant agir successivement sur les axes des galets; la lanterne recevait elle-même son mouvement de la machine par l'intermédiaire d'une courroie et d'un engrenage conique.

L'autre appareil, consistant dans une grande poutre inclinée prenant son point d'appui sur le talus même des fouilles, pouvant se déplacer parallèlement à l'axe du Canal, et destiné à monter les déblais, dans les grandes tranchées, jusqu'au sommet des cavaliers. L'appareil complet se composait, en réalité, de deux poutres indépendantes : l'une horizontale, d'environ 20 mètres de longueur, placée au fond de la cuvette ; l'autre inclinée, de 50 mètres de longueur, et installée suivant la ligne de plus grande pente du talus de la tranchée. Les toiles sans fin étaient bordées par des chaînes-câbles auxquelles elles étaient cousues, et les extrémités des poutres portaient des tambours au lieu de lanternes prismatiques. La toile sans fin de la poutre horizontale était mue à l'aide d'une double manivelle agissant sur l'un des tambours muni de cames destinées à communiquer le mouvement aux axes des galets. La toile sans fin de la grande poutre inclinée était mue au moyen de deux manèges américains établis sur le terrain naturel, au pied du cavalier de chaque côté de la poutre, et dont chacun mettait en mouvement une chaîne Galle munie de cames entraînant dans leur mouvement les axes des galets. On remarquera que, dans cet appareil, le poids de la toile ascendante se trouvait détruit par celui de la toile descendante, ce qui réduisait d'autant le travail nuisible à réclamer de la force motrice Pendant la marche de l'appareil, la charge pouvait se faire par les ouvriers terrassiers sur tout le développement de la toile sans fin. La toile de la poutre horizontale versait ses produits sur la partie inférieure de la toile de la grande poutre inclinée. Enfin, cette même toile horizontale, au lieu de recevoir des terres déblayées à bras d'hommes, pouvait tout aussi bien, étant montée sur un chaland, recevoir les produits d'une drague pour les déverser ensuite sur la toile inclinée.

COMMANDES DE TOILES SANS FIN POUR LES PETITES DRAGUES

La question des toiles sans fin de transport était, au début, considérée par la Compagnie comme étant d'une importance capitale pour l'exécution rapide et économique des travaux. Aussi, en même temps que la Compagnie faisait faire directement par ses ingénieurs des études et essais de divers types de ces appareils, l'entrepreneur général, M. Hardon, en vertu de l'initiative qui lui avait été accordée par son traité avec la Compagnie, faisait-il également, de son côté, des études et préparait-il les marchés de commandes des appareils à expédier en Égypte.

Les premiers marchés, au nombre de quatre, passés par l'entrepreneur général dans les premiers mois de l'année 1860, n'eurent pour objet que les toiles de transport à adapter aux diverses dragues déjà commandées à plusieurs constructeurs. Ces marchés comprenaient les commandes suivantes :

1° Le 3 février 1860, marché passé avec MM. Altermann, Evrard et Cie, de Bruxelles, pour la fourniture de 12 appareils de transport à adapter aux 12 dragues commandées le même jour auxdits constructeurs ;

2° Le 11 février 1860, marché passé avec M. Combe, de Lyon, pour la fourniture de 2 appareils à adapter à 2 des dragues commandées au même constructeur le 7 octobre 1859[1].

L'un des deux appareils devait être construit conformément aux plans remis au constructeur par la Compagnie, le second appareil, exécuté d'après les données générales du marché. Le constructeur n'était responsable que pour le second appareil, lequel serait reçu définitivement après dix jours de bon fonctionnement.

Les 2 appareils devaient être rendus à Marseille au plus tard le 31 mars et le prix en être réglé d'un commun accord avant l'expédition de de Lyon. (Le prix définitivement arrêté a été de 15.974 francs pour les deux appareils.)

3° Le 2 mars 1860, marché passé avec MM. Troll, Mercier et Cie, de Lyon, pour la fourniture de 5 appareils à adapter aux 5 dragues commandées à MM. Burnichon et Vernange, de Lyon, le 29 septembre 1859.

Les 5 appareils devaient être rendus à Marseille le 20 avril au plus tard. Le prix de chaque appareil était fixé à 7.500 francs. La réception définitive des appareils aurait lieu après deux mois de bon fonctionnement. Le délai de garantie était de six mois.

4° Le 14 mars 1860, marché passé avec MM. Perotte et Cie, de Liège, pour la fourniture de 2 appareils à adapter à 2 des dragues destinées à fonctionner en Egypte.

---

1. Nous rappellerons que les deux premières dragues commandées à M. Combe par le marché du 21 mars 1859 comprenaient l'appareil de transport; que les éléments des dragues mêmes avaient été expédiés de Marseille par un premier navire qui arriva à Port-Saïd au commencement de février 1860, mais que les toiles de transport destinées à ces dragues n'avaient été expédiées que plus tard, à la fin de mars, chargées sur le navire *le Jason ;* enfin, que ce navire, sur lequel se trouvaient également chargés, en même temps que divers éléments des deux dragues, oubliés dans la précédente expédition, ainsi que les éléments de plusieurs coques de dragues, une partie des éléments des deux toiles de transport destinées aux nouvelles dragues Combe, s'était, dans le courant d'avril, perdu corps et biens dans les Bouches de Bonifacio.

A la suite du naufrage du *Jason*, on avait renoncé aux toiles sans fin pour les deux premières dragues Combe qui furent montées avec de simples couloirs; mais une nouvelle commande fut faite à M. Combe pour le remplacement des pièces perdues des deux toiles de transport destinées aux nouvelles dragues.

Les 2 appareils devaient être rendus à Marseille dans un délai de deux mois et demi. Le prix de chaque appareil était fixé à 4.000 francs. La garantie de bon fonctionnement des appareils était de 6 mois.

Les quatre marchés, comme on le voit, comprenaient en totalité, la commande de 21 appareils de transport. Les stipulations de ces marchés, en ce qui était des dispositions générales et des conditions de livraison des appareils, étaient les mêmes. Elles étaient libellées comme suit :

« Les appareils devaient s'adapter aux dragues auxquelles ils étaient destinés et être composés : 1° d'une poutre métallique de 20 mètres de longueur d'axe en axe des tambours d'extrémités; 2° d'une transmission de mouvement prise sur la machine principale; 3° d'un tablier mobile métallique destiné à recevoir et transporter 1.000 mètres cubes de déblais en dix heures; 4° enfin, d'un treuil à engrenage pour suspendre et soulever l'appareil.

« La fourniture devait comprendre tout ce qui était nécessaire pour faire avec la drague un ensemble complet, la charpente en bois ainsi que le contrepoids étant seuls exceptés et à la charge de M. Hardon. »

« Enfin les appareils devaient être fournis et livrés par les constructeurs, montés en Égypte à bord des dragues. »

Les dessins de l'étude de la Compagnie d'août 1859 avaient été envoyés aux différents constructeurs; mais on laissait à ceux-ci, sous leur responsabilité, une certaine initiative pour apporter à la dite étude tels perfectionnements et simplifications qu'ils jugeraient utiles.

Aucun essai de tout cet ensemble de matériel ne fut fait en France, où il n'y eut pas même de montage partiel. Comme cela avait lieu pour les dragues, les fournisseurs hâtaient les expéditions ; et c'est ainsi qu'à la fin de 1860 et au commencement de 1861 arrivait à Port-Saïd une quantité formidable de pièces de machines plus diverses les unes que les autres.

A ce moment, les ateliers de montage n'existaient pour ainsi dire pas, le personnel était encore incomplet et les moyens de déchargement faisaient défaut. Il s'ensuivit qu'au débarquement un assez grand nombre de pièces de machines tombèrent à la mer ou furent enfouies dans le sable. Pour tout ce qui fut emmagasiné, on eut recours à un classement commode, sinon méthodique : il consistait à mettre ensemble tous les organes de même nature. On eut ainsi un immense parc de matériel où tous les générateurs étaient ensemble, tous les godets d'un autre côté, les engrenages de même, etc. Et c'est au milieu de ces agglomérations de matériel de même nature, mais de formes diverses, que les fournisseurs de l'entreprise parvinrent peu à peu à rassembler les éléments constituants des premières dragues qui furent mises en marche à la fin de 1860 et au commencement de 1861.

Les embarras causés par l'immense amas de matériel dont il vient d'être parlé furent encore accrus par l'arrivée à Port-Saïd dans les premiers mois de 1861, d'une partie des 50 grandes toiles sans fin — dont il est question ci-après — destinées aux travaux de déblais du seuil d'El Guisr et qui durent être remisées à Port-Saïd même en attendant la possibilité de les transporter au Seuil.

Les différents types d'appareils ne purent être expérimentés en Égypte qu'assez tardivement parce que des parties essentielles de ces appareils avaient été oubliées dans les premiers envois faits par les constructeurs. Il y a lieu de signaler, en outre, en ce qui concerne spécialement les toiles sans fin du type Combe, que les éléments de ces toiles se trouvaient sur le navire *le Jason* qui, en avril 1860, en cours de route, se perdit corps et biens dans les Bouches de Bonifacio, ce qui nécessita une nouvelle fourniture en remplacement des pièces perdues.

DESCRIPTION SOMMAIRE DES DIFFERENTS TYPES DE TOILE SANS FIN DE TRANSPORT ADAPTEE AUX DRAGUES ET OBSERVATIONS SUR LES DISPOSITONS ET LE FONCTIONNEMENT DE CES APPAREILS[1].

(PLANCHE XXXVII)

TOILES SANS FIN ÉVRARD[2]

Les toiles sans fin fournies par MM. Évrard et Cie étaient d'un type analogue à celui des toiles sans fin, décrites ci-dessous, fournies par MM. Troll et Mercier.

Une seule toile Évrard fut montée ; les résultats des essais en furent si peu satisfaisants que la toile fut abandonnée au bout de quelques semaines.

---

1. Les renseignements donnés ici sur les différents types de toiles sans fin sont extraits de l'important ouvrage intitulé *Percement de l'Isthme de Suez*, publié en 1871 par M. Monteil, ancien ingénieur du matériel de la Compagnie.

2. En octobre 1860, en attendant le montage d'une première drague belge à laquelle devait être adaptée une toile sans fin des mêmes constructeurs, une toile belge fut montée à terre, à Port-Saïd, pour être soumise à des essais. (La première drague belge armée d'une toile sans fin, — qui fut d'ailleurs la seule — ne commença à fonctionner pour des essais qu'en août 1861.)

Les écailles qui formaient le tablier mobile de la toile sans fin avaient 10 centimètres de largeur et une longueur de 75 centimètres ; elles étaient rivées à trois câbles en fer galvanisé, logés entre elles et des barres de fer de 2 à 3 centimètres de largeur. Le tout était traversé par des boulons qui rendaient les diverses parties solidaires.

On fit marcher à la main cet appareil. Le tablier en tôle n'ayant que 1 millimètre et demi d'épaisseur, 6 ou 8 hommes le mettaient facilement en mouvement; mais l'appareil éprouvait de fortes secousses qui le détériorèrent rapidement.

En août 1861, ainsi qu'il est dit ci-dessus, une drague belge armée d'une toile sans fin (la drague n° 14), commença ses essais qui se prolongèrent jusqu'à la fin de l'année. La toile était du système Troll et Mercier, où les écailles étaient reliées entre elles par des maillons au lieu du mode d'attache des toiles

DU DÉBUT DES TRAVAUX

TOILES SANS FIN COMBE[1]

Les toiles sans fin Combe étaient d'un type conforme à l'étude de la Compagnie du mois d'août 1859.

TOILES SANS FIN TROLL ET MERCIER[2]

Pour éviter l'usure rapide du tablier de la toile sans fin et son glissement sur le tambour moteur (inconvénients que présentait l'appareil transporteur expérimenté par la Compagnie en 1859) les constructeurs eurent l'idée d'exé-

---

belges. Au cours des essais, on adapta à l'extrémité de la toile, à la partie inférieure de la poutre de support, un racloir de même largeur que le tablier et ayant pour objet de débarrasser la toile des matières qui pourraient s'y attacher. Ce racloir se mouvait au moyen d'une tringle articulée avec son axe et au moyen de laquelle, sans quitter le pont de la drague, le dragueur pouvait abaisser le racloir lorsqu'il voulait le tourner en sens contraire.

Bien que les essais n'eussent donné que des résultats peu satisfaisants, la drague fut remise au service des travaux et entra en fonctionnement régulier à partir du début de l'année 1862, et elle continua — la seule parmi toutes les dragues — à fonctionner avec sa toile sans fin jusqu'en novembre 1863, date à laquelle elle entra en réparation générale.

Pendant ces deux années de fonctionnement, les encombrements de la toile sans fin étaient la cause de fréquents arrêts de la drague. Le tablier de la toile dut d'ailleurs être changé à plusieurs reprises. Le travail moyen mensuel ne fut guère que d'environ 1.200 mètres cubes.

1. Ainsi qu'il est mentionné dans une note précédente, une partie des éléments des deux toiles sans fin Combe s'était perdue avec le navire *le Jason*, sombré corps et biens, en avril 1860, dans les Bouches de Bonifacio; et, en conséquence, un nouveau marché avait dû être passé avec M. Combe pour le remplacement des pièces manquantes.

En octobre 1860, de nouvelles toiles Combe, du système à galets, l'une de 26 mètres, l'autre de 20 mètres de longueur, furent montées à terre pour être essayées. Ces toiles furent plus tard adaptées à deux dragues (2ᵉ type Combe) ainsi qu'il est expliqué dans une note ci-après relative aux toiles Perotte.

Dans le courant d'avril 1861, la drague n° 5 (type Burnichon), armée d'une toile Combe du premier système, commença des essais. La toile fut abandonnée au bout de quelques mois et définitivement remplacée par un couloir.

2. En octobre 1860, une des toiles Troll et Mercier fut montée à terre pour être expérimentée. On essaya, sans succès, de mettre la toile en mouvement au moyen d'une locomobile de la force de 8 chevaux. L'insuccès parut tenir à une disposition vicieuse des installations. Toutefois, le calcul démontra que, dans des conditions ordinaires, l'appareil nécessiterait une force de 5 à 6 chevaux, en sorte qu'il ne resterait qu'une force de 10 chevaux pour la marche de l'appareil dragueur; d'où ressortait la nécessité d'établir la transmission de manière à ne pas absorber une partie aussi notable de la force motrice.

Ainsi qu'il est mentionné à la note 2 de la page précédente, la drague belge n° 14, armée d'une toile Troll et Mercier, après plusieurs mois d'essais, fonctionna régulièrement à partir du commencement de 1862 jusqu'à la fin de 1863, ne produisant toutefois qu'un rendement moyen mensuel d'environ 1.200 mètres cubes.

cuter ce tablier en tôle, en forme d'écailles reliées entre elles par des maillons qui s'articulaient sur des tourteaux polygonaux.

(La poutre, comme dans l'appareil expérimenté à Paris, était en tôle et cornières.)

Comme pour le tablier en toile, les écailles, qui avaient 50 centimètres de longueur, glissaient sur des rouleaux conducteurs placés en haut et en bas de la poutre et se trouvaient ainsi soutenus entre les deux points extrêmes de l'appareil.

Les écailles étaient à recouvrement, et si leur système produisait une meilleure adhérence sur les tambours conducteurs, le tablier avait, par contre, une raideur qui occasionnait des frottements si considérables que l'effort de traction était quadruplé.

D'ailleurs, comme pour les types essayés à Paris, les matières draguées tombaient du tablier avant d'arriver à l'extrémité de la poutre. Ces déblais, qui retombaient dans la fouille, se répandaient sur tous les organes, et l'usure était très considérable ; avec des déblais de sable fin, un tablier était complètement usé après une marche d'une quinzaine de jours.

TOILE SANS FIN NEPVEU [1]

Pour éviter la raideur du tablier, M. Nepveu, ingénieur conseil de l'entreprise, proposa de revenir à l'application de la toile et de conduire ce tablier par des chaînes ordinaires engrenant avec des roues à barbotins placées aux deux extrémités de la poutre.

Cette disposition de traction, rappelant les grues Nepveu, n'eut pas un meilleur sort que les autres types, et une seule toile fut montée. C'est, qu'en effet, vu l'impossibilité d'obtenir des chaines rigoureusement calibrées, l'engrenage des deux chaînes conductrices se faisait mal sur les barbotins ou tambours à noix : les chaînes travaillaient alors séparément, s'allongeaient et se brisaient fréquemment.

TOILES SANS FIN PEROTTE [2]

Le constructeur adopta pour son tablier un système mixte appelé toile sans fin à chemin de fer.

Le système se composait d'une chaîne à maillons longs, comme pour les dragues, entretoisés par des axes servant d'essieux à des galets roulant sur une poutre en fer. Une toile à voile régnait sur toute la longueur de cette ossature et formait, entre deux axes, des poches qui recevaient les déblais et les rejetaient à l'extrémité de la poutre.

Le tambour conducteur était carré et placé sur la drague; les maillons avaient 50 centimètres de longueur; les galets étaient fous sur leur axe.

---

1. On aura occasion de revenir sur le mode de traction des toiles du type Nepveu qui fut également essayé, sans plus de succès, aux grandes toiles sans fin du seuil d'El Guisr.

2. Dès le mois de novembre 1860, une toile Perotte, dont la longueur avait été réduite à 13^{m},80 (au lieu de 20 mètres) fut installée sur la drague n° 7 (type Burnichon) travaillant au creusement de la rigole ouest du chenal d'accès et de la rigole de pourtour du grand bassin à Port-Saïd. L'appareil eut à subir d'importantes modifications pour le renforcement des organes. La toile était en aloès.

En juillet 1861, des toiles sans fin à galets (type Perotte) furent installées sur trois dragues, savoir :

Les reproches faits à ce système de toile sans fin étaient les suivants : poids mort considérable : usure rapide des axes ou essieux ; frottements considérables résultant de l'impossibilité de préserver les organes de la chute des déblais ; arrêts fréquents nécessités par des réparations diverses.

Ce type d'appareil de transport fut celui qui se comporta le mieux ; il était loin toutefois de répondre aux besoins d'un chantier de dragages, et il fut, comme les autres, abandonné.

OBSERVATIONS CRITIQUES GÉNÉRALES SUR LES TOILES SANS FIN DÉCRITES CI-DESSUS

Les divers systèmes de toiles sans fin précédemment décrits présentaient tous à peu près les mêmes inconvénients d'une usure rapide des appareils, de frais élevés de fonctionnement, d'arrêts de marche fréquents ; d'où, un faible rendement des dragues, et, par suite, une grande lenteur des travaux en même temps qu'un prix de revient très élevé du mètre cube de dragages.

Ces inconvénients, qui avaient obligé, de guerre lasse, à renoncer à l'emploi des toiles en question, résultaient en grande partie des défauts suivants des appareils :

Tablier. — Le tablier des toiles sans fin primitivement en toile à voile ou en aloès se déchirait rapidement, soit à la chute des déblais, soit au passage des tourteaux, et avait besoin d'être très fréquemment remplacé.

Pour éviter cette usure rapide du tablier, on avait remplacé la toile par un tablier en tôle en forme d'écailles. Ce nouveau type de tablier présentait un inconvénient plus grand encore que le précédent : les produits du dragage, malgré tous les diviseurs employés, s'amoncelaient, à chaque chute du godet, sur quelques écailles ; les déblais ainsi déposés en mottes, s'écrasaient sous l'action des vibrations et des mouvements de lacet de l'appareil ; et, comme les écailles n'avaient pas de bords, elles ne pouvaient retenir les terres qui retombaient en grande partie entre la berge et la drague. Aussi, les toiles sans fin à tablier à écailles n'ont-elles jamais transporté jusqu'à la berge plus de 15 à 20 0/0 du cube des terres fournies par la drague.

Transmission de mouvement à la toile sans fin. — Les toiles sans fin recevaient le mouvement du moteur de la drague au moyen d'une transmission intermédiaire par courroie et engrenages coniques. Ce mode de transmission, ainsi qu'il va être expliqué, avait gravement enrayé la bonne marche des appareils.

La poulie motrice de la toile sur laquelle s'enroulait la courroie de transmission du moteur de la drague était de faible diamètre, à la fois pour obtenir une vitesse convenable de la toile et afin de permettre l'installation de la

---

Sur la drague n° 6 (type Burnichon), installation d'une toile avec poutre en bois et chaîne à petits maillons (système de Paris) ;

Sur la drague n° 3 (2e type Combe), installation d'une toile de 20 mètres de longueur. Au bout de peu de temps, la toile fut hors de service et dut être remplacée. La nouvelle toile était supportée par un sommier en feuillard dans les intervalles des axes des galets ;

Enfin, sur la drague n° 4 (deuxième type Combe), installation d'une toile de 26 mètres de longueur.

Par suite d'une décision générale prise par la Compagnie restreignant les essais de toiles sans fin, les 4 toiles sus-mentionnées furent abandonnées en décembre 1861 et définitivement remplacées par des couloirs.

poulie elle-même au-dessous de la charpente où l'espace manquait. En outre, par suite du défaut d'espace, les deux poulies de la transmission étaient très rapprochées. Dans ces conditions, la courroie étant très courte et presque toujours mouillée, il se produisait des glissements qui arrêtaient la toile, avec des engorgements, ce qui occasionnait des ruptures partielles ou complètes du tablier.

En outre de l'installation défectueuse de la transmission, le fait même de la conduite de la toile sans fin par le moteur de la drague avait été une très sérieuse cause de l'insuccès des toiles. Les machines des petites dragues, en effet, étant déjà à peine suffisantes pour assurer une bonne marche de l'appareil dragueur, devenaient impuissantes à faire marcher convenablement les deux appareils combinés. On avait pu constater, par exemple, qu'à la mise en marche, le mécanicien ne pouvant produire l'effort nécessaire pour vaincre toutes les résistances, allait en avant, en arrière, ouvrait à pleine vapeur l'admission aux cylindres ; d'où, une marche désordonnée amenant chaque fois des dérangements et provoquant souvent, après quelques minutes de marche, l'arrêt des deux appareils.

Par la manière dont le tourteau moteur de la toile recevait le mouvement du moteur de la drague, c'était la partie en retour du tablier sous la poutre de support qui était actionnée par traction, tandis que la partie supérieure, chargée de déblais, était actionnée par compression. Une pareille disposition était vicieuse : il eût fallu réaliser des effets inverses. Aussi, dans les conditions où fonctionnait la toile, se produisait-il de fréquents déraillements souvent accompagnés de ruptures.

Un autre défaut inhérent à l'emploi du moteur de la drague pour actionner la toile sans fin était l'impossibilité de régler la vitesse de la toile suivant le débit des godets : lorsque, par exemple, la drague fonctionnait dans des endroits difficiles ne lui permettant de produire que de faibles déblais, comme, en même temps, la toile continuait sa marche et d'autant plus vite que la machine elle-même, n'ayant que peu d'efforts à vaincre, augmentait de vitesse, il en résultait une usure en pure perte de l'appareil de transport ; lorsque la drague fonctionnait au contraire dans des terrains faciles, où les éboulements successifs permettaient aux godets de monter à plein, la toile, chargée outre mesure, ne pouvait résister aux efforts de compression et de traction auxquels elle était soumise, surtout après un certain degré d'usure des maillons et des boulons.

Dimensions et assemblages des pièces. — Indépendamment des défauts signalés ci-dessus au point de vue mécanique, les toiles sans fin présentaient aussi des défauts de construction en ce qui était des dimensions et des assemblages des pièces : les constructeurs ne s'étaient pas rendu suffisamment compte de l'usure rapide que devaient éprouver les divers organes des appareils : les maillons, notamment, n'étant pas munis de bagues, s'usaient vite et, au bout de peu de temps, n'offraient plus une résistance suffisante ; les dispositions adoptées ne permettaient guère l'emploi de pièces de rechange ; enfin le démontage et le remontage étaient difficiles.

TOILE SANS FIN SCHMIDT

En présence de l'insuccès des toiles sans fin essayées jusqu'alors, l'ingénieur du matériel de la Compagnie en Egypte, M. Schmidt, avait fait commencer dans les ateliers de Port-Saïd, dès le mois de mai 1862, la construction des éléments d'un nouvel appareil de transport des terres. Ce nouvel appareil fut installé dans le courant d'octobre sur la drague n° 14 du type n° 4. A cette même date, la Compagnie s'occupait de l'examen de projets de marchés préparés par l'entreprise générale pour des commandes de grues à vapeur destinées à l'enlèvement de caisses à déblais. Néanmoins, la Compagnie, considérant que les toiles sans fin semblaient, en principe, préférables à l'emploi de grues, donna une complète adhésion aux essais suivis que l'on se proposait de faire du nouvel appareil, essais qui devaient toutefois être définitifs.

Dans l'impossibilité d'utiliser les éléments des anciennes toiles, M. Schmidt, comme il est dit ci-dessus, avait fait confectionner les éléments du nouvel appareil dans les ateliers de Port-Saïd. Dans son étude du nouvel appareil, il s'était attaché à remédier aux défauts signalés ci-dessus des toiles sans fin précédentes.

Description de la toile sans fin. — Le nouveau type d'appareil de transport était basé sur le système à chemin de fer.

Le tablier sans fin se composait d'une série de caisses en tôle assemblées les unes à la suite des autres par des axes portant des galets de fonte et réunis entre eux par des maillons de 50 centimètres de longueur. Le tablier était actionné par deux tambours hexagonaux placés aux extrémités d'une poutre en bois.

Les caisses en tôle étaient évasées à la partie supérieure dans le sens longitudinal, afin de laisser un vide pour l'articulation des maillons sur les tambours et de préserver les articulations de la chute des déblais.

Les godets de la drague se vidaient sur un petit couloir qui distribuait les matières sur les wagonets du tablier.

Une locomobile de 5 chevaux était montée en porte-à-faux du côté de la drague opposé à l'appareil de transport et conduisait celui-ci par courroie au moyen d'un arbre intermédiaire actionnant l'arbre du premier tambour accouplé avec l'axe du tambour extrême par un câble en fil de fer passant dans deux poulies à gorge. Cette transmission conduisait le tablier simultanément par traction et par compression.

La poutre en bois n'avait rien de remarquable : on avait utilisé les bois que l'on avait pu se procurer en restant dans les limites d'économie que réclamait une installation d'essai.

Les galets roulaient sur des cornières vissées sur les faces intérieures et supérieures des deux cours de moises de la poutre.

Les transmissions étaient calculées pour une vitesse de 25 centimètres par seconde ; mais cette allure changeait à la volonté du dragueur, suivant le rendement des godets.

La capacité des godets était de $0^{mc},054$; le poids par mètre courant du tablier, de 97 kilogrammes.

A la vitesse moyenne de 25 centimètres par seconde, et avec les godets pleins, le cube transporté par heure était $\frac{3.600 \times 0,25}{0,50} \times 0^{mc},054 = 97^{mc},2$, rendement plus élevé que celui des dragues.

Ce nouveau type de toile sans fin, avec un tablier bien exécuté, a fonctionné assez régulièrement. Néanmoins, son rendement a été faible, et le prix de revient élevé. Pendant une période d'essais de quatre-vingt-dix jours, le cube total des déblais déposés sur berge a été de 12.000 mètres cubes.

Le prix de revient du mètre cube dragué et déposé sur berge a été de 2 fr. 25, non compris les frais généraux. Ce résultat fut la condamnation définitive des toiles sans fin.

L'appareil avait un tablier trop lourd ; une grande quantité de matières s'attachaient aux parois des caisses et aux maillons et augmentaient ainsi le poids mort, qui était déjà considérable.

OBSERVATION FINALE AU SUJET DES TOILES SANS FIN DE TRANSPORT ADAPTÉES AUX DRAGUES

A l'examen des divers appareils de toile sans fin de transport qui furent essayés au canal, on voit que, pour éviter les ruptures, on en était arrivé à augmenter successivement, dans ces appareils, toutes les dimensions des pièces des tabliers. On avait tourné ainsi dans un cercle vicieux, attendu que la seule bonne solution eût consisté en un tablier léger. L'expérience avait d'ailleurs suffisamment montré que, pour des déblais mouillés et de la nature de ceux qu'il fallait extraire du canal, la toile sans fin, quelle que pût être la constitution de son tablier, était véritablement inapplicable.

GRANDES TOILES SANS FIN DE TRANSPORT A POUTRE INCLINÉE

ESSAIS FAITS A PARIS EN 1860

La Compagnie, voulant expérimenter le type de grande toile de transport à poutre inclinée dont les ingénieurs avaient fait l'étude dans le courant de l'année 1859, fit la commande de ces appareils à M. Perrot, ingénieur constructeur, à Paris, vers le milieu de 1860. L'appareil fut installé aux buttes Chaumont sur un terrain qui permettait le montage et le fonctionnement de la toile dans des conditions à peu près semblables à celles que l'on devait rencontrer en Égypte. La poutre inclinée était portée par trois charpentes montées sur roues, savoir : la première charpente, sur laquelle reposait également la tête de la poutre horizontale, placée au fond de la tranchée ; la seconde, comprenant les manèges, sur la banquette ; la troisième, au sommet du remblai. A l'endroit des manèges, la poutre était articulée de manière à permettre de parer aux cas de tassement des remblais, et de changer, suivant la nature des terres, l'inclination du talus. Le cube de terre que pouvait monter l'appareil dépendait de deux éléments : de la vitesse de la toile et de la charge par mètre courant. Pour éviter la trop prompte usure des organes, on admettait que la vitesse de la toile ne devrait pas dépasser $0^m,50$ par seconde ; mais on avait toujours la possibilité d'augmenter plus ou moins la charge par mètre courant en cousant la toile assez lâche sur la chaîne pour donner une capacité suffisante aux poches que formait cette toile avec les arbres des galets : en cousant, par exemple, $1^m,40$ de toile par mètre de chaîne, la poche formée à chaque mètre devait tenir facilement 25 litres, même pour une inclinaison à 45°, et cette charge de 25 litres par mètre courant, avec la vitesse de $0^m,50$ par seconde, donnerait un cube total monté au sommet de la tranchée de 450 mètres cubes par journée de dix heures de travail.

L'appareil monté aux buttes Chaumont fut essayé pendant plusieurs jours, du 2 au 7 novembre, fonctionnant chaque jour pendant plusieurs heures, d'abord à blanc, puis à 3 chargeurs, puis à 7. Ces essais, faits en présence de M. de Lesseps, de M. Mougel Bey et de plusieurs membres de la Commission des travaux, furent considérés comme satisfaisants.

A côté de l'appareil dont il vient d'être parlé, l'entrepreneur général, M. Hardon, avait fait installer simultanément deux autres types de plan incliné à monter les déblais.

A la suite des essais ci-dessus mentionnés et après un examen comparatif des différents types proposés, il fut décidé d'un commun accord que l'appareil définitif se composerait d'une chaîne à galets roulants, en tout conforme à celle de l'appareil construit par M. Perrot, et d'une poutre en bois, à treillis, se rapprochant de celle de l'un des types proposés par M. Hardon. Pour diminuer le prix de revient de l'appareil, tout en rendant meilleur son fonctionnement, on apporterait d'ailleurs dans ses dispositions générales les modifications suivantes : 1° la poutre horizontale et la poutre inclinée seraient reliées, de manière à former une poutre unique, par des cornières-rails en arc-de-cercle à grand rayon, avec contre-rails pour empêcher le relèvement des galets; 2° les deux flasques de la poutre en bois à treillis seraient formées de longueurs partielles de 6 mètres, de construction identique, qui seraient expédiées, isolées, mais aussi complètement montées que possible, en Égypte, où l'on n'aurait plus qu'à en faire l'assemblage ; à chaque point d'assemblage des longueurs partielles de la poutre, l'appareil porterait sur le sol, disposition qui permettait de donner de faibles dimensions aux parties de la poutre et d'en rendre ainsi plus facile le transport à pied d'œuvre et le montage ; 3° enfin, le moteur serait indépendant de l'appareil. Celui-ci devait marcher d'abord avec des manèges à animaux, et l'on espérait que, pendant cette première période, le travail produit, même dans les tranchées profondes, serait d'environ 600 mètres cubes par journée de dix heures. Les choses seraient d'ailleurs combinées de telle sorte que l'on pût remplacer plus tard les manèges par des locomobiles, auquel cas la toile pourrait monter à volonté de 1.000 à 1.200 mètres cubes.

COMMANDE DE 50 APPAREILS, DITS PLANS INCLINÉS A TOILE SANS FIN DE TRANSPORT

(PLANCHE XXXVI)

Vers la fin du mois de décembre 1860, M. Hardon fit la commande à MM. Evrard et Cie, de Bruxelles, de 50 plans inclinés destinés par l'entreprise à l'exécution des grandes tranchées des seuils d'El Guisr et du Sérapéum, et qui devaient être établis dans les conditions générales indiquées ci-dessus[1]. Les dessins définitifs d'exécution furent arrêtés

1. Les dispositions générales des plans inclinés commandés à la maison

d'accord entre les constructeurs, l'entrepreneur général et les ingénieurs de la Compagnie.

La livraison de la totalité des appareils devait être faite dans les délais suivants : 10 appareils, le 31 janvier 1861 ; 20, le 20 février et 20, le 10 mars.

Enfin, un appareil devait être complètement monté et essayé à l'usine avant réception en présence de M. Hardon et des ingénieurs de la Compagnie et de l'Entreprise. L'essai de cet appareil type eut lieu dans les premiers jours de février. Le marché n'ayant pas imposé aux constructeurs l'obligation de faire cet essai à l'aide d'un moteur à vapeur et pendant plusieurs jours consécutifs, on dut se contenter de faire marcher l'appareil à la manivelle et pendant quelques heures seulement. Toutefois, la manière dont l'appareil se comporta pendant cet essai de quelques heures, parut suffire pour démontrer pratiquement qu'une toile sans fin à galets, d'un développement total de 147 mètres, pouvait être facilement entraînée sur une poutre d'environ 73 mètres de longueur présentant un coude assez prononcé. L'essai fit voir également que la toile se comportait bien aux tambours extrêmes, ceux-ci n'étant plus formés que de simples couronnes pour porter les chaînes latérales, et tout l'espace intermédiaire permettant le libre passage et un facile renversement de la poche de la toile ; que le système établi pour tendre la toile était satisfaisant ; enfin, que malgré un montage très précipité, le parallélisme des arbres se maintenait bien sur ce grand développement. Bref, la conviction fut acquise alors

---

Évrard et Cie étaient effectivement les mêmes que celles du type qui avait été expérimenté avec succès le mois précédent aux buttes Chaumont; mais il y avait malheureusement, dans les détails d'exécution, des différences capitales :

Ainsi, au lieu de deux poutres métalliques indépendantes, on avait fait une seule et même poutre coudée de près de 70 mètres de développement ; au lieu de ne faire porter la partie inclinée que sur trois points, le premier au fond de la fouille, le deuxième sur le terrain naturel et le troisième au sommet du cavalier, et au lieu d'articuler cette poutre pour permettre, en vue des tassements dans le cavalier, le changement de position de ces trois points dans le plan vertical, l'appareil était formé de longueurs de 6 mètres portant sur le sol, obligeant à un montage des plus précis et rendant presque impossible son déplacement sur rails ou madriers.

Un article du marché imposait l'essai d'un premier appareil monté dans les ateliers du fournisseur en fin janvier 1861 ; et la totalité, soit les 49 autres, devait être livrée le 10 mars suivant.

Comme pour leurs dragues, voulant remplir les engagements relatifs au délai très court de livraison, MM. Évrard et Cie chargérent à Anvers des bois et fers à peine assemblés, laissant, sous le nom de montage à faire au seuil d'El Guisr, alors inhabité, la presque totalité du travail d'exécution.

C'était une impossibilité, et une notable partie de cet immense matériel dut s'arrêter à Port-Saïd, s'ajoutant à celui des dragues qui y était arrivé depuis quelque temps.

que l'appareil était conçu et construit de telle sorte qu'il pourrait marcher convenablement, même dans l'hypothèse d'un montage imparfait en Égypte, hypothèse qu'il était sage de prévoir par suite du défaut de montage préalable à l'usine et de numérotage spécial de toutes les pièces devant constituer chaque appareil[1].

Le prix de revient des appareils rendus et montés à pied d'œuvre, en Égypte, devait être d'environ 10.000 francs par appareil, conformément au détail ci-dessous :

	Francs
6.482 kilomètres de ferrures à 1 franc le kilog....	6.482 »
7^{mc},60 de charpente à 90 francs le mètre cube.....	684 »
Courroie, chaîne-câble, toile, emballage.........	772,45
Prix de chaque appareil livré par le constructeur.	7.938,45
Prix convenu avec un armateur pour le transport en Égypte................................	1.100 »
Transport à pied-d'œuvre et montage, approximativement.....................................	961,55
Prix total de revient d'un appareil monté à pied-d'œuvre..................................	10.000 »

ESSAIS DES GRANDES TOILES SANS FIN A POUTRE INCLINÉE AU SEUIL D'EL GUISR

Les 30 premiers appareils que M. Évrard s'était engagé à livrer pour le 20 février 1861 furent prêts à la date fixée et embarqués aussitôt sur un navire à vapeur pour leur transport en Égypte.

En cours de route, le vapeur, par suite de gros temps, fut obligé de jeter à la mer une partie de sa cargaison. Il arriva dans la première quinzaine de mars à Alexandrie, d'où les appareils faisant encore partie du chargement du

1. Vers le temps même où M. Hardon faisait sa commande de 50 plans inclinés à la maison Évrard, il y avait en fonctionnement, sur le canal Saint-Martin, un appareil transporteur analogue construit par MM. Claparède et Commartin d'après un type pour lequel le premier de ces constructeurs avait pris un brevet en janvier 1859. Des administrateurs de la Compagnie, dans une visite des chantiers où fonctionnait cet appareil, ayant cru reconnaître qu'il ne donnait pas des résultats très satisfaisants, manifestèrent la crainte qu'il en fût de même avec les plans inclinés commandés pour le canal maritime. Les ingénieurs de la Compagnie chargés d'étudier de nouveau la question à ce point de vue firent remarquer que la comparaison entre les principales dispositions de chacun des deux types d'appareils faisait ressortir entre elles de telles différences que l'on ne pouvait songer à établir la moindre analogie entre les conditions de marche desdits appareils. Ainsi, la toile sans fin de l'appareil du canal Saint-Martin étant formée de plaques de tôle (de 0^{m},60 de largeur sur 0^{m},50 de longueur) bordées d'un simple fer plat, l'insuffisance de saillie des rebords de ce tablier avait l'inconvénient de laisser, au préjudice du rendement, se déverser une plus ou moins grande quantité de terre par les côtés et de produire ainsi, en même temps, un très rapide empâtement de

navire furent expédiés par chemin de fer à Zagazig, puis, de là, transportés par le canal de l'Ouady et le désert jusqu'au seuil d'El Guisr.

On n'était pas encore fixé, au sujet de ces appareils, sur le point de savoir s'ils devraient être manœuvrés au moyen de locomobiles ou à l'aide d'animaux, et il importait d'être fixé le plus tôt possible à ce sujet, afin de pouvoir faire à temps les commandes supplémentaires qui seraient reconnues nécessaires. On avait donc à prendre des dispositions pour monter au moins un des appareils en vue d'expériences comparatives.

Mais on était alors à un moment (juin 1861) où tous les efforts de l'entreprise étaient concentrés, d'une part, sur les travaux du canal d'eau douce qu'il importait d'achever le plus promptement possible, d'autre part, sur les études et expériences qui se poursuivaient à Port-Saïd pour tâcher d'arriver à une installation définitive des dragues et de leurs toiles sans fin.

Le montage d'une grande toile sans fin ne fut donc commencé au Seuil, chantier IV, qu'en septembre. La toile devait être installée sur la rive Asie.

Pour appuyer la toile, le talus du canal déjà commencé sur cette rive avait été exhaussé par un terrassement de 850 mètres cubes comprenant 350 mètres cubes enlevés dans le lit même du Canal et 500 mètres cubes empruntés au cavalier provenant des premiers déblais.

M. Nepveu, ingénieur-conseil de l'entreprise, qui s'était occupé spécialement de l'étude des toiles sans fin et qui avait dirigé le montage de la toile du Seuil, quitta le service de l'entreprise au moment même (décembre 1861) où l'on allait pouvoir procéder aux essais. Ceux-ci eurent lieu quand même.

On essaya donc, malheureusement sans succès, de faire marcher la toile, d'un côté avec un manège actionné par une mule, de l'autre côté avec une grande roue mise en mouvement par des hommes. Il se produisait, dans toute la longueur de l'appareil, des frottements énormes qui en entravaient complètement la marche.

Malgré cet insuccès, on ne devait pas abandonner l'idée de chercher, en l'améliorant, à utiliser cet immense et coûteux matériel des grandes toiles sans fin. Mais il fallait, pour cela, avoir sur les lieux un ingénieur expérimenté, et toutes les préoccupations étaient encore à ce moment sur la grave question de la mise en bon état de fonctionnement des petites dragues et de leurs toiles de transport.

L'étude de l'amélioration des grandes toiles fut donc provisoirement ajournée. Par suite, d'ailleurs, des bons résultats déjà obtenus par le mode des

---

toute la machine; tandis que, dans les appareils commandés pour le canal maritime, la charge de terre devant se trouver parfaitement logée dans les poches formées par le lâche de la toile, on n'avait pas à craindre un pareil déversement. En second lieu, le tablier en tôle de l'appareil Claparède et Commartin n'étant porté que tous les deux mètres environ par des rouleaux fixes, il résultait de cette disposition un relèvement et un enfoncement continuels de ce tablier au passage et entre chacun des rouleaux, et de pareilles ondulations contribuaient, presque autant que l'insuffisance des rebords, à la perte d'une grande quantité de terre; tandis que, dans les appareils de la Compagnie, les galets tenant par leurs axes à la toile même et l'entraînant en roulant sur une cornière parfaitement dressée, cette toile se trouvait dans tout son parcours à l'abri de toute ondulation. Enfin, dans l'appareil Claparède et Commartin, le mouvement était donné au tablier métallique par deux lanternes ou parties carrées qui produisaient, de leur côté, des ondulations et une marche saccadée contribuant également à provoquer le déversement des terres; tandis que, dans les appareils de la Compagnie, les lanternes avaient été remplacées par des tambours cylindriques qui ne présentaient à aucun degré le même inconvénient.

déblais à la couffe et qui permettaient d'entrevoir la possibilité d'appliquer sur une grande échelle ce mode d'exécution au percement du Seuil, la question d'utilisation des grandes toiles n'était plus d'un intérêt immédiat.

Comme conséquence de l'ajournement des essais des toiles et en raison de l'arrivée attendue en janvier d'un important contingent d'ouvriers arabes sur le chantier IV, tout le matériel qui avait été approvisionné sur le chantier pour le montage de 20 grandes toiles fut rentré en magasin. On ne laissa en place que la toile qui avait été montée pour les essais.

La question d'essais définitifs de la grande toile sans fin ne fut reprise que vers le milieu de l'année 1862 : la toile, cette fois, fut installée sur le talus de la rive Afrique, où une grande tranchée avait été pratiquée pour la recevoir. Les travaux de préparation des essaïs furent entrepris tardivement et ne marchèrent qu'avec une extrême lenteur, en sorte que les nouveaux essais de la toile ne purent avoir lieu que dans les premiers mois de l'année 1863.

A la suite de ces essais, l'idée de chercher à utiliser les grandes toiles aux déblais du Seuil fut définitivement abandonnée.

L'immense appareil des grandes toiles sans fin, dans les conditions où il était appelé à fonctionner au désert, présentait les très graves inconvénients suivants, qui en rendaient l'utilisation impossible :

L'appareil fonctionnant au milieu d'une atmosphère chargée — par le fait du fonctionnement même de l'appareil — de poussière de sable, tous ses organes étaient envahis par cette poussière, et il en résultait une usure rapide en même temps que d'énormes frottements qui entravaient fortement la marche de la toile.

Une cause d'aggravation des frottements et des difficultés de marche de la toile tenait à ce que les axes si nombreux des galets de support de la toile — précisément par suite des frottements occasionnés par le sable dans les coussinets — ne conservaient pas leur parallélisme.

Par cette double cause, la toile en mouvement produisait un véritable bruit de ferraille violemment secouée.

Enfin, ainsi que la remarque en a déjà été faite au sujet de la toile sans fin du type Nepveu appliquée à une petite drague, il résultait de l'impossibilité d'obtenir des chaînes Galle rigoureusement calibrées, que l'engrenage des deux chaînes conductrices de la toile sur le tambour se faisait mal, et que les chaînes, travaillant alors séparément, contribuaient ainsi à détruire le parallélisme des axes des galets et se brisaient fréquemment.

Il était bien démontré que les grandes toiles sans fin n'étaient vraiment pas pratiques dans le désert.

La Compagnie, — qui dirigeait alors directement les travaux, le traité de régie intéressée ayant été résilié d'un commun accord à la fin de février 1863 — hésita d'autant moins à abandonner définitivement toute idée de chercher à utiliser les grandes toiles aux déblais du Seuil, que le mode d'exécution des déblais à la couffe par les ouvriers des contingents égyptiens se révélait, alors, comme le meilleur mode à employer pour l'exécution des grandes tranchées du canal. (La rigole maritime venant de Port-Saïd avait déjà été ouverte à la traversée du Seuil par les ouvriers des contingents ; l'eau de la Méditerranée coulait dans la rigole, jusqu'au lac Timsah, depuis la fin de 1862.)

Petites Dragues

(COMMANDES DU COURANT DE L'ANNÉE 1859)

MARCHÉS DE COMMANDES
DESCRIPTION DES DRAGUES DES DIFFÉRENTS TYPES[1]

(PLANCHES XXXVII ET XXXVIII)

DRAGUES COMBE (ÉTUDE DE LA COMPAGNIE)

MARCHÉ DU 21 MARS 1859

PRINCIPALES CONDITIONS DU MARCHÉ DE COMMANDE

Le marché du 21 mars 1859, qui était le premier marché concernant les commandes de dragues, a été passé directement par la Compagnie avec le constructeur.

Il comprenait la commande de 2 dragues à vapeur de la force de 20 chevaux de 110 kilogrammètres à exécuter conformément à des plans généraux, plans de détails et cahiers des charges dressés par la Compagnie et annexés au marché.

[Ces 2 dragues, dans la nomenclature des 24 petites dragues commandées pendant la première phase des travaux, ont figuré sous les numéros 1 et 2.]

Les principales conditions du marché étaient les suivantes :

Il était bien expliqué que le constructeur, répondant de l'effet utile de l'appareil ainsi que de la bonne exécution et de la bonne proportion des pièces de la machine, devrait, dans les limites des conditions générales des cahiers des charges, arrêter lui-même son projet définitif et le soumettre à l'approbation de la Compagnie qui pourrait demander les modifications qu'elle jugerait convenables.

L'appareil dragueur devrait être à une seule élinde placée dans l'axe de la drague, et la toile sans fin de transport qui en formait le complément, être disposée sur l'une des dragues de manière à verser les produits à l'arrière de la drague, sur l'autre drague, à verser les produits par le côté.

[En exécution, la première combinaison a été abandonnée. En ce qui était de la toile sans fin, les articles du cahier des charges et dessins la concernant n'étaient que de simples indications; la question du système définitif à adopter était tacitement réservée, les études et

---

1. Les renseignements donnés dans les descriptions des différents types de dragues ont été, en grande partie, extraits de l'ouvrage (déjà mentionné dans une note précédente) intitulé *Percement de l'isthme de Suez*, publié en 1871 par M. Monteil, ancien ingénieur du matériel de la Compagnie.

essais entrepris par la Compagnie sur les toiles sans fin n'étant pas encore assez avancés à la date de la passation du marché.]

Le constructeur garantissait que les dragues fonctionneraient pendant une année sans qu'il fût nécessaire d'y faire d'autres réparations que celles provenant de l'usure habituelle ou des avaries de force majeure.

Les dragues devaient être livrées à Lyon et, sous peine de tous dommages, être entièrement terminées et mises à la disposition de la Compagnie pour les expériences et épreuves qu'elle jugerait nécessaires, savoir : la première drague dans un délai de trois mois; la seconde, dans un délai de trois mois et demi.

Dans les essais, les dragues, marchant avec une seule chaudière et la machine donnant 70 révolutions à la minute, devraient, travaillant dans la vase compacte, enlever leurs godets pleins sans causer de vibrations notables à la coque ni aux supports de la lanterne supérieure.

Aussitôt après les essais et la réception de chacune des 2 dragues, les machines devaient être démontées et les coques tirées à terre et divisées en un certain nombre de morceaux permettant leur embarquement facile sur un navire ordinaire pouvant se rendre en Égypte. La dépense de cette opération serait supportée, moitié par la Compagnie, moitié par le constructeur.

Le prix de chaque drague complète était fixé à 54.900 francs, plus 3.300 francs pour la fourniture d'environ 3.650 kilogrammes de pièces de rechange. Les ancres, chaînes et cordages d'amarrage n'étaient pas compris dans le marché.

Le délai de garantie était de quatre mois après la réception définitive de chaque drague à Port-Saïd.

DESCRIPTION DES DRAGUES COMBE (TYPE COMPAGNIE)

En exécution, les dragues ont présenté les dispositions suivantes :

Coque. — La coque, construite en tôle de 5 millimètres d'épaisseur, avait les dimensions suivantes :

		Mètres
Longueur de la coque.	A la hauteur du pont	21,80
	A la fonçure	16,00

(La réduction de longueur à la fonçure résultait de deux levées, l'une de 4 mètres à l'avant, l'autre de 1m,80 à l'arrière.)

		Mètres
Largeur de la coque		6,40
Creux.	A l'avant, jusqu'au support de la lanterne	1,80
	A l'arrière	2,60
Dimensions du puits.	Longueur	10,05
	Largeur	1,40
Tirant d'eau en pleine charge		0,80

Indépendamment de ses deux parois latérales, le puits était fermé à l'avant par une cloison verticale et à l'arrivée par une cloison inclinée suivant une tangente à la courbe de la chaîne dragueuse et s'élevant jusqu'à $5^m,45$ au-dessus du fond, de manière à atteindre le niveau du tablier sur lequel la drague versait ses produits : cette dernière cloison avait pour double but, d'une part, de préserver la chambre de la machine de l'eau et des terres qui s'échappaient de la chaine dragueuse, d'autre part, de former une solide entretoise diagonale sur toute la longueur des supports en tôle du tourteau supérieur de la chaîne dragueuse.

Charpente de support de l'appareil dragueur. — La charpente de support de l'appareil dragueur était en tôle de 8 millimètres d'épaisseur. Les montants descendaient jusqu'au fond de la coque. Ils étaient consolidés par une double cornière rivée sur la face antérieure. Au sommet des deux montants verticaux étaient fixés, sur deux fers-cornières les paliers de l'arbre du tourteau supérieur et ceux de l'arbre moteur. L'axe du tourteau supérieur se trouvait à une hauteur de $7^m,20$ au-dessus de la fonçure, de $6^m,40$ au-dessus du niveau de l'eau.

Les produits de la drague étaient versés par les godets sur un tablier mobile et incliné, qui les conduisait sur la toile sans fin de l'appareil de transport. Pour soutenir ce tablier et pour guider l'écoulement des produits, deux feuilles en tôle de 5 millimètres d'épaisseur étaient rivées comme appendices à la partie supérieure des montants verticaux.

Le bordé du pont était un plancher de 3 centimètres d'épaisseur.

La chambre de la machine et des chaudières occupait tout l'arrière de la coque à partir des montants verticaux.

Générateur. — L'appareil générateur se composait de deux chaudières indépendantes semblables, tubulaires, à foyer intérieur, sans retour de flamme, formées chacune de toutes parties cylindriques et timbrées à 5 atmosphères.

(Primitivement, le générateur consistait en chaudières mixtes composées d'un corps cylindrique tubulaire à flamme directe avec retour de flamme dans des carneaux où se trouvaient des bouilleurs. Ce générateur, dont la production de vapeur était insuffisante et l'entretien difficile, fut hors de service après quelques mois de fonctionnement.)

Moteur. — Le moteur, installé dans la coque, était une machine horizontale à deux cylindres, à détente, sans condensation, de la force de 20 chevaux de 110 kilogrammètres pour une pression de 5 atmosphères dans la chaudière et une vitesse par minute de 70 tours de l'arbre du volant.

Diamètre des cylindres........................	$0^m,305$
Course des pistons................................	$0^m,640$

Les deux cylindres étaient horizontaux et conjugués pour agir sur un arbre intermédiaire portant deux manivelles à angle droit.

La machine reposait sur une plaque de fondation reposant elle-même sur des carlingues longitudinales en fer croisant les varangues de la coque.

La transmission de mouvement de la machine à l'axe du tourteau supérieur et au tambour de la toile sans fin se faisait par courroies.

Deux pompes alimentaires, mues par la machine, ayant assez de puissance pour qu'une seule suffit au besoin, alimentaient à volonté l'une ou l'autre chaudière.

En outre, un petit cheval-vapeur muni d'une pompe alimentaire permettait d'alimenter les chaudières durant les interruptions de marche de la machine.

DU DÉBUT DES TRAVAUX

Appareil dragueur. — La chaîne dragueuse était à petits maillons.

Primitivement, l'élinde, en bois de sapin avec armatures en fer, était articulée. Elle avait une longueur de 8^{m},60 et glissait dans les chapes de deux leviers articulés placés de chaque côté du puisard et qui servaient à allonger ou à raccourcir la distance entre les deux tourteaux supérieur et inférieur, c'est-à-dire à allonger ou à raccourcir la chaîne à godets de manière à permettre de draguer à différentes profondeurs : un premier palan, actionnant l'extrémité de chaque levier, maintenait le tourteau inférieur dans la fouille et supportait par conséquent tous les efforts du piochage et de la traction de la chaîne à godets; un autre palan réglait la profondeur de la fouille. C'était à l'aide de ces deux palans, manœuvrés par un treuil double placé à l'avant de la drague, que l'élinde articulée prenait les différentes positions que réclamait la profondeur de la fouille; il suffisait alors d'ajouter quelques godets à la chaîne dragueuse pour faire varier la profondeur du dragage.

La disposition qui vient d'être décrite avait pour but de diminuer le poids de l'élinde et de mettre le poids mort de l'appareil dragueur en rapport avec la profondeur de la fouille; mais, dans les essais faits à Lyon en vue de la réception provisoire des deux dragues, elle ne donna pas les résultats qu'on en attendait; aussi, le système fut-il abandonné et remplacé par une élinde rigide d'un type proposé par le constructeur. Un nouveau marché de commande fut, en conséquence, passé le 7 octobre 1859 par l'entrepreneur général des travaux du canal, représentant dans ce cas la Compagnie, avec le constructeur, M. Combe, « pour la fourniture des ferrures complètes de deux échelles de dragues destinées à remplacer celles primitivement exécutées [1] ». Le montant de ces fournitures a été de 14.448 francs.

Les deux tourteaux étaient carrés et venus d'une seule pièce avec leur axe. Le tourteau supérieur était muni sur ses arêtes d'équerres en fer aciéré.

Les godets avaient une capacité de 100 litres. Le corps des godets était en tôle de 10 millimètres; le dos et le fond en tôle de 5 millimètres repliée et maintenue sur la tôle de 10 millimètres par des rivets fraisés. (Les nouveaux godets commandés en même temps que les nouvelles élindes étaient entièrement en tôle de 10 millimètres.) L'avant de chaque godet portait un bec en tôle aciérée fixé au moyen de rivets.

Les maillons de la chaîne dragueuse avaient une longueur de 17 centimètres d'axe en axe des boulons d'articulations et une largeur de 8 centimètres; les maillons mâles, une épaisseur de 2 centimètres; les maillons femelles, une épaisseur de 12 millimètres; les boulons d'articulations, un diamètre de 3 centimètres. Les trous des maillons pour le passage des boulons étaient munis de bagues, primitivement en fonte douce, remplacées dans les nouvelles chaînes par des bagues en acier.

Treuils de manœuvres. — L'un des arbres moteurs de la machine portait un pignon à frein qu'un embrayage pouvait y fixer à volonté pour donner le mouvement à un treuil destiné à enrouler la chaîne des moufles servant à

---

1. Il était stipulé au marché que le tourteau supérieur serait modifié par le constructeur de manière à recevoir les nouvelles échelles, de telle sorte qu'il ne restât à la charge de l'entrepreneur général que le transport de Marseille à Port-Saïd et les frais de montage en Egypte.

La fourniture se composait des godets, des chaînes des godets et des ferrures de l'élinde en bois.

Les différentes parties de la fourniture devaient être rendues à Marseille le 15 novembre au plus tard.

lever la partie inférieure de l'élinde. Un treuil servait pour la grosse ancre d'avant et pour le relèvement de l'élinde quand il n'y avait pas de vapeur. Deux autres treuils servaient pour les ancres d'écart, placés l'un à l'avant, l'autre à l'arrière, et correspondant avec les poulies de direction fixées sur les arêtes avant et arrière de la coque.

Appareil de transport. — La toile sans fin de l'appareil de transport était supportée par une ferme jumelle en tôle munie de tambours et de rouleaux qui la soutenaient et la tendaient. La ferme jumelle pouvait tourner autour de l'axe du tambour moteur de manière à prendre diverses inclinaisons. La toile sans fin était formée de cinq sangles en fils de fer recouvertes d'une tôle flexible.

DRAGUES BURNICHON

MARCHÉ DU 1er OCTOBRE 1859

PRINCIPALES CONDITIONS DU MARCHÉ DE COMMANDE

Le marché comprenait la commande de 5 dragues à vapeur complètes, sauf les coques et les charpentes diverses.

[En fait, le constructeur n'a monté et livré que 3 dragues, lesquelles ont figuré dans la nomenclature des 24 petites dragues sous les numéros 5, 6 et 7.]

Les principales conditions du marché, en dehors des spécifications concernant les diverses dispositions des dragues, étaient les suivantes :

Les dragues seraient à une seule élinde placée dans l'axe de la coque; elles devraient produire 1.000 mètres cubes de déblais de sable, gravier ordinaire ou terrain d'alluvions en dix heures de travail effectif, avec 500 kilogrammes de charbon de bonne qualité, anglais ou français. La profondeur à draguer était de $2^m,50$ au-dessous du niveau de l'eau et l'axe du tourteau supérieur de l'appareil dragueur devait être à 6 mètres au-dessus du même niveau. La machine motrice devrait développer une force de 16 chevaux-vapeur de 75 kilogrammètres pour une pression de 4 atmosphères dans la chaudière et une vitesse par minute de 40 tours de l'arbre du volant.

La fourniture, indépendamment de tous les éléments de la drague, sauf la coque et les charpentes, mais y compris un système d'arbres et d'engrenages, pour communiquer le mouvement à un appareil de transport de déblais, comprenait le transport à Marseille ou à Cette et le remontage de la drague à Port-Saïd dans une coque livrée par l'entrepreneur général des travaux.

Le prix de chaque appareil était fixé à 24.000 francs[1].

---

1. Le prix total de revient de la drague complète s'est trouvé être approximativement le suivant :

	Francs
Appareil moteur et appareil dragueur	24.000
Coque	10.000
Transport par mer, charpente, pont, etc	26.000
PRIX DE REVIENT TOTAL	60.000

DU DÉBUT DES TRAVAUX

Le délai fixé pour la construction des 5 dragues à Lyon, leur transport au lieu d'embarquement, le remontage en Égypte, était de trois mois et demi pour les deux premières dragues et de quinze jours en plus pour les trois autres. Le remontage en Égypte serait considéré comme terminé après un essai de six heures au moins. La durée de la traversée ne compterait pas dans le délai stipulé.

En cas de retard sur le délai fixé, le constructeur subirait une retenue de 40 francs par jour de retard et par drague; en cas d'avance, un boni de somme égale lui serait alloué par jour d'avance et par drague.

DESCRIPTION DES DRAGUES BURNICHON

En exécution, les dragues ont présenté les dispositions suivantes :

Coque. — La coque, provenant de la maison Durenne, de Lyon, et construite en tôle de 5 millimètres d'épaisseur, avait les dimensions suivantes :

		Mètres
Longueur de la coque.	De tête en tête	20,75
	A la fonçure	20,00
Largeur		7,00
Creux		2,30
Dimensions du puits..	Longueur	7,50
	Largeur	1,50
Tirant d'eau en pleine charge		1,00

Charpente de support de l'appareil dragueur. — La charpente de support de l'appareil dragueur, en bois de sapin, construite par l'entrepreneur général, reposait sur de fortes carlingues, également en bois, formant semelles des montants. L'axe du tourteau supérieur installé au sommet de cette charpente était à une hauteur de 7 mètres au-dessus de la fonçure de la coque, de 6 mètres au-dessus du niveau de l'eau.

Générateur. — Le générateur consistait en une chaudière tubulaire, à foyer intérieur, sans retour de flamme, timbrée à 5 atmosphères et de forme cylindrique tant pour le corps principal que pour le foyer, la boîte à fumée et les réservoirs de vapeur. Les tubes étaient disposés par rangées horizontales et verticales. La chaudière avait une longueur de 5^{m},76; le diamètre du corps principal était de 1^{m},25, le diamètre du foyer, de 0^{m},80.

Moteur. — Le moteur était une machine horizontale à un seul cylindre, à haute pression, à détente fixe et condensation, de la force de 18 chevaux de 75 kilogrammètres pour une pression de 4 atmosphères dans la chaudière et une vitesse par minute de 40 tours de l'arbre du volant.

Diamètre du cylindre	0^{m},45
Course du piston	0^{m},70

La distribution de vapeur se faisait par un tiroir à recouvrement, latéral au cylindre, qui admettait la vapeur pendant les deux tiers de la course, et qui était manœuvré à la main pour le changement de marche. La détente se faisait par un deuxième tiroir glissant sur une table spéciale et mû par un excentrique calé sur l'arbre. On pouvait supprimer la détente au moyen d'un robinet mettant à volonté l'une des boîtes à tiroir en communication avec la chaudière.

L'arbre de la machine était coudé et portait une poulie-volant de 2 mètres de diamètre et de 25 centimètres de largeur de jante. La longueur de la bielle était de $1^m,75$.

La machine commandait par courroie l'appareil dragueur; le diamètre de la poulie montée sur l'arbre intermédiaire était de 2 mètres. Une seconde transmission par courroie communiquait, par un système d'arbres et d'engrenages, le mouvement à la toile sans fin.

La pompe alimentaire était mue par la machine. Il y avait, en outre, un petit cheval-vapeur pour alimenter la chaudière pendant les arrêts de la machine.

Appareil dragueur. — La chaîne dragueuse était à longs maillons.

L'élinde était en bois de sapin avec armatures en fer en dessus et au-dessous ; les tirants, en fer méplat avec potelets en bois ; les ferrures du bas, en fonte, et ayant la forme de douilles dans lesquelles passait l'axe du tourteau inférieur ; un talon, venu de fonte, recevait l'extrémité du tirant qui était ronde et taraudée, avec double écrou ; une entretoise en fonte complétait l'armature de cette partie de l'élinde. L'attache supérieure de l'élinde se faisait sur un axe indépendant de celui du tourteau supérieur.

Les deux tourteaux étaient carrés et composés, chacun, de deux flasques en fonte à rebords, clavetées sur leur axe. Pour éviter leur usure, ils étaient armés sur leurs angles d'équerres en acier fixées au moyen de boulons à tête fraisée et qui pouvaient se changer facilement.

Les godets, en tôle de 8 millimètres d'épaisseur, avaient une capacité de 100 litres ; ils étaient munis de bavettes destinées à empêcher la chute des déblais, étaient armés, sur les bords de l'ouverture, d'une tôle en acier, et portaient sur leur dos une cornière sur laquelle était rivé le maillon mâle de la chaîne dragueuse. Ils avaient une forme conique accentuée très favorable à l'attaque du terrain et au vidage des terres.

Les maillons de la chaîne dragueuse avaient une longueur de $0^m,615$ d'axe en axe des boulons d'articulations ; ils étaient forgés avec des têtes renflées de manière à avoir la même section à la tête que dans le corps même du maillon. Les maillons mâles avaient une section de 8 centimètres de largeur et de 3 centimètres d'épaisseur ; les maillons femelles, avec la même largeur de 8 centimètres, une épaisseur de 2 centimètres et demi ; les boulons d'articulations, un diamètre de 3 centimètres et demi. Les trous des têtes des maillons pour le passage des boulons étaient munis de bagues en acier d'un diamètre extérieur de 5 centimètres.

[Pour 40 tours de la machine par minute, la vitesse linéaire calculée de la chaîne à godets était de $0^m,315$ par seconde. Les tourteaux étant carrés, il passait deux godets par tour de roue, et, par conséquent, par minute, $\frac{0,315 \times 60}{2 \times 0,615}$, en nombre rond, 15 godets.]

Treuils de manœuvres. — Tous les treuils de manœuvres de la drague étaient placés sur le pont. Ils étaient au nombre de sept, savoir :

Un treuil de suspension et de manœuvre de l'élinde placé à l'avant de la drague et fixé sur une charpente en bois ;

Deux treuils, l'un d'avance, l'autre de recul de la drague ;

Quatre treuils de papillonnage, dont deux pour le papillonnage avant, les deux autres pour le papillonnage arrière.

Les treuils de papillonnage, placés de chaque côté de la charpente de support de l'élinde, étaient actionnés par la machine ; ils étaient conduits, au moyen d'un encliquetage, par une bielle à excentrique calée sur l'arbre du tourteau de l'appareil dragueur. Les autres treuils étaient manœuvrés à la main.

Appareil de transport. — L'appareil de transport ou toile sans fin était suspendu à une bigue en bois équilibrée par un contrepoids en fonte. La toile sans fin était du type Perotte. Au moyen d'un treuil double agissant sur un palan faisant partie de la suspension, elle pouvait être inclinée plus ou moins suivant la hauteur de la berge sur laquelle se déversaient les déblais.

DRAGUES COMBE

MARCHÉ DU 7 OCTOBRE 1859

PRINCIPALES CONDITIONS DU MARCHÉ DE COMMANDE

Le marché comprenait la commande de 5 dragues à vapeur complètes, sauf les coques et les charpentes diverses. Cette commande, toutefois, n'était définitive que pour 2 dragues seulement; elle ne devait l'être pour les 3 autres qu'après l'approbation du directeur général des travaux.

[En fait, le constructeur n'a monté et livré que 3 dragues, lesquelles, dans la nomenclature des 24 petites dragues, portèrent les numéros 3, 4 et 8.]

Les principales conditions du marché, en dehors des spécifications concernant les dispositions des diverses parties de la drague, étaient les suivantes :

Les dragues seraient à une seule élinde placée dans l'axe de la coque; elles devraient produire 1.000 mètres cubes de déblais de sable, gravier ordinaire ou terrain d'alluvion dans l'espace de dix heures de travail, avec une consommation de 800 kilogrammes de charbon de bonne qualité, anglais ou français. La profondeur à draguer était de $2^{m},50$ au-dessous du niveau l'eau, et l'axe du tourteau supérieur de l'appareil dragueur devrait être à 6 mètres au-dessus du même niveau. La machine motrice devrait développer une force de 16 chevaux-vapeur de 75 kilogrammètres pour une pression de 4 atmosphères dans la chaudière et une vitesse par minute de 40 tours de l'arbre du volant.

La fourniture, indépendamment de tous les éléments de la drague, sauf la coque et les charpentes, mais y compris un système d'arbres et d'engrenages, d'après des dessins remis au constructeur, pour communiquer le mouvement à un appareil de transport de déblais, comprenait le transport à Marseille ou à Cette et le remontage de la drague à Port-Saïd dans une coque livrée par l'entrepreneur général.

Le prix de chaque appareil était fixé à 23.000 francs[1].

Le délai fixé pour la construction des dragues à Lyon, leur transport

1. Le prix total de revient de la drague complète s'est trouvé être approximativement le suivant :

	Francs
Appareil moteur et appareil dragueur	23.000
Coque	10.000
Transport par mer, charpente, etc	26.000
PRIX TOTAL DE REVIENT	59.000

au port d'embarquement et le remontage en Égypte était fixé à quatre mois pour les deux premières dragues; également à quatre mois à partir de l'approbation du directeur général des travaux pour les trois autres dragues. Le remontage en Égypte serait considéré comme terminé après un essai de six heures au moins. La durée de la traversée ne comptait pas dans le délai stipulé.

En cas de retard sur le délai fixé, le constructeur subirait une retenue de 40 francs par jour de retard et par drague; en cas d'avance, il jouirait d'un boni de même somme par jour d'avance et par drague.

DESCRIPTION DES DRAGUES COMBE

En exécution, les dragues ont présenté les dispositions suivantes :

Coque. — La coque, provenant, comme les coques des dragues Burnichon, de la maison Durenne, de Lyon, avait exactement les mêmes formes et dimensions que ces dernières.

Charpente de support de l'appareil dragueur. — La charpente de support de l'appareil dragueur, construite par l'entrepreneur général, ne différait de la charpente des dragues Burnichon que dans certains détails de construction commandés par le système du moteur et de l'appareil dragueur. L'axe du tourteau supérieur, installé au sommet de cette charpente, était à une hauteur de $8^m,70$ au-dessus de la fonçure de la coque, de $7^m,70$ au-dessus du niveau de l'eau.

Générateur. — La chaudière était du même type et avait les mêmes dimensions que les chaudières des dragues Burnichon.

Moteur. — Le moteur était une machine verticale à détente, sans condensation, de la force de 16 chevaux de 75 kilogrammètres pour une pression de 4 atmosphères dans la chaudière et une vitesse par minute de 50 tours de l'arbre du volant.

Les principales dimensions de la machine étaient les suivantes :

Diamètre du cylindre	$0^m,35$
Course du piston	0 ,70
Détente	1/3
Diamètre du volant	$3^m,00$
Longueur de la bielle	4 ,50

La machine était montée sur le pont. Elle commandait directement l'arbre intermédiaire de l'appareil dragueur.

Deux épontilles ou colonnes en fer, ayant leur point d'appui sur une semelle en bois reposant sur plusieurs varangues de la coque, soutenaient le pont au-dessous de la machine.

Une seconde transmission, commandée par un pignon monté sur l'arbre intermédiaire, commandait elle-même, par une roue, une série d'engrenages coniques qui transmettaient le mouvement du moteur à l'appareil de transport.

Ces transmissions étaient complétées par un manchon d'embrayage.

Appareil dragueur. — La chaîne dragueuse était à petits maillons.

L'élinde, en bois de sapin, était armée de forts tirants en fer rond soutenus par des potelets avec sabots en fonte. Son axe de suspension était fixé à la charpente par deux supports également en fonte. L'élinde était d'ailleurs disposée de manière à pouvoir, en glissant dans deux supports à coulisse, être allongée ou raccourcie. [Cette disposition avait pour but de parer aux allongements de la chaîne dragueuse résultant de l'usure des articulations; la chaîne, n'ayant plus alors la tension suffisante pour se maintenir sur les tourteaux, décapelait, et cet accident était souvent accompagné de rupture, soit de la chaîne elle-même, soit des tourteaux, de l'élinde, parfois même des engrenages.]

Les deux tourteaux étaient octogonaux et à double rebord, chaque côté de l'octogone épousant la forme des maillons afin de faciliter l'entraînement de la chaîne dragueuse. Le tourteau supérieur était armé de quatre cames en acier trempé qui engrenaient avec la chaîne.

Les godets, construits en tôle de 8 millimètres, avaient une capacité de 100 litres. Des bavettes durent y être rapportées pour éviter la chute des déblais.

Les maillons de la chaîne dragueuse, évidés sur les côtés, avaient une longueur de 17 centimètres d'axe en axe des boulons d'articulations. L'attache des godets était faite sur des boulons d'articulation plus longs, embrassant deux cornières en forme d'oreilles rapportées et rivées sur le dos des godets. La largeur des maillons était de 5 centimètres et demi ; l'épaisseur des maillons mâles, de 3 centimètres; celle des maillons femelles, de 2 centimètres et demi ; le diamètre des boulons d'articulations, de 3 centimètres.

La chaîne était soutenue de distance en distance par des rouleaux montés sur l'élinde; ces rouleaux étaient clavetés sur leur axe et les supports étaient fixés aux longerons de l'élinde.

[Pour 50 tours de la machine, la vitesse linéaire calculée de la chaîne à godets était de $0^m,285$ par seconde. Il passait de 15 à 16 godets par minute.]

Treuils de manœuvres. — Tous les treuils de manœuvres de la drague étaient placés sur le pont et fonctionnaient à bras d'hommes. Ils étaient au nombre de sept, savoir :

Un treuil de suspension et de manœuvre de l'élinde ;

Deux treuils, l'un d'avancement, l'autre de recul de la drague ;

Quatre treuils de papillonnage, dont deux pour le papillonnage avant, les deux autres pour le papillonnage arrière.

[Au début, tous ces treuils étaient équipés avec des chaînes; mais le poids de celles-ci produisant de grandes oscillations qui gênaient le piochage du terrain, on les remplaça par des câbles en filin de 30 à 35 millimètres de diamètre pour les treuils d'avancement et de 18 à 20 millimètres pour les treuils de papillonnage avant. Lorsque ces câbles étaient à moitié usés, ils étaient utilisés, ceux du treuil d'avancement au treuil de recul, ceux du papillonnage avant au papillonnage arrière. Après quelques années, on est revenu aux chaînes de 12 millimètres pour les treuils de papillonnage en leur donnant le moins de longueur possible, et l'on a réalisé ainsi une très notable économie.]

Appareil de transport. — L'appareil de transport, comme dans les dragues Burnichon, était suspendu à une bigue en bois équilibrée par un contrepoids en fonte. La toile sans fin était du système Combe. Au moyen d'un treuil agissant sur un palan faisant partie de la suspension, elle pouvait être inclinée plus ou moins suivant la hauteur de la berge sur laquelle se déversaient les déblais.

DRAGUE BORDILLON

MARCHÉ DE MAI 1861

Un marché de tâche pour l'exécution d'un certain cube de dragages fut passé dans le courant de mai 1861 avec M. Bordillon, ancien chef de bureau du service central des travaux à Paris, qui avait collaboré d'une manière active aux études, entreprises dès le mois de décembre 1858, d'un type de « drague flottante, avec appareil de transport, composé d'une toile sans fin », pour la première phase des travaux.

Nous rappellerons que c'est à la suite de ces études que fut passé le marché du 21 mars 1859, comportant la commande à M. Combe de deux premières dragues à construire conformément aux plans arrêtés par la Compagnie

M. Bordillon, alors en mission en Égypte, avait soumissionné une tâche importante de dragages, afin de pouvoir appliquer les idées qui l'avaient guidé dans ses études précédentes et qui n'avaient pas été complètement suivies dans la construction des deux dragues en question. Les diverses parties d'une drague complète furent mises à sa disposition pour en faire le montage comme il l'entendrait.

DRAGUES RESTÉES A L'ÉTAT DE SIMPLES COQUES

DRAGUES N°s 10 ET 11

Les coques des deux dragues qui devaient, dans la nomenclature des 24 petites dragues, porter les numéros 10 et 11, ont seules été construites.

Leur montage, commencé en décembre 1860 pour la drague n° 10 et en février suivant pour la drague n° 11, fut terminé en avril.

Les coques furent alors complètement délaissées; on se contenta d'embarquer dans chacune une chaudière.

Par l'une des dispositions d'un marché passé plus tard (le 1er octobre 1863) avec M. Couvreux pour le creusement du canal à la traversée du seuil d'El Guisr, les deux coques n°s 10 et 11, ainsi que la coque n° 12, furent cédées par la Compagnie à cet entrepreneur pour le prix de 60.000 francs. M. Couvreux ne prit finalement possession que des deux coques n°s 10 et 11 sur lesquelles il commença l'installation de dragues à destination de ses travaux. Plus tard, par deux marchés passés le 27 mars 1865, l'un avec M. Couvreux, l'autre avec MM. Borel, Lavalley et Cie, ces derniers entrepreneurs prirent à leur charge, à prix de facture, les deux dragues dans l'état où elles se trouvaient.

DU DÉBUT DES TRAVAUX

DRAGUE CONSTRUITE PAR LA COMPAGNIE

DRAGUE N° 12

Le montage de la coque de cette drague, commencé en février 1861, fut terminé le mois d'avril suivant, et la coque fut alors délaissée.

M. Couvreux ayant conservé cette coque pendant un certain temps, à la suite de la cession qui lui en avait été faite par la Compagnie, le 1er octobre 1863, — ainsi qu'il est expliqué ci-dessus, — le montage de la drague n'eut lieu qu'en 1864, et la drague fut remise à l'entrepreneur soumissionnaire des travaux du 1er lot de dragages au commencement de septembre.

DRAGUES ÉVRARD

MARCHÉ DU 20 NOVEMBRE 1859 — COMMANDE DU 3 FÉVRIER 1860

PRINCIPALES CONDITIONS DU MARCHÉ DE COMMANDE

Par l'article 1er du marché, l'entrepreneur général des travaux du canal, M. Hardon, s'engageait à commander à MM. Évrard et Cie qui acceptaient, aux clauses et conditions stipulées au marché, toutes les dragues mouillées qui pourraient être encore nécessaires (après les commandes précédentes faites à d'autres constructeurs) pour le percement du canal.

L'entrepreneur général n'a fait, en définitive, à MM. Évrard et Cie, en exécution du marché, qu'une seule commande, datant du 3 février 1860, pour une fourniture de 12 dragues.

[M. Évrard, par lettre du 17 septembre 1862, moyennant l'allocation d'une certaine somme pour règlement de toutes les fournitures faites par lui jusqu'au dit jour, déclara renoncer à toutes les clauses de son marché du 20 novembre 1859.]

Les principales conditions du marché, en dehors des spécifications concernant les dispositions des diverses parties des dragues, étaient les suivantes :

Les dragues seraient à une seule élinde placée dans l'axe de la coque. Elles devraient produire 1.000 mètres cubes de déblai en sable, gravier ordinaire, ou terrain d'alluvion, en dix heures de travail consécutif, en dépensant 800 kilogrammes de charbon de bonne qualité.

La machine motrice devrait déveloper une force de 16 chevaux-vapeur de 75 kilogrammètres pour une pression de 4 atmosphères dans la chaudière.

La fourniture comprenait la coque en fer, l'appareil moteur, l'appareil dragueur, les treuils de service avec leurs chaînes, ancres et cordages, l'emballage et l'embarquement, le transport à Port-Saïd et le débarquement sur la terre ferme, enfin le remontage de la drague en Égypte.

La toile de transport, non plus que sa transmission, ne faisaient partie de la fourniture et restaient, ainsi que la charpente et les boiseries en général, à la charge de l'entrepreneur général. Il était entendu, toutefois, que les constructeurs livreraient les bois d'une seule élinde avec la première drague, toutes les ferrures des autres élindes devant pouvoir s'adapter sur cette première élinde.

Après le débarquement des différentes parties des dragues à Port-Saïd, pour lequel une grue de déchargement serait mise à la disposition des constructeurs, l'entrepreneur général serait chargé de faire à ses frais le transport jusqu'au lieu de montage. Il serait chargé en outre de la préparation des chantiers de montage, des bois, cordages et apparaux pour la mise à l'eau des coques montées, des apparaux et outils nécessaires pour la pose dans les coques des grosses pièces, de tous les ouvriers et manœuvres nécessaires pour aider au montage des appareils complets; de la fourniture du charbon, des forges à rivets, du minium, blanc de céruse, huile et chanvre pour les joints. Les constructeurs, de leur côté, ne seraient chargés que des divers ouvriers spéciaux pour le montage, lesquels seraient logés et convenablement nourris par les soins de l'entrepreneur général moyennant un prix maximum de 60 francs par mois, ainsi que des fournitures et outils autres que ceux ci-dessus mentionnés.

Le prix de chaque appareil était fixé à 32.500 francs[1]. Il était entendu que dans le cas où l'entrepreneur général voudrait se charger du transport en mer et du montage en Égypte, le tout à ses frais, le prix ci-dessus serait réduit de 6.000 francs.

Les commandes devaient se faire par séries de dix dragues[2]. Il serait accordé pour les dix premières dragues un délai de cinq mois à dater du jour de la commande, et, pour les autres séries de dix dragues, un délai de quatre mois seulement. Ces délais comprenaient tout le temps du travail en Belgique et du remontage de la drague en Égypte. Le transport en mer était en dehors des délais fixés ainsi que le transport sur les ateliers de montage.

En cas de retard dans la livraison, le constructeur était passible d'une retenue de 40 francs par jour de retard et par drague.

---

1. Prix total de revient des dragues :

	Francs
Prix alloué aux constructeurs	32.500
Charpente, pont et travaux divers exécutés par l'entrepreneur général	26.000
PRIX TOTAL	58.500

2. Ainsi qu'il a été dit ci-dessus, il n'a été fait, en définitive, à MM. Évrard et Cie qu'une seule commande pour une fourniture de douze dragues.

DU DÉBUT DES TRAVAUX

DESCRIPTION DES DRAGUES ÉVRARD

En exécution les dragues ont présenté les dispositions suivantes :

Coque. — La coque (fournie par les constructeurs) était de même forme et de mêmes dimensions que les coques des dragues Burnichon et Combe.

Charpente de support de l'appareil dragueur. — La charpente de support de l'appareil dragueur, en bois de sapin, construite par l'entrepreneur général, avait la forme d'une pyramide tronquée dont les montants inclinés étaient moisés à différentes hauteurs. Les moises de la partie supérieure supportaient la transmission du moteur et le tourteau à cames de l'appareil dragueur. L'axe du tourteau se trouvait à une hauteur de 6^{m},80 au-dessus de la fonçure de la coque et de 5^{m},80 au-dessus du niveau de l'eau.

Générateur. — La chaudière était tubulaire, à foyer intérieur, sans retour de flamme, timbrée à 5 atmosphères. Le corps principal, ainsi que le foyer, la boîte à fumée, les réservoirs à vapeur étaient cylindriques. La naissance de la cheminée passait à travers l'un des deux réservoirs à vapeur.

Les tubes de la chaudière étaient en fer. Ils étaient disposés par rangées horizontales et verticales.

Les dimensions de la chaudière étaient les mêmes que dans les deux autres types de dragues précédemment décrits.

Appareil moteur.—Le moteur était une machine horizontale à deux cylindres, à haute pression, à détente par la coulisse Stephenson, sans condensation, de la force de 16 chevaux de 75 kilogrammètres pour une pression de 4 atmosphères dans la chaudière et une vitesse par minute de 65 tours de l'arbre du volant (le marché avait prévu une vitesse de 100 tours).

La machine était montée sur les deux montants inclinés de la charpente, du côté arrière de la drague.

Ses principales dimensions étaient les suivantes :

Diamètre des cylindres	0^{m},25
Course des pistons	0 ,25
Longueur des bielles	1 ,25
Diamètre des volants-poulies	1 ,55

Elle commandait, par deux courroies et deux poulies à la machine, sans volant, l'appareil dragueur et la toile sans fin.

Appareil dragueur. — La chaîne dragueuse était à petits maillons.

L'élinde était en bois de sapin avec armatures en fer.

Le tourteau inférieur était rond avec rainures pour le passage de la chaîne à godets. Le tourteau supérieur était octogonal et se composait de deux flasques, à un seul rebord, clavetées sur l'axe pour guider la chaîne à godets ; chacune des deux flasques était armée de quatre cames rapportées, en acier, qui engrenaient avec la chaîne dragueuse en s'engageant dans les maillons femelles.

Les godets, d'une capacité de 100 litres, avaient leurs parois en tôle de 11 millimètres et le fond en tôle de 8 millimètres ; ils étaient munis de bavettes destinées à empêcher la chute des déblais, étaient armés, sur les bords de l'ouverture, d'une tôle en acier de 12 millimètres d'épaisseur formant bec et portaient, rivées sur leur dos, des oreilles en cornières s'ajustant sur la chaîne dragueuse et s'y fixant par les boulons d'articulations.

Les maillons mâles et les maillons femelles de la chaîne dragueuse, d'une longueur de 0^{m},166 d'axe en axe des boulons d'articulations étaient constitués les uns et les autres par deux maillons simples de largeur uniforme en fer plat découpé. Ces maillons simples étaient tous de mêmes dimensions : largeur de 7 centimètres et épaisseur de 18 millimètres. Deux de ces maillons simples juxtaposés constituaient les maillons mâles. Le diamètre des boulons d'articulations était de 3 centimètres.

[Les godets étaient espacés sur la chaîne dragueuse de manière à obtenir le passage de 12 à 14 godets par minute. La vitesse calculée de la chaîne à godets étant de $0^m,26$ par seconde, le nombre de maillons placés entre deux godets se trouvait être, pour un passage de 12 godets : $\frac{0,26 \times 60}{12 \times 0,166} = 7,8$. On plaçait donc les godets tous les 7 ou 8 maillons suivant le terrain à draguer. Les godets étaient montés de préférence sur les maillons femelles.]

Treuils de manœuvres. — Les treuils de manœuvres étaient semblables à ceux des dragues Combe et disposés sur le pont de la même manière.

Appareils de transport. — L'appareil de transport, comme dans les dragues précédemment décrites, était suspendu à une bigue en bois équilibrée par un contrepoids en fonte. La toile sans fin était du type Troll et Mercier.

OBSERVATIONS CRITIQUES SUR LES DISPOSITIONS PRIMITIVES DES PETITES DRAGUES

Nous rappellerons que les petites dragues formaient quatre types différents désignés, d'après les noms des constructeurs, par les numéros suivants :

Type n° 1. — Dragues Combe (Étude de la Compagnie) ;
Type n° 2. — Dragues Burnichon ;
Type n° 3. — Dragues Combe ;
Type n° 4. — Dragues Évrard et Cie.

Les dispositions primitives des petites dragues donnèrent lieu en leur temps, aux observations critiques suivantes :

Charpentes de support des appareils dragueurs. — A l'origine, la charpente en tôle et cornières des dragues du type n° 1 ne présentait pas assez de rigidité et occasionnait par ses vibrations une grande usure des paliers. La charpente en bois de sapin de Caramanie des dragues des trois autres types éprouvait de son côté des déformations continuelles qui provoquaient également l'usure des paliers.

Generateurs. — Le choix qui avait été fait, pour toutes les dragues, de machines à haute pression avec chaudières tubulaires, était regrettable. Ces moteurs devant fonctionner à l'eau de mer et dans des lacs et des rigoles étroites dans lesquels l'évaporation était considérable, l'eau arrivait presque à son point de saturation. Des chaudières timbrées à 5 atmosphères ne pouvaient dès lors résister puisqu'il était reconnu qu'à 148 ou 150°, c'est-à-dire entre $3^{atm},5$ et $4^{atm},5$ les extractions étaient tout à fait insuffisantes pour enlever les dépôts de sel qui avaient lieu surtout sur les points où l'action de la flamme était la plus directe. Ces dépôts prenaient en peu de temps la consistance de la porcelaine. Dans ces conditions une chaudière, bien qu'ayant une surface de chauffe exagérée, ne produisait qu'une quantité de vapeur insuffisante pour les besoins du moteur.

Des générateurs fonctionnant dans les conditions qui viennent d'être indiquées consommaient beaucoup de charbon et étaient très exposés. Les parties qui constituaient la surface de chauffe directe se dilataient beaucoup plus que les autres, d'où résultaient des disjonctions avec fuites considérables, et, souvent, une déformation complète du foyer et des plaques tubulaires. [Par suite des dépôts sur les tubes, ceux-ci s'échauffaient, se dilataient outre mesure, sortaient par leurs extrémités des plaques tubulaires.] Aussi, avait-on pu constater fréquemment que des chaudières, parfaitement réparées à neuf, présentaient de nouvelles fuites au bout de peu de jours, en sorte qu'il fallait arrêter, piquer, réparer à nouveau.

Aucun générateur n'était à enveloppe, ce qui augmentait la dépense de combustible et rendait très pénible le service de chauffe.

Les générateurs des dragues du type n° 4 présentaient cette heureuse disposition que l'embase de la cheminée, à laquelle correspondait la boîte à fumée, passait par un des réservoirs à vapeur : la boîte à fumée se trouvait ainsi utilisée comme surface de chauffe ; elle se trouvait, de plus, surmontée d'un second dôme où la vapeur se trouvait en partie surchauffée.

Moteurs. — Les machines des dragues des types n°s 1, 3 et 4 étant à échappement sans condensation, il en résultait une augmentation de la dépense de vapeur en même temps que l'obligation de marcher à une pression qui, avec l'eau très salée du lac — ainsi qu'il est expliqué ci dessus, — altérait beaucoup les chaudières.

Le mode de transmission du mouvement par courroies, dans les dragues des types n°s 1, 2 et 4 était la cause de fréquents arrêts de la drague, soit par suite de l'allongement des courroies qui obligeait à les raccourcir, soit par suite de sauts de courroies de leurs poulies, lesquels se produisaient surtout dans les dragues du type n° 4 où la poulie était de largeur insuffisante.

Le mode de transmission directe, ou tout au moins par pignon et engrenage, dans les machines des dragues du type n° 3, était à tous égards préférable au précédent. Mais la machine était à un seul cylindre, avec un volant dont la puissance vive amenait parfois des ruptures de la chaîne dragueuse par suite de résistances trop brusques rencontrées dans le piochage de terrains non homogènes ou résultant, soit d'éboulements du terrain, soit de la rencontre de corps étrangers. La transmission aurait dû être complétée par un manchon à friction destiné à éviter les accidents en question. Des dispositions furent prises plus tard pour garantir les appareils de ces accidents.

Les machines des dragues des types n°s 1, 2 et 3 étaient à pouliesvolant ou à volant. Cette condition, nécessaire pour remédier à l'irrégularité des efforts subis par la chaîne dragueuse, avait été négligée dans les dragues du type n° 4.

Chaîne dragueuse. — Le défaut capital des chaînes dragueuses, dans les dragues des types n°s 1, 3 et 4, était d'être à petits maillons.

Les petits maillons étaient en effet à rejeter pour les élindes inclinées, sur lesquelles une chaîne à petits maillons subit, entre les rouleaux conducteurs, des ondulations qui occasionnent une usure rapide des boulons d'articulations. Les maillons eux-mêmes s'usent considérablement par leur engrenage sur le tourteau supérieur à cames. Il résultait de ces deux causes d'usure qu'une chaîne était hors de service après trente à quarante jours de travail effectif.

Les articulations de la chaîne dragueuse étant très nombreuses, les chances de rupture des boulons augmentaient dans le même rapport, et les ruptures occasionnaient souvent de véritables accidents pour tout l'appareil. En outre, les prix d'achat et d'entretien étaient inutilement augmentés ; en effet, une bonne chaîne dragueuse devait avoir ses axes en acier, et, pour éviter l'usure des maillons, on ajoutait à ceux-ci des bagues également en acier ; augmenter les articulations, c'était donc augmenter les frais de première construction et d'entretien.

Dans les dragues du type n° 4, la chaîne dragueuse, indépendamment de son défaut capital d'être à petits maillons, était doublement défectueuse par suite de la mauvaise qualité des maillons qui avaient été confectionnés contrairement à toutes les règles de l'art : ces maillons, en effet, au lieu d'être forgés, avaient été simplement coupés dans des barres de fer laminé, puis arrondis et percés à froid au détriment des qualités du métal. Il y avait lieu de remarquer, en outre, que la section des maillons était moindre que dans les autres types de dragues, que cette section se trouvait encore réduite par les trous des boulons d'articulations, enfin, que, par suite de l'impossibilité, dans la pratique, d'obtenir rigoureusement égales, dans tous les maillons, les distances entre les trous de boulons, la traction s'opérait souvent sur un seul des deux maillons simples composant chacun des maillons de la chaîne dragueuse. Toutes ces conditions défectueuses étaient la cause de fréquentes ruptures des maillons. Une autre imperfection de la chaîne dragueuse résultait de son peu d'adhérence sur le tourteau à cames : dès que les cames étaient un peu usées, les maillons, avec leur face droite, s'appliquaient mal sur la surface plane du tourteau qui tendait à s'arrondir dans le sens de la marche de la chaîne; par suite du défaut d'adhérence des maillons sur le tourteau, tout l'effort de traction se faisait sur les cames, et en provoquait la rupture ; les ruptures fréquentes des cames n'étaient d'ailleurs pas le seul inconvénient, attendu que les cames, arrivées à un certain degré d'usure, s'affolaient et n'étaient plus en état de conduire la chaîne dragueuse. L'usure de tous les organes de la chaîne dragueuse était si rapide que tourteaux et maillons étaient hors de service après une marche de vingt à vingt-cinq jours et un rendement de quelques milliers de mètres cubes.

Les godets dans les quatre types de dragues étaient de forme défectueuse eu égard à l'inclinaison à laquelle devaient travailler les chaînes dragueuses. Les bavettes qui leur ont été ajoutées pour empêcher la chute des déblais n'ont été qu'un remède insuffisant à ce vice de construction.

Transformations des petites dragues

(PLANCHES XXXVIII ET XXXIX)

On a vu, par les renseignements donnés précédemment sur le fonctionnement des petites dragues[1], que ces dragues, après les longs retards de leur montage et de leur mise en service, n'avaient eu, pendant la première année de leur fonctionnement, que de très médiocres rendements; que les mécomptes éprouvés à ce sujet avaient tenu à deux causes principales : d'une part, à l'insuccès persistant des nombreux essais de toiles sans fin de types divers pour le transport des terres, malgré les améliorations successives apportées à ces appareils; d'autre part, aux imperfections de certaines parties des dragues mêmes, surtout des appareils dragueurs.

On a vu également que, dès le mois de novembre 1861, il avait été décidé, en ce qui était des toiles sans fin, — sans rien préjuger, d'ailleurs, au sujet de l'avenir de ces appareils, — que les essais n'en seraient plus poursuivis que sur deux ou trois dragues, les autres dragues, devant désormais marcher avec de simples couloirs.

En ce qui était des dragues mêmes, le seul parti à prendre était évidemment de continuer les études poursuivies depuis longtemps déjà à la recherche des moyens d'améliorer le plus possible le matériel existant.

Une transformation radicale des dragues fut entreprise, dans les premiers mois de 1862, par l'ingénieur du matériel de la Compagnie, M. Schmidt.

Malgré leurs imperfections, les petites dragues, telles qu'elles avaient été commandées, semblaient à M. Schmidt, répondre parfaitement aux conditions de première attaque des travaux dont le but était l'ouverture rapide d'une première rigole navigable à travers les lacs Menzaleh

1. Voir tome VI-1, page 95.

et Ballah, partie de la rigole pour laquelle il fallait absolument avoir recours aux procédés mécaniques.

La pensée dominante, dans l'étude de la transformation, fut de ramener toutes les dragues, constituant quatre types différents, à un type unique d'appareil dragueur, en utilisant d'ailleurs au mieux les coques et les machines. Une pareille transformation, en simplifiant les approvisionnements des pièces de rechange, permettrait d'obtenir une marche aussi régulière que possible des appareils.

L'allongement des coques aurait eu bien des avantages au point de vue de l'installation de chaudières à moyenne pression (il y aurait eu avantage, en effet, à abaisser la pression dans la chaudière et à augmenter le volume du générateur et la puissance de la machine, ce qui eût nécessité l'allongement des coques afin de conserver le même tirant d'eau); mais les difficultés d'exécution de semblables travaux, et, surtout, le désir d'arriver promptement à une solution, firent rejeter cette idée. La détente des machines fut simplement supprimée, et l'on augmenta le nombre des tours en modifiant la transmission du mouvement à la chaîne dragueuse.

Comptant sur la prompte exécution de la canalisation en fonte d'Ismaïlia à Port-Saïd qui devait permettre l'alimentation des chaudières à l'eau douce, on conserva le même système de générateurs; mais une seconde chaudière fut ajoutée à chaque drague en vue de l'augmentation de la puissance des machines et aussi pour assurer l'entretien des chaudières sans arrêts de la drague.

CHAINE DRAGUEUSE SYSTÈME SCHMIDT

Malgré les avantages des longs maillons avec tourteaux carrés, ce système, vu la faible puissance des machines, fut écarté à cause des chocs occasionnés par les variations de la vitesse angulaire des tourteaux carrés qui fatiguaient les machines ; cet inconvénient qui se fait à peine sentir dans les grandes dragues bien installées est, en effet, très sensible dans les petits appareils.

On prit donc le parti de substituer des maillons de moyenne longueur aux petits maillons; et, au lieu d'un tourteau carré, on adopta un tourteau pentagonal afin de réduire la vitesse de la chaîne à godets correspondant à la vitesse ordinaire des machines, celles-ci n'étant pas assez fortes pour la vitesse de chaîne correspondant au tourteau carré.

(Pour n'avoir qu'un même matériel de maillons et de tourteaux pour toutes les dragues, on remplaça également par un tourteau pentagonal le tourteau carré des chaînes dragueuses des dragues du type n° 2, en modifiant en conséquence le diamètre des poulies des courroies. On rappelle que, dans ces dragues, la force des machines était de 18 chevaux au lieu de 16 chevaux des dragues des types n°s 3 et 4.)

En résumé, tout en conservant le principe de l'entraînement de la chaîne dragueuse par le tourteau sans cames, M. Schmidt s'arrêta aux dispositions suivantes :

DESCRIPTION DE LA CHAINE DRAGUEUSE SCHMIDT

Le tourteau supérieur était pentagonal, le tourteau inférieur, octogonal.

Chacun des deux tourteaux avait ses angles garnis de coins en fonte blanche fixés par des clavettes.

Le tourteau inférieur était formé de deux flasques en fonte entretoisées par des tubes et des boulons transversaux ; il était monté sur un arbre carré et fixé par des clavettes en bois qui gonflaient à l'eau et qui étaient faciles à enlever en cas du remplacement de l'arbre ; cet arbre tournait dans des ferrures en fonte montées à l'extrémité des longerons de l'élinde. Tous les assemblages étaient combinés de manière à rendre faciles le démontage, la réparation et le remontage.

Ce tourteau, avec ses grands rebords pour éviter le décapelage de la chaîne dragueuse s'est très bien comporté ; son grand diamètre rendait le piochage facile.

Indépendamment du clavetage des tourteaux, des colliers à vis de serrage servaient à les fixer et à les régler sur leur arbre.

Les maillons de mêmes formes que ceux des dragues du type n° 2 n'avaient qu'une longueur de $0^m,40$ d'axe en axe des boulons d'articulations ; les maillons femelles portaient une entaille où se logeait l'ergot du boulon, lequel était ainsi fixé, ce qui évitait l'usure des maillons femelles et des attaches des godets ; les maillons mâles s'articulaient avec les boulons, et ils étaient munis d'une bague en acier facile à changer après usure.

Les attaches des godets étaient disposées de manière à pouvoir s'adapter en un point quelconque de la chaîne dragueuse afin de permettre de faire varier le nombre des godets, de 12 à 14, suivant la nature du terrain.

Les maillons en bon fer forgé avaient les têtes renflées et les trous étaient garnis de bagues en acier. Les principales dimensions étaient les suivantes :

Longueur des maillons	$0^m,40$
Largeur —	0 ,08
Épaisseur des maillons mâles	0 ,03
— — femelles	0 ,018
Diamètre des boulons	0 ,038

Pour les rouleaux d'élinde on avait conservé les mêmes formes et les mêmes dimensions, mais on avait modifié leur mode de construction. Ainsi, pour éviter le travail d'ajustage des axes, les rouleaux étaient fondus sur leur axe, et pour que celui-ci eût une durée égale à celle du rouleau, il tournait dans des coussinets en bois montés sur des paliers en fonte.

L'élinde avait été aussi conservée avec ses dimensions et ses assemblages. Parmi les ferrures du bas, une oreille, venue de fonte, servait d'attache à la suspension du palonnier aux extrémités duquel se trouvaient deux poulies à gorge sur lesquelles s'enroulaient des chaînes qui étaient fixées aux longerons de l'élinde, une de leurs extrémités au sabot en fonte et l'autre à un collier ou frette. Ce nouveau type de palonnier permettait de travailler à toutes profondeurs en conservant les deux mêmes points de suspension de l'élinde.

APPLICATION DE LA CHAINE SCHMIDT AUX DRAGUES DU TYPE N° 1

La transformation des dragues du type n° 1 fut la première application de la chaîne Schmidt. La nouvelle chaîne fut installée sur la drague n° 2 en juillet 1862, sur la drague n° 1, en mars 1863.

La machine conserva sa position primitive, et l'on installa de chaque côté, le plus près possible des murailles de la coque, des chaudières semblables à celles des dragues du type n° 4. La charpente en fer qui supportait l'appareil dragueur fut consolidée par des contrefiches et un cadre en fer à cheval placé à la partie supérieure. L'élinde fut remplacée par une autre élinde également en bois, mais avec le nouveau type de suspension et de rouleaux.

La toile sans fin de transport des déblais fut remplacée par deux petits couloirs symétriques débordant la drague pour verser les produits des dragages dans des chalands, contenant des caisses à déblais élevées ensuite par une grue à vapeur spéciale, installée sur la berge.

A l'intérieur, la trémie possédait un papillon qui distribuait les matières, tantôt dans un couloir, tantôt dans l'autre, ce qui facilitait la manœuvre sans arrêter l'appareil dragueur. A l'extrémité de chaque couloir se trouvaient d'autres papillons manœuvrés par un levier et dont l'objet était d'éviter la chute des déblais dans les chalands pendant la manœuvre à chaque remplissage de caisse.

Les dragues ainsi modifiées furent employées aux dragages des bassins de Port-Saïd. Les matières draguées étaient utilisées aux remblais du terre-plein de la ville. Les dragues pouvaient draguer jusqu'à 3m,50 de profondeur afin d'augmenter le cube de la fouille et de diminuer ainsi les frais de transport de chalands de la drague à la grue.

On sait que les deux dragues nos 1 et 2 alors complètement usées, ont été retirées du service à la fin de 1863.

APPLICATION DE LA CHAINE SCHMIDT AUX DRAGUES DES AUTRES TYPES

La chaîne dragueuse Schmidt a été appliquée à la plupart des dragues des types nos 2, 3 et 4 et à la drague construite directement par la Compagnie aux époques suivantes.

Dragues du type n° 2 (Burnichon) :

Application à la drague n° 6............. en novembre 1863
— aux deux dragues nos 5 et 7............ en 1864

Dragues du type n° 3 (Combe) :

Application à la drague n° 8....................... en 1864

Dragues du type n° 4 (Évrard) :

Application aux dragues nos 14 à 17................. en 1864
— aux dragues nos 20 à 24.................. en 1863

Drague construite par la Compagnie :

Application à la drague n° 12...................... en 1864

Ainsi qu'il est rappelé ci-dessus, les deux dragues du type n° 1 ont été retirées du service à la fin de 1863. Les deux dragues nos 10 et 11 n'ont pas été construites.

DU DÉBUT DES TRAVAUX

La remise des dragues à l'entrepreneur soumissionnaire des travaux du 1er lot de dragages ne comprenait donc — comme l'indique, du reste, le marché passé avec cet entrepreneur, — que 20 petites dragues (au lieu des 24 primitivement commandées). Sur ces 20 dragues, 14 étaient armées de la nouvelle chaîne dragueuse, et il n'en restait plus que 6 à petits maillons.

PETITES DRAGUES A DÉVERSOIR

Les bons résultats obtenus avec les deux dragues du type n° 1 modifié donnèrent l'idée d'employer les grues à vapeur aux dépôts sur berge des déblais du Canal maritime. Les grues à vapeur devaient donc remplacer les toiles sans fin, et, comme il a été expliqué à l'historique des commandes du matériel de dragage, le 19 juillet 1862, la Compagnie décida l'acquisition de 20 grues à vapeur, 100 chalands en fer et 500 caisses à déblai, en même temps que des ordres étaient donnés en Égypte pour la préparation des petites dragues en vue de l'emploi de ce nouveau matériel.

Des essais de longs couloirs ayant déjà été tentés sur plusieurs dragues et leurs résultats ayant donné quelques espérances, on conserva pour la continuation de ces essais les dragues Burnichon et Combe qui avaient des machines plus puissantes, et la transformation demandée pour l'emploi de grues à vapeur se fit sur un certain nombre de dragues Évrard.

Le nouveau type de dragues Évrard était semblable au type n° 1 modifié, la différence consistant dans certaines dispositions commandées par les formes et les dimensions du moteur; la charpente de support de l'appareil dragueur avait été complètement modifiée : on lui avait donné plus d'assiette et on l'avait exhaussée de manière à placer l'axe du tourteau supérieur à une hauteur de $6^{m},50$ au-dessus du niveau de l'eau (au lieu de $5^{m},80$).

Les appareils modifiés pouvaient draguer jusqu'à 4 mètres de profondeur, ce qui avait nécessité l'allongement de l'élinde et amené le déplacement du centre de gravité. Pour rétablir l'équilibre de la drague, on avait allongé les semelles du moteur placé sur le pont pour y suspendre une caisse contre-poids chargée de riblons. On avait d'ailleurs profité de cet allongement pour ponter cette partie en encorbellement et y placer le treuil de recul.

La transformation des dragues Évrard ne fut pas continuée, le succès des essais de longs couloirs faisant espérer une meilleure solution que celle des grues à vapeur.

Les dragues du nouveau type Évrard ont donné les mêmes résultats que les dragues du type n° 1 transformées.

APPLICATION AUX PETITES DRAGUES DE COULOIRS DE 15 A 18 MÈTRES

Les complications inhérentes à l'organisation, au fonctionnement régulier et à l'entretien du matériel d'un chantier de dragages desservi par des grues à vapeur avait toujours fait maintenir à l'étude la question du dépôt direct sur berge des produits des dragages.

Dès le début du fonctionnement des petites dragues, par suite de retards dans l'arrivée ou le montage des toiles de transport, des couloirs avaient été essayés sur quelques dragues. Ces couloirs au début n'avaient qu'une dizaine de mètres de longueur. Ils furent progressivement relevés, allongés, amenés à des inclinaisons de plus en plus faibles. On était parvenu ainsi, pendant que se poursuivaient les essais si peu satisfaisants des toiles sans fin, à des couloirs de 15 mètres de longueur et à pente de 10 centimètres par mètre. Ces couloirs, sans avoir encore atteint leurs derniers perfectionnements, avaient permis pourtant, sur les vingt premiers kilomètres du canal où le terrain était sous l'eau, d'effectuer le creusement, rive Afrique, d'une première rigole de navigation d'une quinzaine de mètres de largeur à la ligne d'eau et de $1^{m},80$ de profondeur, en même temps que la confection, sur la même rive, de la berge destinée à isoler le canal du lac Menzaleh.

Nous croyons utile, au point de vue historique, de donner ci-dessous des extraits d'un intéressant mémoire, en date du 4 novembre 1864, dû à l'un des ingénieurs de la Compagnie, M. Badois, sur la question de l'emploi, dans les travaux du canal, de couloirs adaptés aux dragues pour la mise à terre des produits des dragages [1].

---

1. M. Badois, ingénieur des Arts et Manufactures, qui fut attaché aux travaux du canal pendant une année, de mai 1863 à mai 1864, et qui se trouva ainsi à même de suivre les travaux de dragages, dont il dirigea même une partie, sur la portion de canal à la traversée des lacs Menzaleh et Ballah, présenta à la Société des Ingénieurs Civils, dans la séance du 4 novembre 1864, le mémoire auquel il est fait allusion ci-dessus.

Le 28 février précédent, M. Badois avait déjà présenté à la Compagnie un premier mémoire ayant pour objet de démontrer que, pour le creusement du canal dans la partie des lacs, l'emploi de longs couloirs en tôle versant directement sur berge les produits des dragages, seul en usage jusqu'alors au canal et que l'on paraissait vouloir abandonner pour y substituer le système de la mise à terre des déblais au moyen de grues, était certainement le plus simple et le plus économique pour l'exécution tout au moins de la moitié de la longueur du canal; que l'emploi des couloirs pouvait en effet être développé et rendre encore ainsi de grands services en munissant les grandes dragues nouvellement commandées de couloirs de 24 mètres qui permettraient à la traversée des lacs, soit sur une longueur de 40 kilomètres, d'entreprendre en une seule opération le dragage de chaque moitié de la largeur du canal.

DU DÉBUT DES TRAVAUX

ÉTUDE SUR LES MOYENS MÉCANIQUES A EMPLOYER AUX TRAVAUX DU CANAL DE SUEZ, DANS LA TRAVERSÉE DES LACS MENZALEH ET BALLAH

PAR M. BADOIS, INGÉNIEUR, ANCIEN ÉLÈVE DE L'ÉCOLE CENTRALE

(EXTRAITS)

Sur la portion du canal maritime de 61 kilomètres de longueur, de Port-Saïd à El Ferdane, le travail à effectuer consistait dans l'enlèvement de 300 mètres cubes, en moyenne, par mètre courant. C'était donc, pour toute cette partie du canal, environ 18 millions de mètres cubes à extraire. Le tiers à peu près de ce cube devait être déposé latéralement pour la formation des berges dans les parties immergées. Le reste pouvait être déposé de même en cavaliers, ou bien l'on pouvait s'en débarrasser d'une manière quelconque.

Division des travaux de creusement du canal en trois périodes. — Reprenant les opérations à l'origine, M. Badois divisait le travail de creusement du canal en trois périodes, comme suit :

PREMIÈRE PÉRIODE : *Creusement de la rigole de navigation; premières berges.* — La première préoccupation de la Compagnie avait été de créer sur toute la ligne des travaux une voie navigable assurant la facilité des communications et des transports; et, pour cela, la marche la plus rapide était la meilleure.

Dans les parties à sec, pendant une partie de l'année, cette première rigole se fit à bras d'hommes, et la levée assez faible provenant d'une fouille de 1^{m},50 de profondeur sur une largeur moyenne de 8 mètres, soit un cube de 12 mètres, suffit pour protéger ce travail lors des hautes eaux.

Mais, dans les parties plus profondes, le cube du dépôt devait être plus considérable. En hiver, en effet, le lac Menzaleh, et plus rarement les lacs Ballah, étaient sujets à des accroissements de niveau très brusques, de 0^{m},50, causés par l'alternance des vents d'Ouest, qui étaient généralement très violents et soufflaient de la mer, et des Khamsins ou vents du désert. Les premières berges devaient donc, non seulement combler la profondeur d'eau existante, mais émerger de près d'un mètre au-dessus du niveau ordinaire des eaux pour résister aux véritables tempêtes soulevées dans les lacs.

On remarqua, d'ailleurs, que les berges résistaient d'autant mieux aux vagues que leur talus extérieur était établi sous un angle plus faible. On fut donc conduit, pour les parties du canal, d'une longueur ensemble d'environ 20 kilomètres, où le terrain se trouvait en moyenne, à 0^{m},80 au-dessous du niveau de l'eau, à adopter sur l'une et l'autre rive, pour chacune des digues, un premier profil présentant une largeur de 2 mètres en couronne, à 1 mètre au-dessus du niveau de l'eau, avec talus extérieur à l'inclinaison d'environ 8 mètres de base pour 1 de hauteur. C'était dès lors un déblai de 20 mètres cubes par mètre courant à effectuer sur chaque rive, lequel cube serait obtenu par le creusement d'une cuvette de 10 mètres de largeur moyenne et de 2 mètres de profondeur.

Le travail de creusement du canal à la traversée des lacs pendant la première période se traduisait donc finalement ainsi :

Sur les 20 kilomètres au niveau de l'eau : (20^{k} × 2 × 12) ...	480.000
Sur les 20 kilomètres à la profondeur de 0^{m},80 : (20^{k} × 2 × 20)	800.000
CUBE TOTAL.............	1.280.000

Ce travail était fait maintenant, et il avait assez complètement réussi pour que le dernier hiver n'eût produit aucune rupture dans les berges.

Seconde période. — *Creusement du canal à toute largeur sur une profondeur suffisante pour la confection des berges définitives.* — Pour arriver aux berges définitives, dont le profil devait présenter une largeur en couronne de 10 mètres à 2 mètres au-dessus du niveau de l'eau, avec talus extérieur à l'inclinaison d'au moins 20 de base pour 1 de hauteur, les calculs montraient que ledit profil exigerait, savoir : sur la partie du canal de 20 kilomètres de longueur où le terrain se trouvait en moyenne à $0^m,80$ au-dessous du niveau de l'eau, un déblai total de 80 mètres cubes, soit après l'exécution des dragages de la première période, un déblai supplémentaire, sur chaque rive, de 60 mètres cubes; sur la partie du canal, également de 20 kilomètres de longueur, où le terrain se trouvait au niveau de l'eau, un déblai total sur chaque rive, de 44 mètres cubes, soit un cube supplémentaire de 32 mètres cubes.

Le travail pendant la seconde période devait donc se traduire finalement ainsi :

Sur les 20 kilomètres au niveau de l'eau : ($20^k \times 2 \times 32$)...	1.280.000
Sur les 20 kilomètres à la profondeur de $0^m,80$: ($20^k \times 2 \times 60$)	2.400.000
Cube total.............	3.680.000

Soit, pour l'ensemble des travaux de creusement du canal à la traversée des lacs, pendant la première et la seconde période, un cube total d'environ 5 millions de mètres cubes, correspondant au creusement du canal, sur toute sa largeur, à une profondeur moyenne de 3 mètres.

Troisième période. — *Creusement du canal à la profondeur de 8 mètres.* — M. Badois ne s'était pas occupé des portions du canal, où le terrain était au-dessus du niveau de l'eau, dont l'extraction devait rentrer dans la troisième période des travaux où le canal serait approfondi à 8 mètres dans toute l'étendue des lacs, travail dont l'importance serait d'environ 13 millions de mètres cubes.

Exécution de la première période. — *Dragues à couloir.* — Le moyen qui se présentait tout naturellement pour l'ouverture de la rigole à petite section était l'emploi de la drague à couloir laissant glisser directement jusqu'à la berge les produits dragués.

C'est le moyen que l'on avait suivi. Il était simple et commode. Il n'y avait qu'un seul chantier de fouille et de dépôt. La drague portait elle-même l'appareil de transport des déblais. On profitait de la hauteur à laquelle on devait élever les déblais et de leur gravité pour les déposer à une certaine distance du point de leur déversement. Cette distance était relativement faible, et c'était ce qui restreignait l'emploi du procédé; mais on pouvait, par des dispositions suggérées par l'expérience, la rendre assez grande pour atteindre le but spécial que l'on se proposait.

Au début, on n'employa les couloirs qu'avec une certaine hésitation. On n'osait pas les faire trop longs; peut-être leur inclinaison n'eût-elle pas été assez forte pour permettre l'écoulement des terres. On pouvait craindre, malgré l'emploi d'un contre-poids, qu'ils n'entraînassent la drague à fond dans le cas où ils viendraient à s'engorger. Bref, les premiers couloirs n'eurent guère que 6 ou 7 mètres de longueur. Ils étaient en bois et assez lourds.

Avec ces faibles dimensions, les couloirs ne pouvaient rendre tout ce qu'on en attendait. C'était à peine, en effet, s'ils permettaient de donner à la rigole creusée la largeur nécessaire au papillonnage. Le cube extrait par mètre courant n'était pas assez considérable pour former des berges de hauteur suffisante et les premiers coups de vent d'hiver élevant les eaux du lac au-dessus de ces berges les détruisirent en beaucoup de points.

Avec une fouille plus large, le cube extrait par mètre courant était plus grand et les berges pouvaient être assez fortes pour résister aux tempêtes.

DU DÉBUT DES TRAVAUX

Il y avait donc intérêt à allonger autant que possible les couloirs, et ce fut à quoi l'on visa. On leur donna moins d'inclinaison et plus de longueur, et, en ayant soin de monter avec le terrain une certaine quantité d'eau, les déblais glissèrent bien.

De 7 mètres, on passa ainsi et successivement à 12 mètres. On remplaça dans la construction du couloir le bois par la tôle, ce qui le rendit plus léger, et sans changer son inclinaison, on put donner plus de hauteur au remblai. On reconnut d'ailleurs que l'on pouvait encore augmenter la longueur; et sur la proposition de M. Badois, la drague n° 6 fut munie d'un couloir en tôle de 15 mètres en dehors de la coque de la drague, ce qui correspondait à 18 mètres à partir de l'axe, et cela permit d'atteindre à une largeur de fouille de 24 mètres. L'inclinaison ne dépassait pas 10 centimètres par mètre sur la plus grande partie de la longueur, mais le tablier qui recevait la terre à la tombée du godet avait une pente de plus de 45° et se raccordait à la pente générale de 10 centimètres par une courbe adoucie. Enfin, son mode de suspension était l'emploi de chaines se réunissant au sommet d'une bigue haubannée sur la drague.

Le couloir seul pesait environ 1.500 kilogrammes ; chargé de sable sur toute sa longueur, ce qui formait un cube de près de 3.000 mètres cubes, son poids était de 9.000 kilogrammes et s'exerçait à une distance de 6 mètres en dehors de la drague. Le moment de cette force était donc considérable et l'on dut se préoccuper de l'établissement d'un contre-poids ne permettant qu'une oscillation assez faible pour que, dans le cas même d'une rupture, on n'eût jamais à craindre le naufrage de la drague.

Pour cela, le contre-poids fut composé d'un grand chaland suspendu à une bigue reliée par de forts tirants à la bigue de suspension du couloir. Ce chaland était de telle surface et lesté de telle sorte que ses oscillations ne pouvaient dépasser 50 centimètres et celles de la drague 20 centimètres en hauteur. Dans la position d'équilibre, le chaland flottait, tout en tendant sa chaine de suspension. Le couloir venait-il à s'engorger et à entrainer la drague de son côté, le chaland sortait de l'eau et agissait par le poids de son lest d'autant plus qu'il se soulevait davantage. Le couloir une fois dégagé, le contre-poids l'emportait et ramenait la drague à l'équilibre.

Mais il fallait craindre que le déblaiement du couloir s'effectuant brusquement, ou même que la rupture d'une des chaînes de suspension ayant lieu, la réaction n'entraînât la drague de l'autre côté. C'était alors que la grande surface du chaland, qui était de 24 mètres carrés, donnait une grande sécurité, car une petite immersion, 10 centimètres par exemple, produisait un notable déplacement d'eau, 2^{mc},40 dans l'hypothèse considérée, ce qui annulait presque aussitôt la vitesse acquise.

Dans ces conditions, les godets montant 2/3 de sable et 1/3 d'eau, on avait pu marcher très régulièrement et effectuer un déblai de 8 à 10.000 mètres cubes par mois, avec une largeur de fouille en gueule de 24 mètres, y compris les éboulements, et une profondeur de 3 mètres, dans du sable fin et compacte, peu argileux, assez lourd par conséquent, et qui avait une assez forte tendance à adhérer au couloir.

Les dispositions qui viennent d'être indiquées avaient permis d'achever facilement la première partie du travail, à savoir la formation de berges assez solides pour résister momentanément. Aucun bogaz ne s'était produit pendant l'hiver. On avait dû seulement renforcer quelques points relativement faibles.

Exécution de la seconde période. — Les résultats obtenus par l'emploi des dispositions décrites ci-dessus avaient amené M. Badois à penser que l'on pourrait, avec les grandes dragues construites par les Forges et Chantiers de la

Méditerranée et par la maison Gouin, arriver à terminer le travail de la seconde période, c'est-à-dire la confection définitive des berges dans les 40 kilomètres du canal où les terres étaient immergées ou à fleur d'eau, par l'emploi des couloirs.

En effet, que le couloir fût assez long pour permettre d'atteindre, par voie de papillonnage, la demi-largeur du canal, en déversant toujours sur la berge, on pourrait, par deux opérations faites, l'une du côté Afrique, l'autre du côté Asie, en draguer toute la largeur ; que, d'autre part, on eût le moyen (par l'addition aux terres draguées d'une quantité d'eau suffisante par exemple), de faire glisser les terres sur ce long couloir, on profiterait, de la grande hauteur à laquelle on devait les élever et de leur gravité pour en opérer le transport jusqu'à la berge. Il faudrait, en outre, que leur répartition sur la berge se fît d'elle-même et sans embarras.

Or, ces conditions pouvaient être aisément remplies.

En ce qui était, d'abord, de la longueur de couloir nécessaire, on se rendait facilement compte que, dans le mode de dragage par papillonnage, la plus grande largeur de fouille à laquelle on pût atteindre en suivant un alignement voulu était donnée par l'hypothénuse du triangle rectangle construit sur les projections horizontales de l'élinde et du couloir et correspondait à la position perpendiculaire de cette ligne sur l'alignement désigné. Or l'élinde des nouvelles dragues, disposée pour donner 4 mètres de profondeur (maximum à atteindre dans la seconde période) se projetait suivant une longueur de 20 mètres depuis le point où mordait le godet jusqu'à l'axe de la trémie où il se déversait. D'autre part, le profil du canal montrait que la crête extrême du talus, point que ne devait pas dépasser le couloir, était à 33 mètres de l'axe ; les éboulements donnaient la facilité de se retirer d'au moins 2 mètres en avant de cet axe ; mais il fallait aussi se donner la latitude d'un mètre de plus de longueur pour ne pas déverser en dedans des berges. L'hypothénuse du triangle de l'épure devrait donc être de 32 mètres, et la longueur du couloir, combinée d'après les deux chiffres précédents, serait de 25 mètres à partir de l'axe ; la demi-largeur de la coque de la drague étant de 4 mètres, le porte-à-faux serait de 21 mètres, c'est-à-dire de 6 mètres seulement plus fort que celui de la drague n° 6 dont il a été parlé précédemment et qui était de 15 mètres.

La question se réduisait donc à savoir si l'adjonction aux nouvelles dragues d'un couloir de 25 mètres était exécutable pratiquement et si les terres couleraient sur la pente que devrait avoir un pareil couloir pour déverser les remblais à la hauteur de 2 mètres au-dessus du niveau de la mer adoptée pour les banquettes.

Les faits rapportés précédemment au sujet de la drague n° 6, qui avait 27 mètres de longueur sur 6 mètres de largeur, une charpente en bois de 7 mètres seulement de hauteur au-dessus du pont et qui ne calait pas plus de 1 mètre d'eau, ne pouvait laisser aucun doute sur la réponse affirmative à faire à ces deux questions.

Sur la première question : les dimensions des nouvelles dragues qui étaient de 30 mètres de longueur, 8 mètres de largeur, $1^{m},50$ de tirant d'eau, 3 mètres de creux et la stabilité qui en résultait ; la hauteur de la charpente, de $7^{m},50$ au-dessus du pont et de 9 mètres au-dessus du niveau de l'eau ; enfin, la solidité de toutes les parties de la construction entièrement en fer rendait l'établissement d'un couloir de 25 mètres sur les nouvelles dragues, avec sa suspension et son contre-poids, beaucoup plus certain que celui du couloir de 18 mètres seulement sur les petites dragues.

Les dispositions à adopter étaient les suivantes :

La hauteur de 9 mètres au-dessus du plan d'eau se diviserait ainsi : $2^{m},50$ pour la berge ; $2^{m},50$ de hauteur à 10 centimètres de pente sur 25 mètres et 4 mètres pour la trémie et le déversement des godets. L'emploi des bigues pour la suspension du couloir et celle du contre-poids donnerait une grande facilité pour cette installation; les parties supérieures de ces bigues seraient réunies entre elles et à la charpente par de forts tirants en fer qui établiraient la solidarité de tout le système. Enfin, les dimensions du contre poids seraient calculées d'après les règles déjà posées pour empêcher les oscillations trop considérables de l'appareil.

Sur la seconde question, celle de savoir si les terres couleraient sur une pente de 10 centimètres par mètre, l'expérience de la drague n° 6 ne laissait aucun doute sur ce point si la forme du couloir était bonne et si l'on ajoutait suffisamment d'eau au produit dragué, sable ou vase :

L'eau agissait de deux façons : comme matière lubréfiante pour vaincre l'adhérence et diminuer le frottement des terres sur la surface du couloir; par son poids et sa puissance vive pour déterminer la masse au mouvement et l'entraîner, et la trémie devait être disposée de manière à favoriser ces deux actions.

La pente de la dalle qui reçoit la contenance du godet devait être d'au moins 0m,80 à 1 mètre par mètre, afin que les matières, animées d'une certaine vitesse acquise, ne s'arrêtent pas brusquement, mais, au contraire, continuent leur mouvement en poussant celles qu'elles rencontrent. La dalle devait se raccorder ensuite par une courbe adoucie avec la pente générale du couloir : C'était dans cette partie que les déblais se réunissaient, s'humectaient d'eau et prenaient l'état de désagrégation qui leur est nécessaire pour être entraînés.

La quantité d'eau nécessaire pouvait être estimée au plus à la moitié du produit dragué. La drague devant fournir 100 mètres cubes à l'heure, il faudrait donc, dans le même temps, 50 mètres cubes d'eau. Cette eau serait amenée par des pompes qui lui donneraient une vitesse d'origine correspondant à une hauteur d'environ 7 mètres; elle serait d'ailleurs puisée à 8 mètres en contrebas du point d'arrivée. On aurait donc à élever 50 mètres cubes d'eau par heure ou 15 litres par seconde à 15 mètres de hauteur, ce qui correspondait à un travail de 225 kilogrammètres; en ne supposant aux pompes qu'un rendement de 40 pour 100, le travail à dépenser serait de 560 en nombre rond, de 600 kilogrammètres. Or les machines des nouvelles dragues avaient une force de 34 chevaux de 200 kilogrammètres; on ne leur prendrait donc que 3 chevaux seulement pour l'élévation de l'eau.

Conclusion. — D'après les calculs ci-dessus et d'après ce qu'il avait vu, M. Badois considérait comme très pratique l'emploi du mode de transport transversal des terres qu'il venait de décrire. Il ne croyait pas devoir insister, tellement ils étaient évidents, sur les avantages que présentait ce mode de transport sur tous les autres procédés comme simplicité d'installation et de conduite du chantier. C'était aussi le mode qui donnerait les meilleures berges par le fait que celles-ci seraient obtenues sous des angles très faibles. L'eau aiderait au tassement immédiat de la berge dans les parties sableuses, et elle ne nuirait pas à son durcissement dans les endroits vaseux. Sauf en des points très rares, les berges, au bout de quinze jours ou un mois, seraient suffisamment sèches pour que l'on pût s'en servir.

APPLICATION AUX PETITES DRAGUES DE COULOIRS DE 20 A 22 MÈTRES

MM. Borel, Lavalley et Cie, chargés, par leur marché du 12 décembre 1864 avec la Compagnie, de l'exécution des travaux du premier lot de dragages, prirent possession, on le sait, des chantiers et du matériel livré par la Compagnie en avril 1865.

Avec des couloirs allongés jusqu'à 18 mètres, ils purent, sur les 20 premiers kilomètres du canal, réaliser des rigoles de 18 à 20 mètres de largeur en déposant directement les déblais sur les bords de ces rigoles.

Sur les 40 kilomètres suivants où le terrain était plus élevé, on commença par déblayer à bras d'hommes le terrain au-dessus du niveau de l'eau sur la zone nécessaire à l'élargissement à donner à la rigole, en portant les déblais à une distance convenable; mais malgré ce travail préliminaire, il fallut encore allonger les couloirs et leur donner une pente plus faible. Grâce à de certaines additions aux dragues ayant pour objet d'augmenter leur stabilité, on put leur adapter des couloirs de 20 à 22 mètres avec des inclinaisons de 6 à 8 0/0.

Seize petites dragues ainsi modifiées servirent à faire environ 30 kilomètres d'un chenal ayant de 18 à 20 mètres de largeur avec une profondeur de 2 à 3 mètres et fournissant des terres pour le renforcement des berges.

[Aux abords de Port-Saïd, les travaux de creusement des rigoles et de renforcement des berges furent faits avec les grandes dragues des Forges et Chantiers provenant de la Compagnie auxquelles l'entreprise avait fait adapter des couloirs de 25 à 30 mètres avec addition de pompes supplémentaires.]

APPLICATION AUX PETITES DRAGUES DE COULOIRS DE 30 MÈTRES

Le dragage des premières rigoles, exécuté avec des couloirs de 15 à 20 mètres, n'avait pas produit un cube de terre suffisant pour former convenablement les berges du canal qui, dans la traversée des lacs, devaient être constituées par de fortes digues. D'autre part, dans les parties du canal où le terrain était au-dessus du niveau de l'eau, le dépôt des déblais produisait des cavaliers qui exigeaient le remaniement des terres.

Pour satisfaire à la double nécessité de renforcer les berges du canal et de continuer l'élargissement et l'approfondissement des rigoles à la traversée des terrains élevés, de manière à permettre à ces rigoles de recevoir les grandes dragues, les entrepreneurs, au commencement de l'année 1867, prirent le parti d'exhausser une douzaine des petites dragues de façon à pouvoir y adapter des couloirs de 30 mètres qui devaient permettre d'élargir les rigoles à 25 mètres avec une profondeur minimum de 1m,80.

Dans ces dragues surhaussées, l'axe du tourteau supérieur de la chaîne dragueuse se trouvait à 8m,30 au-dessus du niveau de l'eau.

L'équilibre du couloir et de la drague était obtenu par deux soufflages ou chalands en bois fortement liés entre eux et assujettis à la drague par deux fermes transversales. Le chaland du côté du couloir avait 3 mètres de largeur sur 12 mètres de longueur avec pans coupés ; sa surface était de 32 mètres carrés. Le chaland contre-poids avait également 3 mètres de largeur, mais 5 mètres seulement de longueur, soit une surface de 15 mètres carrés.

Dans le cas de la surcharge du couloir, le chaland à pans coupés tendait à s'enfoncer ; l'autre, qui était suspendu à une bigue avec de forts tirants en fer, tendait au contraire à s'élever et agissait alors par son propre poids. En cas de rupture du couloir, les rôles des chalands étaient inverses.

La construction de ces nouveaux couloirs était la même que celle des couloirs de 15 mètres. Leur pente était de 8 centimètres par mètre.

Pour obtenir le glissement des déblais, on avait ajouté à l'installation mécanique de la drague une pompe rotative débitant 50 à 60 mètres cubes à l'heure. Le rôle de cette pompe était : en premier lieu, de lubréfier par l'eau qu'elle débitait les parois du couloir et de diminuer ainsi le frottement des matières; en second lieu, par le poids même de l'eau et la force vive qu'elle possédait à la sortie de la pompe, d'entraîner les déblais, ainsi que cela se passait dans un courant d'eau rapide.

Cette installation des pompes rotatives fut une très heureuse innovation dont le succès permit de très bien augurer des bons résultats à attendre des grandes dragues à long couloir pour l'exécution rapide et économique du canal dans toutes les parties basses des terrains à traverser.

Pendant le fonctionnement de la drague, soit que les godets ne montassent pas également pleins, soit que le glissement des déblais fût retardé sur quelques points du couloir, celui-ci se trouvait inégalement chargé. Malgré cette variation de la surcharge, l'ensemble de l'appareil ne subissait que des oscillations insensibles. L'installation, eu égard aux dimensions de la drague, était donc excellente.

Les attachements de trois années de travail des petites dragues à long couloir ont donné les résultats suivants :

Dans les terrains argileux et collants, qui nécessitaient l'emploi d'ouvriers pour le glissement des matières, le rendement moyen mensuel des dragues a été d'environ 7.000 mètres cubes; dans les terrains sablonneux, le rendement moyen mensuel a atteint 13.000 mètres cubes.

Grues à vapeur Combe

MARCHÉ DE COMMANDE DU 8 FÉVRIER 1862

MARCHÉ PASSÉ PAR L'ENTREPRENEUR GÉNÉRAL, M. HARDON, AVEC M. COMBE, CONSTRUCTEUR A LYON, POUR LA FOURNITURE DE DEUX GRUES A VAPEUR.

DISPOSITIONS PRINCIPALES DU MARCHÉ

Objet du marché. — Le marché confirmait une commande faite par lettre de l'entrepreneur général du 3 octobre 1861.

Ladite commande comprenait, savoir :

1° Un appareil, dit grue à bigue, destiné à être monté sur bateaux suivant des dessins remis par le constructeur.

Le constructeur avait à fournir toutes les parties de la grue à l'exception des bateaux sur lesquels elle serait installée, des bois formant la charpente de liaison des deux bateaux et de la pièce arcboutant l'ensemble de la grue ; mais toutes les ferrures qui rentraient dans ladite charpente ainsi que celles qui assemblaient l'arcboutant faisaient partie de la commande ;

2° Une seconde grue à bigue montée sur chariot, la fourniture comprenant l'appareil complet prêt à fonctionner.

Conditions à remplir par les grues. — 1° Les deux grues devaient remplir les conditions suivantes :

Enlever une charge de 6 tonnes ;

Enlever, à une hauteur de 7 mètres au moins, 700 mètres cubes de dragages en dix heures de travail ;

Avoir une machine à vapeur de la force de 12 chevaux avec changement de marche à la main ;

Avoir, pour alimenter la machine, une chaudière (système Chevalier) ayant une surface de chauffe minimum de 16 mètres carrés sur lesquels il y aurait au moins 2 mètres carrés de surface de chauffe directe ;

2° La grue montée sur chariot devrait présenter une base plus large que la grue sur bateaux, ou, du moins, on devait prévoir le cas où il serait nécessaire d'écarter ses points d'appui sur le sol. La première condition du bon fonctionnement de la grue étant une stabilité parfaite, toutes les modifications qui pourraient être faites en Égypte pour atteindre ce résultat seraient à la charge du constructeur.

Réception provisoire[1] *et réception définitive.* — La réception provisoire des grues serait effectuée aux ateliers du constructeur à Lyon.

---

1. La réception provisoire des deux grues — et, en même temps, la réception des charpentes et des deux caisses à déblais ayant fait l'objet de la

Toutes les pièces de charpente non comprises dans la commande de la grue sur bateaux seraient faites en Égypte d'après les dessins remis par le constructeur.

La réception définitive des grues ne serait prononcée qu'après quinze jours de bon fonctionnement.

L'agent du constructeur chargé de la surveillance du montage des grues en Égypte serait à la charge de l'entrepreneur général.

Prix [1]. — Le prix des grues était fixé, savoir :

Pour la grue sur bateau, à 20.000 francs;

Pour la grue sur chariot, à 21.900 francs.

Chaînes de rechange. — Par un article final du marché, commande était faite en même temps au constructeur de deux chaînes de rechange pour les grues au prix, chacune, de 900 francs. Ces chaînes, d'une longueur de 57 mètres étaient en fer de 24 millimètres de diamètre. Elles devaient être soumises aux mêmes épreuves que les chaînes de la marine de l'État.

COMMANDE SUPPLÉMENTAIRE

Par une commande supplémentaire de l'entrepreneur général, le constructeur eut à fournir les charpentes de la grue sur bateau qui ne faisaient pas partie de la commande primitive.

Le constructeur, n'ayant pas de données suffisamment exactes sur la forme et les dimensions des bateaux que l'on devait employer, livra les charpentes sans les coupes et assemblages qui furent réservés pour être faits en Égypte à ses frais.

La commande supplémentaire comprenait également la fourniture de deux caisses à déblais qui avaient servi aux essais des grues et qui furent livrées en même temps que les charpentes ci-dessus mentionnées. Ces caisses avaient une contenance de $2^{mc},24$; leur charpente était en chêne et les parois en planches de sapin; elles ne différaient

---

commande supplémentaire dont il est parlé plus loin — a eu lieu à Lyon le 20 mai 1862.

1. Le prix de revient des deux grues a été finalement le suivant :

	Francs
Prix des deux grues, d'après le marché	42.800
2 chaînes de rechange	1.800
Charpente supplémentaire et boulons	1.460
2 caisses à déblais	700
Caisses d'emballage	600
Frais de voyage et salaires des deux ouvriers monteurs envoyés par le constructeur en Égypte	4.080
PRIX TOTAL DE REVIENT des deux grues, non compris les frais d'embarquement, de transport en Egypte et de débarquement	51.440

l'une de l'autre que dans le système de la porte qui, dans leur déversement, donnait passage aux matériaux : dans l'une des caisses la porte avait sa charnière à la partie supérieure et s'ouvrait par en bas; dans l'autre caisse, la charnière était placée sur le plancher et la porte était fermée par un arrêt mobile fixé à une traverse supérieure.

DESCRIPTION SOMMAIRE DES GRUES

Le principe de la grue Combe avait été, à l'encontre de la grue du type Couvreux où le déplacement horizontal de la charge était obtenu par la rotation de la grue entière, de réduire au minimum le poids inutilement déplacé : le déplacement y était en effet limité à la charge même et à son support direct.

La charge était soutenue, directement soulevée et dirigée au moyen d'une bigue en bois qui, tout en conservant la facilité de tourner, était reliée à un fort bâti en charpente consolidé à sa partie supérieure par deux longs tirants en fer et sur lequel s'appuyait tout le système et se reportaient tous les efforts.

La bigue recevait son mouvement de rotation au moyen d'une chaîne sans fin à laquelle elle était attachée à peu près au milieu de sa longueur et qui tournait sur des galets disposés symétriquement sur le pourtour d'une couronne directrice semi-circulaire. Elle ne pouvait donc effectuer, au plus, qu'une demi-révolution. Elle était reliée à la charpente, savoir : à sa partie inférieure au moyen d'un axe tournant sur une crapaudine ; à sa partie supérieure, au moyen d'un deuxième axe placé sur le prolongement vertical du premier, tournant dans des paliers fixés sur le bâti et rattaché au sommet de la bigue par des boulons.

Sur le plancher du bâti étaient établies deux machines à vapeur alimentées par la même chaudière et destinées à imprimer à la charge, l'une son mouvement d'ascension, l'autre son mouvement de rotation.

La machine destinée à l'enlèvement des caisses était horizontale et de la force de 12 chevaux; elle actionnait un gros treuil en fonte à l'aide d'un mouvement d'engrenages à double harnais.

La machine donnant le mouvement de rotation était une petite machine actionnant par doubles engrenages le demi-cercle des galets de mouvement.

Les ferrures de la grue se composaient notamment : d'une part, d'un chapeau en tôle couronnant la tête de la bigue et portant une poulie et d'un second chapeau en tôle couronnant la charpente et portant également une poulie et son axe; d'autre part, d'un palonnier en fer avec ses crochets, chape et boulons, et du système de bascule pour les caisses.

L'effet utile des grues, telles que les spécifiait le modèle produit par le constructeur devait être d'élever un cube de terre de $2^{mc},15$ à 10 mètres de hauteur et de le transporter à une distance linéaire maximum de 15 mètres.

Dispositions spéciales de la grue sur chariot. — La grue sur chariot ne différait de la grue sur bateaux qu'en ce qu'elle était disposée pour fonctionner sur rails.

A cet effet, tout l'appareil était porté sur quatre galets en fonte reposant sur deux doubles files de rails. Ces galets étaient à double face de roulement avec boudin intermédiaire qui s'engageait entre les deux rails d'une double file ; la distance transversale entre les boudins de deux galets était de $4^m,30$, distance qui séparait les deux doubles files de rails : la distance d'axe en axe entre les galets d'une même file était de $5^m,60$.

Les galets étaient adaptés sous les extrémités des quatre grandes longrines jumelles extrêmes soutenant les solives du plancher. Ces longrines devant supporter tout le poids de l'appareil étaient d'un plus fort équarrissage que celles de la grue sur bateaux. En outre, deux fortes poutres transversales en chêne, placées aux extrémités des longrines et reliées avec elles et aux premières solives par des boulons, servaient à en maintenir l'écartement et à rendre plus rigide la base de l'appareil.

Enfin, tout le système moteur (chaudière, machines, treuil, bâti de support.) était placé à 1 mètre plus loin vers l'arrière que dans la grue sur bateaux.

Grandes dragues de la Société des Forges et Chantiers de la Méditerranée et de la maison E. Gouin et Cie

MARCHÉS DE COMMANDES DES 24 ET 29 DÉCEMBRE 1862

(PLANCHE XXXVIII)

Deux marchés, identiques dans leurs dispositions générales, furent passés à la fin de l'année 1862 par l'entrepreneur général, M. Hardon, pour la fourniture de 20 grandes dragues, savoir :

Marché du 24 décembre passé avec la *Société des Forges et Chantiers de la Méditerranée* pour la fourniture de 10 dragues;

Marché du 29 du même mois passé avec *MM. Ernest Gouin et Cie* pour la fourniture de 10 autres dragues.

Il était stipulé dans chacun des deux marchés que les dragues seraient disposées dans leur ensemble conformément à des plans annexés et devraient être fournies et livrées à Port-Saïd aux frais et risques des constructeurs.

CONDITIONS DIVERSES DES MARCHÉS

Délais de livraison. — Les dragues seraient livrées complètement montées à Port-Saïd dans les délais suivants :

Pour la Société des Forges et Chantiers :

Une première drague, sept mois après l'approbation définitive du marché, soit le 24 juillet 1863;

Six autres dragues, à raison de deux dragues à la date du 24 de chacun des trois mois suivants;

Les 3 dernières dragues, un mois plus tard, soit le 24 novembre 1863.

Pour la maison E. Gouin et Cie :

Une première drague sept mois et demi après l'approbation définitive des plans, soit le 14 août 1863;

Six autres dragues, à raison de deux dragues à la date du 14 de chacun des trois mois suivants;

Les 3 autres dragues, un mois plus tard, soit le 14 décembre 1863.

Pour l'une et l'autre fourniture, la durée de la traversée était évaluée à un mois en prévision des événements de mer qui pourraient retarder l'arrivée d'un navire porteur d'éléments de dragues.

Prix[1]. — Le prix des dragues fournies et livrées à Port-Saïd, peintes et prêtes à fonctionner serait établi d'après les prix unitaires suivants :

Parties métalliques de la coque .... 70 francs les 100 kilogrammes ;

Appareil moteur et groupe des chaudières pour une surface de chauffe de 54 mètres carrés............ Prix à forfait : 36.000 francs;

Excédant de surface de chauffe, 1/3 du poids total des parties métalliques entrant dans l'ensemble des chaudières proprement dites............................ 80 francs les 100 kilogrammes ;

Parties métalliques de l'appareil dragueur......................... 90 — — —

Bois de charpente.................. 100 — le mètre cube ;

Menuiserie en bois blanc........... 10 — le mètre carré.

Il serait, en outre, tenu compte des frais de transport en Égypte, tarifés d'avance à 20 francs par tonneau de 1.000 kilogrammes, à 20 francs par mètre cube de bois de charpente et à 1 franc par mètre carré de menuiserie.

L'entrepreneur général aurait à pourvoir à ses frais aux assurances des marchandises.

Il serait alloué aux fournisseurs à titre d'indemnité pour le montage en pays étranger une somme de 3.000 francs par drague.

Le drawback restait acquis aux fournisseurs.

L'entrepreneur général s'engageait à procurer aux fournisseurs, sur les lieux, à Port-Saïd, tous les manœuvres que ceux-ci pourraient demander, à charge par eux de tenir compte à l'entreprise générale des salaires desdits manœuvres.

L'entrepreneur général s'obligeait également à tenir prêts d'avance et à disposer convenablement des terrains pour recevoir au moins trois cales de montage ainsi qu'à fournir des logements aux ouvriers envoyés de France par les fournisseurs.

Rendement des dragues. — Les dragues travaillant dans un terrain d'alluvions (sauf l'argile) devraient produire au moins 120 mètres cubes par heure de marche et réaliser ce travail, sans arrêt, pendant huit journées de dix heures chacune. Le terrain des essais ne devrait pas présenter plus de difficultés que celui de la rade de Toulon.

La consommation en charbon de bonne qualité, mi-partie Newcastle et mi-partie Cardiff, ne devrait pas dépasser 160 kilogrammes par heure.

Les essais définitifs des dragues auraient lieu aux frais de l'entreprise générale et sous la direction des agents des fournisseurs.

Délai de garantie. — Les fournisseurs garantissaient le fonctionnement de la machine et la bonne qualité des matières pendant un déla

---

1. Les prix de revient des dragues ont été, en chiffres ronds les suivants :

Dragues de la Société des Forges et Chantiers :	Prix de chaque drague.	220.000 francs
— de la Maison Gouin.................. :	— — —	200.000 —

de trois mois à compter du jour des essais définitifs. Cette garantie se limitait toutefois au remplacement à leurs frais des pièces brisées par vice de fabrication ou de montage ou par mauvaise qualité des matières.

Amende en cas de retard et prime en cas d'avance. — En cas de retard dans la livraison des dragues, les fournisseurs subiraient une retenue de 500 francs par chaque jour de retard pour chaque drague. En cas d'avance, au contraire, ils auraient droit à une bonification de 100 francs par jour d'avance.

STIPULATIONS DES MARCHÉS CONCERNANT LES DISPOSITIONS GÉNÉRALES DES DRAGUES [1]

Coque. — La coque serait tout entière en fer, fer cornière et tôle, et ceinturée par des pièces de chêne.

Le bordé extérieur serait à recouvrement, à un seul rang de rivets.

Le pont de la coque serait bordé en bois bien calfaté, à l'exception de l'entourage des machines qui pourrait être en tôle. Toute partie en tôle sur laquelle on devrait circuler ou seulement se tenir devrait être couverte d'un caillebotis en chêne.

Appareil dragueur. — L'appareil dragueur ainsi que la charpente de support seraient, comme la coque, entièrement en fer, fer cornière et tôle.

Il comprendrait tout d'abord une élinde en fer et tôle permettant de draguer à toute profondeur, jusqu'à la profondeur de 8 mètres. L'élinde serait retenue à sa partie supérieure en un point de suspension distinct de l'axe du tourteau supérieur, et à sa partie inférieure par un palan en fer à chaîne dont le garant s'enroulerait sur le tambour d'un treuil disposé à cet effet à l'avant de la drague.

L'axe du tourteau supérieur serait à une hauteur telle que les matières pussent tomber dans le couloir destiné à les déverser dans les chalands et s'écouler sous une inclinaison d'au moins 80 centimètres par mètre pour toute la partie du couloir comprise entre les montants du bâti.

Le tourteau supérieur serait mis en mouvement par des engrenages en relation directe avec le pignon mû par les machines. Il serait à quatre pans et ses angles seraient garnis de bandes d'acier.

La chaîne à godets serait composée de maillons simples et de maillons doubles, de longueur uniforme, réunis par des boulons. Les trous des maillons seraient garnis de bagues en acier.

Les godets seraient, pour cinq dragues, d'une contenance de 330 litres, et pour les cinq autres, de 220 litres [2]. Ils seraient en tôle avec becs en acier et rivés sur les maillons de la chaîne.

---

1. Voir, pour la description des dispositions principales de ces dragues, en exécution, au tome V, page 447, chapitre intitulé : *Renseignements sur le matériel employé aux travaux*, note de l'article concernant les grandes dragues. (Les dragues dont il est question dans ladite note sont, il est vrai, celles qui furent commandées un peu plus tard au nombre de dix-huit à la maison Gouin, pour MM. Borel, Lavalley et Cie; mais ces dernières dragues étaient semblables dans leurs dispositions générales à celles qui avaient fait l'objet des commandes de la Compagnie des 24 et 29 décembre 1862.)

2. En 1866, tous les godets des grandes dragues avaient une capacité de 400 litres.

Treuils de manœuvre. — Il serait établi, savoir :

Un treuil spécial destiné à l'abaissement et au relèvement de l'élinde;

Un treuil pour l'avancement placé à l'avant de la coque auprès du treuil de l'élinde.

Ces deux treuils seraient mus par la vapeur;

Un treuil à l'arrière, mû à bras, pour le recul de la drague ;

Un treuil quadruple mû par la vapeur pour les manœuvres d'oscillations et dont les leviers de commande seraient placés au plus près du dragueur;

Enfin, deux petits treuils à bras pour manœuvrer la partie mobile du déversoir, et une grue pour la manœuvre des godets.

Appareil moteur. — L'appareil moteur serait composé de deux cylindres verticaux accouplés de 50 centimètres de diamètre et de 80 centimètres de course, dimension correspondant pour une vitesse de 50 tours par minute, à la force nominale de 34 chevaux de 225 kilogrammètres. Les machines composant l'appareil moteur marcheraient avec détente et condensation.

Les tiroirs d'introduction seraient conduits par une coulisse Stephenson servant à manœuvrer la machine et à régler l'introduction.

Il serait établi une pompe à vapeur, dite petit cheval, pouvant à la fois alimenter la chaudière, jeter l'eau sur le pont et l'extraire de la cale. En outre, la machine devrait mettre en mouvement une pompe alimentaire et une petite pompe spéciale destinée à lancer de l'eau dans le couloir pour en lubréfier les parois.

Les cylindres seraient munis d'une enveloppe en feutre et en bois destinée à empêcher autant que possible le refroidissement.

Toutes les pièces composant l'appareil moteur seraient suffisamment rigides pour ne présenter aucune vibration nuisible pendant la marche des machines.

Générateur[1]. — Les chaudières, réparties en deux corps (dragues des Forges et Chantiers), ou en trois corps (dragues Gouin), auraient ensemble une surface de chauffe de 81 mètres carrés.

Elles seraient timbrées à $2^{atm},75$.

Chaque chaudière serait munie de deux robinets de jauge et d'un tube de niveau d'eau, d'un robinet d'extraction continue, d'un robinet de vidange, de deux soupapes de sûreté, d'un manomètre Bourdon et de tous les accessoires nécessaires à leur fonctionnement.

Le tuyautage serait en cuivre rouge.

DIMENSIONS PRINCIPALES DES DRAGUES (EN EXÉCUTION)

Coque	Longueur	30 mètres
	Largeur	8 —
	Creux	3 —
	Longueur du puisard du pont	13 —
	Largeur	$1^m,70$
Tirant d'eau de la drague		1 35
Hauteur de l'axe du tourteau supérieur au-dessus du niveau de l'eau		8 50
Longueur de l'élinde		19 25
Maillons	Longueur	0 90
	Largeur	0 18
	Épaisseur	0 06
Diamètre des boulons d'articulations		0 05

1. Les dragues Gouin, munies de trois chaudières, marchaient normalement avec deux chaudières seulement, ce qui permettait les réparations sans arrêt

Le nombre des godets était de 25, et il devait passer sur le tourteau supérieur 12 godets par minute.

Tourteau inférieur pentagonal.

OBSERVATIONS

Les 20 dragues qui devaient être livrées à la Compagnie en vertu des deux marchés ci-dessus faisaient partie du matériel que la Compagnie avait à remettre gratuitement à MM. Borel, Lavalley et Cie en vertu de l'un des articles du marché du 12 décembre 1864 passé avec les entrepreneurs pour l'exécution des travaux du lot de Port-Saïd. Il était d'ailleurs stipulé au même article que, « pour la partie dudit matériel en cours de livraison ou qui restait encore à livrer par les constructeurs, — ce qui était le cas pour les vingt dragues, — la Compagnie mettait les entrepreneurs en son lieu et place pour la réception de ce matériel[1] ».

Les dragues Gouin, avant d'être livrées, eurent à subir diverses modifications demandées par MM. Borel, Lavalley et Cie, ce qui amena un certain retard dans la livraison. Ces dragues, munies de simples déversoirs, furent naturellement affectées aux dragages qui devaient se faire par versement des terres dans des porteurs ou des gabares[2].

Les dragues des Forges et Chantiers, munies au début, comme les dragues Gouin, de simples déversoirs, furent employées pendant plusieurs mois, desservies par des porteurs allant porter les déblais en mer, à des dragages dans le port de Port-Saïd. A partir du milieu de l'année 1866, les entrepreneurs adaptèrent des couloirs de 25 à 30 mètres à ces dragues qui furent alors employées à l'approfondissement et élargissement des deux rigoles Afrique et Asie du canal maritime en déversant directement les déblais sur les berges[3].

---

de la marche de la drague. Les dragues des Forges et Chantiers devaient toujours marcher avec leurs deux chaudières.

1. Voir tome V, page 39, l'article intitulé *Remise de matériel à l'Entrepreneur.*

2. En outre des dix dragues Gouin dont la remise lui avait été faite par la Compagnie, l'Entreprise Borel Lavalley et Cie commanda aux mêmes constructeurs 18 nouvelles grandes dragues semblables dans leurs dispositions générales aux dragues précédentes, mais présentant avec celles-ci les quelques différences suivantes :

Tirant d'eau	1^m,50
Hauteur de l'axe du tourteau supérieur au-dessus du niveau de l'eau	8 70
Diamètre des boulons d'articulations	0 07
Capacité des godets	400 litres

Les godets n'étaient percés de trous, ni sur les côtés, ni dans le fond.

(Voir, pour la description des dispositions principales de ces dragues, tome V, p. 447.)

3. En outre de 10 dragues des Forges et Chantiers provenant de la Compagnie, les mêmes constructeurs livrèrent à l'entreprise 22 grandes dragues à

Grues à vapeur de la Société des Forges et Chantiers de la Méditerranée et de la maison E. Gouin et Cie

MARCHÉS DE COMMANDES DES 14 AVRIL ET 1er MAI 1863

Deux marchés, à peu près identiques dans leurs dispositions générales, ont été passés par la Compagnie, savoir :

Marché du 14 avril 1863, passé avec la Société des Forges et Chantiers de la Méditerranée pour la fourniture de 10 grues à vapeur;

Marché du 1er mai suivant, passé avec MM. E. Gouin et Cie pour la fourniture de 10 autres grues.

CONDITIONS PRINCIPALES DES MARCHÉS

Objet des marchés. — Chacun des deux constructeurs s'engageait à fournir, livrer et monter, sous sa responsabilité exclusive, en tels points du canal maritime qui lui seraient indiqués sur les lieux, entre

---

couloirs de 60 et 70 mètres dont les commandes successives eurent lieu ainsi qu'il est expliqué ci-dessous :

L'entreprise fit d'abord à la Société des Forges et Chantiers, à la fin de 1864, une première commande, de 6 dragues, puis, dans le courant de juin 1865, une seconde commande, de 10 dragues, soit, en tout, 16 dragues, semblables dans leurs dispositions générales aux dragues provenant de la Compagnie, mais en différant par les dimensions suivantes :

Longueur de la coque	33 mètres
Largeur	8m,30
Hauteur de l'axe du tourteau supérieur au-dessus du niveau de l'eau	11 70

Le tourteau inférieur carré comme le tourteau supérieur.

La surélévation de 3 mètres du tourteau supérieur par rapport à la hauteur du tourteau des nouvelles dragues Gouin avait pour but de permettre de doter les nouvelles dragues des Forges et Chantiers d'un couloir de 35 mètres, au lieu du couloir de 25 à 30 mètres des dragues de la Compagnie, et de pouvoir, ainsi, décharger les terres à une plus grande distance en même temps qu'à une plus grande hauteur.

Ce couloir de 35 mètres fut adapté à 4 dragues.

En octobre 1865, en vue de l'exécution du profil à grande largeur prévu par le marché du 12 décembre 1864 entre les points 10km,5 et 20km,5 du canal maritime, l'entreprise fit la commande de 4 couloirs destinés à transporter les matières à 50 mètres de distance de l'axe des dragues. Ces couloirs reposaient, chacun, sur un chaland placé à 18 mètres de l'axe de la drague et se prolongeaient en porte-à-faux à 32 mètres plus loin.

La première drague à couloir de 50 mètres commença ses essais en juin 1866.

En février 1866, la Compagnie décida l'adoption, en principe, du profil à grande largeur pour la partie du canal, de 20km,5 à 38km,5, faisant suite à la précédente. Vers la même époque, l'entreprise, qui, depuis le commencement de l'année, proposait avec instance à la Compagnie d'étendre l'adoption du profil à grande largeur à une notable portion de la longueur du canal, fit

Port-Saïd et El Ferdane, 10 grues roulantes et pivotantes mues par la vapeur et disposées de manière à produire les résultats suivants : 1° élever d'une manière régulière un fardeau de 7 tonnes à 7 mètres de hauteur en quarante secondes; 2° pivoter simultanément et pendant le même temps d'une demi-circonférence de manière à déposer le fardeau à 20 mètres du point où il était pris, résultats en vue desquels les constructeurs avaient produit à leurs risques et périls les projets d'ensemble annexés aux marchés.

Les fournitures et travaux devaient satisfaire, en outre, aux clauses et conditions d'un cahier des charges également annexé aux marchés.

La commande était faite aux prix, clauses et conditions suivantes :

Délais de livraison. — 1° Les grues devaient être rendues à Port-Saïd dans les délais suivants :

Pour la Société des Forges et Chantiers : les 2 premières grues, quatre mois après l'approbation du marché, soit le 14 août 1863; les 8 autres dans les deux mois suivants, soit le 14 octobre. Dans ces délais

---

exhausser huit de ses dragues de façon à relever de 3 mètres l'axe du tourteau supérieur, le plaçant ainsi à 14^{m},70 au-dessus du niveau de l'eau, et à pouvoir, grâce à cette plus grande hauteur, adapter auxdites dragues des couloirs de 60 et 70 mètres de longueur.

La première drague à couloir de 60 mètres commença ses essais en septembre 1886.

Enfin, intervint le 2e Acte additionnel du 4 décembre 1886 :

En vue de l'exécution du cube supplémentaire de déblais devant résulter de l'adoption du profil à grande largeur sur une notable partie de la longueur du canal, la Compagnie : d'une part, prit à sa charge l'exhaussement des 8 autres dragues de l'entreprise ainsi que la dépense des longs couloirs à adapter à ces dragues; d'autre part, mit à la disposition de l'entreprise 6 nouvelles dragues exhaussées avec leurs longs couloirs.

L'entreprise se trouva donc finalement pourvue de 22 grandes dragues exhaussées avec couloirs de 60 et 70 mètres de longueur.

(Le matériel supplémentaire prêté gratuitement par la Compagnie aux entrepreneurs leur avait été accordé dans le double but : d'une part, du maintien des prix primitifs, pour des cubes égaux à ceux des anciens marchés, et de l'adoption des mêmes prix, dégrevés de la partie afférente à l'amortissement du matériel, pour les cubes supplémentaires ; d'autre part, d'une prolongation aussi réduite que possible du délai d'exécution.)

Ce ne fut qu'en avril 1867 que les dragues exhaussées commencèrent à fonctionner avec des couloirs de 70 mètres de longueur. Les premiers mois de fonctionnement de ces dragues ne furent, à vrai dire, qu'une période d'essais. Des ruptures répétées des couloirs de 70 mètres décidèrent l'entreprise à supprimer la rallonge de 10 mètres qui avait été ajoutée aux couloirs primitifs et à en revenir ainsi, pour un certain nombre de dragues, aux couloirs de 60 mètres. Dans les dragues les plus récentes les couloirs de 70 mètres ont été renforcés.

(Voir, pour la description des dispositions des grandes dragues à long couloir de 70 mètres au tome V, page 457, et planche XXXIX.)

était comprise la durée de l'embarquement et de la traversée maritime évaluée à un mois.

Pour la maison Gouin : les 2 premières grues, cinq mois et demi après l'approbation du marché, soit le 15 octobre 1863 ; les 8 autres, dans les six semaines suivantes, soit le 30 novembre. Dans ces délais était comprise la durée de l'embarquement et de la traversée maritime évaluée à cinq semaines.

2° Le montage de chaque grue et sa livraison le long du canal au point qui serait indiqué devaient être terminés dans un délai de quinze jours, à partir du moment où toutes les pièces composant l'appareil auraient été rendues par la Compagnie à pied d'œuvre, c'est-à-dire contre la berge du canal, prêtes à être débarquées.

Les 8 dernières grues devaient être livrées au moins deux par quinzaine.

Amendes de retard et primes d'avance. — En cas de retard, amende de 50 francs par jour de retard pour chaque grue.

En cas d'avance, bonification de 20 francs par jour.

Prix. — Le prix des grues, essayées et prêtes à fonctionner aux points indiqués, était fixé comme suit :

Pour les grues de la Société des Forges et Chantiers, par grue.	29.500 francs[1]
Pour les grues de la maison Gouin................. —	30.600 —

Ces prix comprenaient la fourniture, l'emballage, l'embarquement, le transport maritime, la mise sous palan des pièces à leur arrivée à Port-Saïd, le débarquement sur les berges du Canal, la fourniture des engins et apparaux nécessaires pour le débarquement et pour le montage, le montage sur place et généralement tous les frais et faux-frais préalables à la livraison.

Les assurances maritimes, le déchargement hors du navire des pièces sous palan et leur transport du point de déchargement jusqu'à Port-Saïd, puis, jusqu'au lieu de montage, seraient faits par la Compagnie et à ses frais.

Délai de garantie. — Le délai de garantie des appareils était de trois mois à partir de leur mise en fonctionnement.

Charges de la Compagnie. — La Compagnie devait pourvoir directement et par ses propres moyens au débarquement des pièces et outils à Port-Saïd, et à leur transport jusqu'au pied de la berge où chaque grue devait être montée.

1. Ce prix a été augmenté de 1.000 francs à titre de participation de la Compagnie dans le montant des droits de brevet, s'élevant à 16.000 francs, que la Société des Forges et Chantiers a eu à payer au sieur Neustadt pour l'appropriation de son système particulier d'élévation à chaîne Gall aux 10 grues faisant l'objet du marché de commande.

Elle fournirait le terrain tout préparé, bien nivelé, en état de supporter le poids de l'appareil.

Depuis le moment du débarquement des pièces en Égypte jusqu'à la livraison après essais, elle garantissait aux ouvriers monteurs envoyés en Égypte par les constructeurs les avantages de transport, logement, nourriture et tous autres dont jouissaient les ouvriers européens.

Elle fournirait aux constructeurs, sur les lieux, tous les manœuvres qu'ils demanderaient en temps utile, à charge par eux de tenir compte à la Compagnie des salaires des dits manœuvres.

Pièces de rechange. — En même temps que les grues, les constructeurs auraient à fournir les pièces de rechange nécessaires au service de ces appareils, suivant une nomenclature et au prix à fixer ultérieurement.

STIPULATIONS DU CAHIER DES CHARGES CONCERNANT LES DISPOSITIONS GÉNÉRALES DES GRUES

Conditions à remplir. — La grue roulerait sur deux rails à écartement de 4^{m},20 d'axe en axe. Elle aurait un rayon de giration de 10 mètres et devrait élever un poids brut de 7 tonnes depuis 2 mètres (comptés à partir du crochet de la grue) au-dessous de la voie jusqu'à dix mètres au-dessus avec une vitesse de 7 mètres en quarante secondes et faire un demi tour dans le même temps. Elle devrait se haler sur la voie, vider les caisses à déblais à toute hauteur du parcours et descendre les caisses au frein. Les deux premières opérations devraient se faire, à volonté, simultanément ou séparément.

Pour remplir ces conditions, la grue se composerait :

1° D'un chariot inférieur destiné à son avancement mécanique sur les banquettes du Canal ;

2° D'une plate-forme supérieure qui tournerait autour d'un pivot fixé au chariot inférieur, qui porterait les treuils et les appareils générateur et moteur, et sur laquelle viendraient se fixer les montants de la volée. Entre cette plateforme et le chariot se trouverait un appareil de roulement intermédiaire.

Chariot d'avancement. — Le chariot inférieur serait entièrement construit en tôle et fer cornière.

Il serait porté sur six roues en fonte de 50 centimètres de diamètre dont les essieux, indépendants les uns des autres, seraient portés dans des paliers en fonte fixés aux poutres du chariot. (Dans les grues des F. et C., le diamètre des roues était de 0^{m},60.)

Sur le chariot seraient fixés : 1° un rail circulaire en fer de 4^{m},20 de diamètre moyen ; 2° une couronne dentée en fonte, concentrique et extérieure au rail précédent. Le diamètre extérieur de cette couronne ne devait pas dépasser 5^{m},10. La plaque serait munie à son centre d'un pivot éreux. (Dans les grues des F. et C. le pivot était plein). Le plateau inférieur serait relié avec les rails au moyen de grappins de manière à intéresser la voie à la stabilité de l'appareil.

Plate-forme supérieure tournante. — La plate-forme tournante de la grue serait en fer et fer cornière. Elle serait portée par 6 ou 8 roues coniques en fonte dure de 50 centimètres de diamètre avec essieux en fer et paliers en fonte fixés à la plate-forme. (Dans les grues des F. et C. la plate-forme était portée par 18 galets coniques en fonte dure reliés entre eux et au pivot de la grue comme dans les plaques tournantes de chemins de fer.) Les voies de roulement ne devraient pas offrir une largeur supérieure à celle de la jante des galets.

Cette plate-forme tournerait autour du pivot central creux dont il est parlé ci-dessus et qui devrait être construit de telle manière que la plate-forme supérieure et le chariot inférieur fussent rendus aussi solidaires que possible.

Elle serait recouverte d'un parquet en tôle et porterait en outre une main courante et des marches. Aucun point de la plate-forme, la flèche exceptée, ne devrait s'écarter de plus de $4^m,25$ de l'axe de la grue.

Volée. — Dans les grues Gouin :

La volée, en forme de poutre creuse de section carrée, serait en tôle et fer cornière ; elle serait fixée d'une manière invariable par son pied, suffisamment épanouie sur la poutre transversale extrême de la plate-forme ainsi que sur deux poutres longitudinales qui régneraient de l'avant de la plate-forme à l'arrière.

Deux tirants en fer rattacheraient la tête de la volée à la partie postérieure du châssis.

Dans les grues des F. et C., la flèche se composerait de deux montants obliques en tôle et fer cornière reliés entre eux par des croix de Saint-André. Les pieds des montants seraient fixés d'une manière invariable à deux châssis en tôle qui régneraient de l'avant de la plate-forme à l'arrière et seraient solidement assemblés avec la plaque en fonte.

Appareil générateur. — L'appareil générateur se composerait d'une chaudière verticale à foyer intérieur, non tubulaire, comprise dans un massif en maçonnerie, contenue dans une armature métallique.

La chaudière serait timbrée à 5 ou 6 atmosphères.

L'alimentation se ferait au moyen d'une pompe susceptible d'être mue à bras ou par une des machines, laquelle devrait pouvoir travailler exclusivement à cet effet.

L'eau serait prise dans une bâche d'une capacité d'au moins 1 mètre cube située sur la plate-forme de la grue, le plus près possible de la chaudière.

Le charbon serait emmagasiné dans une soute d'une contenance d'au moins 800 kilogrammes.

Appareil élévatoire. — La machine destinée à l'élévation des déblais et pouvant servir en même temps à l'avancement mécanique de la grue serait horizontale, sans condensation, à détente fixe aux 2, 3, et à un seul cylindre de 30 centimètres de diamètre et de 30 centimètres de course, donnant pour la vitesse de 100 tours, un travail brut de près de 3.000 kilogrammètres sur le piston. (Dans les grues des F. et C., la course du piston était de 40 centimètres et le nombre de tours de 90.)

L'arbre moteur porterait 2 pignons qui, au moyen d'embrayages spéciaux, engrèneraient avec les roues des tambours, soit d'élévation, soit de halage, ou avec des roues intermédiaires.

Un frein énergique, commandé par une vis, servirait à la descente du fardeau, la machine étant débrayée. Ce frein devrait être en état de maintenir la caisse à déblais entièrement chargée.

Le régulateur de vapeur, les manchons d'embrayage et la vis du frein devraient être à la main du mécanicien.

Dans les grues Gouin :

Un treuil élévatoire, recevant le mouvement de la machine, serait placé au pied de la volée ; son tambour porterait une gorge à hélice disposée de manière à assurer l'enroulement régulier de la chaîne et aurait un diamètre et une longueur tels que la chaîne ne pût s'enrouler sur elle-même.

Dans les grues des F. et C., un treuil élévatoire, recevant le mouvement de la machine, actionnerait une chaîne Galle au moyen d'un pignon en fer forgé.

Cette chaine serait guidée jusqu'au pignon de la tête de flèche par une conduite en tôle supportée de distance en distance sur les membrures de la volée; d'autre part, elle serait reçue, en se dégageant du pignon, par un deuxième conduit qui la déverserait dans une caisse où elle s'emmagasinerait.

Le stoper pour renverser la caisse et ouvrir la porte de décharge serait établi d'après le système des caisses employées par la Compagnie.

Appareil de halage. — Le halage de la grue serait obtenu à l'aide d'un mécanisme de touage. Ce mécanisme se composerait d'un arbre vertical traversant toute la grue par l'axe du pivot et se terminant par une vis commandée par une roue dentée calée sur un arbre horizontal porté par le chariot inférieur et sur lequel serait fixée une poulie à barbotins agissant sur une chaîne horizontale de halage. Cette chaîne devrait avoir une longueur d'au moins 45 mètres.

Appareil de rotation. — L'appareil de rotation se composerait d'une machine capable de faire décrire à la grue sous charge une demi-révolution en quarante secondes.

Dans les grues Gouin :

Cette machine serait horizontale, sans condensation, à changement de marche par la coulisse de Stephenson et à un seul cylindre de $0^m,134$ de diamètre et de 30 centimètres de course, donnant, pour la vitesse de 110 tours, un travail brut de plus de 600 kilogrammètres sur le piston.

Dans les grues des F. et C., cette machine, à cylindre vertical et changement de marche par coulisse Stephenson, aurait les dimensions suivantes : diamètre du cylindre, 20 centimètres; course du piston, 20 centimètres; nombre de tours par minute, 140.

Elle commanderait, au moyen d'une transmission d'angle, un pignon droit engrenant avec la couronne dentée placée sur le chariot inférieur et pouvant ainsi produire dans un sens ou dans l'autre le pivotement de la plate-forme supérieure.

Cette machine serait complètement indépendante de la machine principale mais recevrait sa vapeur du générateur commun.

Dispositions diverses. — Les cylindres des deux machines motrices et les tuyaux de vapeur seraient munis d'une enveloppe en feutre et en tôle destinée à empêcher autant que possible le refroidissement.

La chaudière et les machines seraient livrées munies de tous les outils nécessaires au service courant.

Les bâtis des machines ou des treuils sur lesquels reposaient les paliers de leurs arbres ne devraient pas se relier directement avec les montures de la volée.

POIDS MOYENS DES GRUES (EN EXÉCUTION)[1]

Grues des Forges et Chantiers

	Kilogr.	Kilogr.
Fonte	13.600	32.630
Tôle et cornières	15.270	
Fer	3.460	
Bronze et cuivre	300	
Briques ordinaires	1.980	3.920
Briques réfractaires	1.000	
Sable réfractaire	240	
Argile	700	
POIDS TOTAL		36.550

Grues Gouin

	Kilogr.
Machine à vapeur principale	3.270
Appareil élévatoire	3.630
Machine à vapeur auxiliaire	790
Plate-forme supérieure	11.570
Chariot roulant inférieur	7.700
Chaudière et accessoires	8.530
POIDS TOTAL, sans les chaînes ni les briques	35.490

1. La crainte ayant été exprimée (octobre 1863) que les grues, en raison de leur poids, ne pussent pas se mouvoir facilement sur certaines parties des

ACTE ADDITIONNEL AU MARCHÉ DU 14 AVRIL 1863
PASSÉ AVEC LA SOCIÉTÉ DES FORGES ET CHANTIERS
(15 MARS 1864)

COMMANDE A LA SOCIÉTÉ DES FORGES ET CHANTIERS DE LA MÉDITERRANÉE DE CINQ NOUVELLES GRUES EN REMPLACEMENT DE CELLES QUI AVAIENT ÉTÉ PERDUES (EN JANVIER 1864) AVEC LE NAVIRE *Notre-Dame-de-la-Garde*.

Étaient maintenues toutes les clauses et conditions énoncées au marché du 14 avril 1863 et au cahier des charges y annexé, à l'exception naturellement, de celles annulées par les articles suivants.

Les 5 grues devaient être rendues à Port-Saïd dans un délai de six mois, ledit délai comprenant la durée de l'embarquement et celle de la traversée maritime évaluée à un mois.

En considération de la longueur de ce délai, la bonification mentionnée au marché primitif était supprimée.

Le prix de chaque grue était porté de 29.500 francs à 30.500 francs. Moyennant cette augmentation, la Compagnie était exonérée du recours que pourraient avoir contre elle tous propriétaires d'inventions appliquées dans la construction desdites grues.

Les assurances maritimes étant faites directement par la Société des Forges et Chantiers, la Compagnie paierait, en outre du prix des grues stipulé ci-dessus, le montant des primes d'assurances sur présentation des reçus des assureurs.

2° ACTE ADDITIONNEL AU MARCHÉ DU 14 AVRIL 1863 PASSÉ AVEC LA SOCIÉTÉ DES FORGES ET CHANTIERS ET ACTE ADDITIONNEL AU MARCHÉ DU 1er MAI 1863 PASSÉ AVEC LA MAISON E. GOUIN ET Cie.

(23 ET 20 JUILLET 1864)

COMMANDES DE PIÈCES DE RECHANGE POUR LES GRUES

Ces pièces de rechange devaient être rendues à Port-Saïd, savoir : pour la fourniture des Forges et Chantiers dans un délai de trois mois ;

---

digues du canal, la Compagnie pria la Société des Forges et Chantiers d'examiner s'il ne serait pas possible d'établir quelques unes des grues sur des pontons flottants.

L'ingénieur en chef des Forges et Chantiers après avoir étudié la question, reconnut, notamment, que, même avec un ponton de 16 mètres de longueur et 8 mètres de largeur, d'un tirant d'eau moyen de $0^m,96$, d'un déplacement de 120 tonneaux, bien lesté, on se trouverait dans des conditions d'instabilité inadmissible, formula finalement cette conclusion, que, pour avoir quelque chance de succès, il faudrait en arriver à un ponton de 22 mètres de longueur et de 8 mètres de largeur. La question ne lui paraissait donc pas susceptible d'une solution pratique. L'idée fut dès lors nettement abandonnée.

pour les fournitures Gouin, dans un délai de cinq mois; lesdits délais comprenant la durée de l'embarquement et la durée de la traversée évaluée à un mois.

Le prix de chaque fourniture complète, telle qu'elle était détaillée à une nomenclature annexée à la commande, résulterait du prix par pièce indiqué au détail de ladite nomenclature.

D'après les nomenclatures, l'importance des fournitures était évaluée comme suit :

Pour la Société des Forges et Chantiers, à 34.740 francs;
Pour la Maison Gouin.................. à 33.550 —

Chalands en fer

MARCHÉ DU 1er SEPTEMBRE 1863 PASSÉ AVEC MM. E. GOUIN ET Cie
POUR LA FOURNITURE DE 120 CHALANDS EN FER

CONDITIONS PRINCIPALES DU MARCHÉ

La commande comprenait la construction, le transport, le montage en Égypte et la livraison à flot à Port-Saïd de 120 chalands en fer en tout conformes à un dessin et à une spécification annexés.

Délais de livraison. — Les chalands devaient être rendus au Havre, par livraisons de 40 chalands, aux dates suivantes: le 1er décembre 1863, le 20 janvier et le 1er mars 1864.

La durée du transport maritime était fixée à un mois.

Les livraisons devaient se faire à Port-Saïd à raison de 10 chalands par semaine, la première livraison ayant lieu quinze jours après la mise à terre de tout le chargement du navire apportant les éléments des chalands.

En cas de retard dans les délais de livraison, le constructeur subirait une retenue de 10 francs par jour de retard et par chaland; en cas d'avance, au contraire, il jouirait d'une bonification de même somme.

Prix. — Le prix des chalands était fixé à la somme à forfait de 6.200 francs par chaland pour toutes fournitures, main-d'œuvre et faux-frais jusqu'à la livraison à flot à Port-Saïd.

Charges de la Compagnie. — La Compagnie devait pourvoir directement et par ses propres moyens au déchargement des matières hors du navire à Port-Saïd, au transport jusqu'au chantier et à la mise à terre sur le chantier de montage.

Elle s'engageait à livrer journellement à pied-d'œuvre un minimum de 30 tonnes à partir du jour d'arrivée du navire.

Elle prêterait gratuitement au constructeur les bois nécessaires pour la mise en chantier, et elle lui fournirait un terrain convenable, nivelé et au bord de l'eau, de 8.000 mètres carrés de superficie pour les chantiers de montage et de dépôt.

Elle garantissait aux ouvriers du constructeur les avantages de transport, logement, nourriture et autres accordés par elle aux ouvriers européens.

Enfin, elle fournirait sur les lieux les manœuvres qui lui seraient demandés en temps utile par le constructeur, à charge par celui-ci de lui tenir compte des salaires desdits manœuvres.

Délai de garantie. — La durée du délai de garantie était fixée à un mois après la mise en service des chalands.

SPÉCIFICATION CONCERNANT LES DISPOSITIONS GÉNÉRALES DES CHALANDS

Dimensions principales des chalands

		Mètres
Longueur maximum		20,50
— de la partie rectangulaire		16,00
Largeur à l'intérieur des tôles		3,66
— hors défense		3,90
Creux		1,25
Nombre des membrures	27	
Écartement		0,616
Nombre de carlingues	2	
Écartement		1,60
Longueur du plancher avant et arrière		1,90

Échantillons des matériaux :

	Millimètres
Épaisseur du fond	5,5
— du bordé	4,5
— des carlingues	5,0
— des varangues	4,0
Recouvrement des tôles	44,0

(Chaque chaland non ponté, en exécution, pesait environ 10.740 kilogrammes.)

Ceinturage, planchers et bittes d'amarre. — Chaque chaland devait être renforcé à la partie supérieure par un ceinturage de 18 sur 12 centimètres attaché à la coque et à la cornière de défense.

Dans les parties avant et arrière serait établi un plancher en bois de sapin de 6 centimètres d'épaisseur; le sommier de chacun de ces deux planchers formerait barrot pour relier le chaland.

Enfin, le chaland porterait quatre bittes en chêne pour les amarres.

ACTE ADDITIONNEL AU MARCHÉ DU 1er SEPTEMBRE 1863 (24 DÉCEMBRE 1863)

OBJET DE L'ACTE ADDITIONNEL

Le tiers du nombre des chalands faisant l'objet du marché du 1er septembre 1863 serait ponté conformément aux spécifications ci-dessous.

Les chalands pontés seraient livrés comme suit, savoir :

1° Sur les 40 chalands qui devaient être rendus au Havre le 20 janvier 1864, il y en aurait 30 de pontés ;

2° Sur les 40 chalands qui devaient être rendus au Havre le 1er mars, il y en aurait 10 de pontés.

SPÉCIFICATIONS RELATIVES AUX CHALANDS PONTÉS

Le pont devait régner dans toute la longueur du chaland depuis l'avant jusqu'à l'arrière, avec bouge de 10 centimètres. Il serait formé d'un plancher calfaté en madriers de pin du nord de 7 centimètres d'épaisseur supporté par des cornières formant barrots en nombre égal à celui des membres auxquels elles seraient reliées par des goussets en tôle. Chaque cornière serait, en outre, supportée par deux épontilles constituées par des cornières rivées aux carlingues du fond.

La défense extérieure du chaland serait remontée ainsi que la cornière qui la supporte à la hauteur du pont dont elle formerait gouttière.

A l'arrière et à l'avant, il y aurait une petite écoutille, de 0m,55 de largeur sur 0m,60 de longueur, dont l'encadrement en chêne serait complété par deux cornières transversales. Chacune des écoutilles serait fermée par un panneau plein en bois.

Prix. — Le prix à ajouter, pour chacun des chalands pontés, à celui du marché primitif, était de 2.675 francs.

2e ACTE ADDITIONNEL AU MARCHÉ DU 1er SEPTEMBRE 1863
(12 AVRIL 1864)

Le constructeur devait livrer à la Compagnie 50 nouveaux chalands, dont 40 non pontés et 10 pontés, en tout conformes aux précédents et aux mêmes prix, soit à 6.200 francs pour les chalands non pontés et à 8.875 francs pour les chalands pontés.

Les nouveaux chalands devaient tous être rendus et embarqués au Havre pour le 1er août 1864.

Caisses à déblai

MARCHÉ DU 1er SEPTEMBRE 1863 PASSÉ AVEC MM. FROSSARD ET Cie DE LYON, POUR LA FOURNITURE DE 660 CAISSES A DÉBLAI

CONDITIONS PRINCIPALES DU MARCHÉ

MM. Frossard et Cie s'engageaient à fournir, livrer et monter à Port-Saïd, sous leur responsabilité exclusive, 660 caisses à déblai conformes à un dessin et à un cahier des charges annexés.

Délais de livraison. — Les caisses devaient être embarquées à Marseille, par livraisons de 220 caisses, les 10 novembre, 25 novembre et 10 décembre 1863.

Les livraisons auraient lieu à Port-Saïd à raison de 120 caisses par semaine à partir du moment où tout le chargement du navire porteur des éléments de ces caisses aurait été rendu, par les soins de la Compagnie, à pied-d'œuvre.

Amende en cas de retard et prime en cas d'avance. — En cas de retard dans les délais stipulés ci-dessus, le fournisseur subirait une retenue e 5 francs par caisse et par jour de retard.

En cas d'avance, au contraire, il aurait droit à une bonification de 3 francs par caisse et par jour d'avance.

Prix. — Le prix de chaque caisse montée, essayée et prête à fonctionner, était fixé à 395 francs.

Charges de la Compagnie. — La Compagnie pourvoirait directement et par ses moyens propres au déchargement des caisses hors des navires, à leur débarquement à Port-Saïd et à leur transport jusqu'à pied-d'œuvre. Elle s'engageait à livrer journellement à pied-d'œuvre un minimum de 30 tonnes à partir du jour d'arrivée des navires.

Elle fournirait pour les besoins du montage un terrain de 2.000 mètres carrés de superficie tout préparé et bien nivelé et un hangar.

Depuis le moment du débarquement jusqu'à celui de la livraison près réception, elle garantissait aux ouvriers du constructeur les avantages de transport, logement, nourriture et autres dont jouissaient ses ouvriers européens.

Elle s'engageait à fournir au constructeur, sur les lieux, tous les manœuvres demandés par celui-ci en temps utile, à charge par lui de tenir compte à la Compagnie du salaire desdits manœuvres.

Si, par suite de retards apportés par la Compagnie à la remise des terrains ou au transport des pièces à pied-d'œuvre, les ouvriers du constructeur étaient contraints à prolonger leur séjour en Égypte au-delà des soixante jours qui suivront l'arrivée des premières caisses à Port-Saïd, le constructeur aurait droit, pour chaque ouvrier envoyé d'Europe, au remboursement des dépenses que lui causerait le maintien desdits ouvriers au-delà du terme ci-dessus indiqué.

Confection d'une caisse type. — Avant de commencer la construction des caisses, le fournisseur confectionnerait une caisse type qui serait soumise à l'ingénieur de la Compagnie et qui, après avoir été vérifiée et approuvée, s'il y avait lieu, resterait comme modèle pour l'exécution de toute la fourniture.

Réception provisoire en France. — Avant chaque expédition, il serait procédé à une réception provisoire des éléments de chaque caisse.

Réception définitive. — La réception définitive serait prononcée en Égypte un mois au plus tard après la livraison.

DU DÉBUT DES TRAVAUX

STIPULATIONS DU CAHIER DES CHARGES CONCERNANT LES DISPOSITIONS GÉNÉRALES DES CAISSES

Indication détaillée de la fourniture. — Les caisses, d'une contenance de $3^{m3},52$ avaient les dimensions suivantes :

	Mètres
Longueur intérieure mesurée à la partie supérieure....	2,30
— — — à la fonçure.............	2,48
Largeur intérieure à l'arrière de la caisse.............	1,50
— — à l'ouverture près de la porte.......	1,60
Hauteur du dessus de la fonçure jusqu'au bord supérieur.	1,00
Longueur du brancard inférieur......................	2,64

Chaque caisse se composerait :

1° D'un bâti formé de membrures en bois de chêne;

2° D'un fond en peuplier grisard recouvert d'une tôle de fer pour faciliter l'écoulement des déblais;

3° De panneaux en bois de sapin, dont un mobile en forme de porte;

4° Des ferrures de consolidation telles que boulons, harpons, fers d'angle, équerres, etc., et de celles nécessaires à la suspension.

Bâti. — Le bâti se composerait :

1° D'un cadre inférieur formé par deux brancards et quatre traverses;

2° D'un cadre supérieur formé également de deux brancards reliés à l'arrière par une traverse et à l'avant par une deuxième traverse;

Ces deux traverses seraient réunies par des montants verticaux au nombre de neuf, répartis par trois sur chaque face.

Panneaux, fond, porte. — Les panneaux seraient composés de planches jointives parfaitement dressées et fixées sur les montants au moyen de boulons.

Les planches jointives formant le fond seraient clouées sur le pourtour du cadre inférieur et boulonnées sur les traverses intermédiaires. La tôle qui les recouvre serait fixée au moyen de vis à tête fraisée pénétrant jusque dans le bois de chêne du bâti.

La porte serait formée par deux panneaux articulés en planches jointives reliées au moyen de pentures à boucle prenant leurs points d'appui sur la traverse d'avant du cadre supérieur.

Ferrures spéciales pour l'accrochage et le renversement de la caisse. — Les ferrures de suspension de la caisse se composeraient de deux fourches angulaires en fer méplat munies chacune d'un œil ovale renforcé destiné à recevoir la clef de suspension. Leurs branches seraient réunies au moyen d'éclisses rivées à deux grands étriers en fer plat de même section qu'elles, disposés sous la caisse à environ 80 centimètres l'un de l'autre, et embrassant le fond et les côtés. Les ferrures, reliées aux panneaux par l'intermédiaire de fourrures, seraient fixées auxdits panneaux ainsi qu'aux cadres au moyen de boulons.

Le crochet de renversement serait fixé, au moyen de trois boulons, sur le montant intermédiaire et sur la traverse de derrière de la caisse. Il serait muni d'une queue méplate d'au moins 40 centimètres de longueur et 8 centimètres de largeur.

Hopper-barges anglais

MARCHÉS DE COMMANDES DES 23 ET 24 DÉCEMBRE 1864

(CONSTRUCTION DES HOPPER-BARGES)

Deux marchés de commandes, presque identiques dans leurs dispositions générales, ont été passés par la Compagnie, savoir :

Marché du 23 décembre 1864, avec MM. Henderson, Coulborn et Cie, constructeurs à Renfrew, près Glasgow, pour la fourniture de quatre hopper-barges;

Marché du 24 du même mois, avec M. Thomas Bollen Seath, constructeur à Rutherglen, également près Glasgow, pour la fourniture de quatre autres hopper-barges.

PRINCIPALES CONDITIONS DES MARCHÉS

Les bateaux à clapets, à vapeur et à hélice, devaient contenir, chacun, 300 tonnes de sable humide dans le puits[1].

Chaque bateau devait être construit pour la forme, les dimensions, les machines, les chaudières, le bordé, les agrès et les fournitures, en tous points semblables au bateau à clapets n° 4 appartenant aux Syndics de la rivière Clyde, et d'après les dessins, spécification et plans annexés au marché.

Indépendamment de la construction et livraison des bateaux, le constructeur s'engageait à exécuter également, suivant ses prix ordinaires, tout équipement supplémentaire, fournitures et aménagements que la Compagnie pourrait demander en sus de ce qui était compris dans la spécification du bateau de la Clyde n° 4, afin de disposer les bateaux à faire le voyage jusqu'à Port-Saïd, et à conclure à cet effet un traité supplémentaire avec la Compagnie.

Après l'achèvement de chaque bateau, des parcours d'essais seraient faits sur la Clyde, le bateau étant chargé de 300 tonneaux de manière à être placé dans sa ligne d'eau. La vitesse de marche devrait être au moins égale à celle du bateau n° 4 dans les mêmes conditions[2].

Le constructeur s'obligeait à engager à Glasgow, au tarif habituel du

1. Environ 166 mètres cubes.

2. Des essais de vitesse ont été faits sur le premier hopper-barge fourni par la maison Henderson :

La vitesse obtenue dans les essais a été d'environ 13 kilomètres par heure. Pendant les essais, le régime de la machine a été le suivant :

Nombre de tours	80
Pression effective dans la chaudière	$1^{atm},80$
Vide du condenseur	$0^{cm},64$

La puissance de la machine était évaluée à environ 46 chevaux-vapeur.

port, et aux frais de la Compagnie, un mécanicien capable qui prendrait charge de la machine de chaque bateau, pendant les deux premiers mois de travail après le départ du bateau de la Clyde.

Chaque bateau, après avoir été essayé et après être muni de cordages, mâts, voiles, cabestans pour les manœuvres, serait livré par le constructeur à la Compagnie.

Les livraisons auraient lieu dans les délais suivants :

	Bateaux Henderson	Bateaux Seath
Le premier bateau.............	28 février 1865	15 mars 1865
Le second bateau...............	31 mars —	31 — —
Les deux derniers bateaux......	29 avril —	31 mai —

En cas d'avance dans la livraison de chaque bateau, le constructeur recevrait une prime de 10 livres sterling par chaque jour d'avance ; en cas de retard, au contraire, il subirait une retenue de même somme pour chaque jour de retard.

Le prix de chaque bateau était fixé comme suit :

Bateaux Henderson..	5.400 livres sterling	(environ 135.000 francs)
Bateaux Seath.......	5.225 — —	(environ 131.000 francs)

STIPULATIONS PRINCIPALES DE LA SPÉCIFICATION OU CAHIER DES CHARGES D'UN HOPPER-BARGE A VAPEUR ET A HÉLICE CAPABLE DE CONTENIR 300 TONNES DE SABLE MOUILLÉ ET MÛ PAR UNE MACHINE A VAPEUR A CONDENSATION DE 35 CHEVAUX-VAPEUR [1].

(SPÉCIFICATION ANNEXÉE AUX DEUX MARCHÉS DE COMMANDES CI-DESSUS)

Dimensions de la coque. — La coque serait en fer et aurait les dimensions suivantes :

	Mètres
Longueur de la quille, y compris l'élancement de l'étrave...	41,15
Largeur au maître-bau..	7,01
Creux...	2,97
Longueur du puits..	15,24
Largeur du puits au niveau du pont..........................	5,79
— — au fond..	2,51

Dispositions de la coque et installations du bateau. — Le puits comporterait deux compartiments séparés par une cloison étanche.

---

1. M. Lavalley, dans une communication du 7 septembre 1866 à la Société des Ingénieurs Civils, exprimait sur les hopper-barges anglais, l'opinion suivante :

« La forme de ces bateaux, leur construction, la simplicité et la bonne conception de tous les mécanismes, faisaient de ces appareils d'excellents modèles à imiter. »

Il estimait d'ailleurs la force des machines à environ 50 chevaux-vapeur de 225 kilogrammètres.

Les membrures de la coque et du puits seraient espacées de $0^m,61$ d'axe en axe.

Des varangues seraient placées à chaque membrure. Ces varangues s'étendraient sur tous les petits fonds de la coque.

Le bordé de toute la coque et du puits serait en tôle de $9^{mm},5$ à l'exception de la préceinte, sur une longueur de $4^m,57$ en avant et en arrière du puits, et de la virure inférieure, sur une longueur de $1^m,52$ également en avant et en arrière du puits, qui n'auraient que 8 millimètres d'épaisseur.

Les cloisons étanches, au nombre de trois, seraient en tôle de $9^{mm},5$ d'épaisseur renforcée par des cornières.

Les côtés du puits seraient soutenus à chaque membrure par une cornière formant arc-boutant en diagonale.

Les barrots du pont, placés de deux en deux membrures, et les barrots du faux pont, en avant et en arrière du puits, seraient en fer cornière. Les barrots du pont, en avant et en arrière, seraient supportés par des épontilles en fer cornière partout où cela serait nécessaire.

Il y aurait de chaque côté du puits une carlingue se prolongeant autant que possible en avant et en arrière et une autre au milieu de la coque en avant et en arrière du puits. Il y aurait aussi des carlingues disposées pour la chaudière et la machine.

Une gouttière en tôle de $9^{mm},5$ d'épaisseur et de $0^m,61$ de largeur s'étendrait de chaque côté sur une longueur de $18^m,30$ au milieu du bateau, s'amincissant ensuite en avant et en arrière, à $0^m,41$, avec une épaisseur de 8 millimètres.

Une hiloire en fer cornière régnerait le long du bord extérieur et de chaque côté du puits.

Il serait établi quatre trous d'homme fermés par des portes.

Les portes du puits seraient formées d'un cadre solide en cornières, avec croix de Saint-André, et d'une tôle de 8 millimètres d'épaisseur recouverte en bois d'orme. Chaque porte serait soutenue par de fortes pentures avec bague en acier et porterait des boulons à œil pour les chaînes.

Le gouvernail serait muni de fortes ferrures en fer.

La poutre courbe creuse, en tôle, destinée à soutenir les portes des clapets, s'étendrait d'un bout à l'autre du puits et serait formée de quatre tôles renforcées aux angles par des cornières. Les tôles verticales auraient $0^m,46$ de hauteur au milieu et $0^m,61$ aux extrémités; les tôles supérieure et inférieure, $0^m,20$ de largeur; les unes et les autres $9^{mm},5$ d'épaisseur. La poutre aurait des ouvertures dans les tôles supérieure et inférieure pour le passage des poulies et des chaînes. Une épontille serait placée sous la poutre au milieu de sa longueur.

Des fourrures en orme seraient placées à l'intérieur du puits et ajustées sur le haut de la quille.

Le pont serait en pin de 63 millimètres d'épaisseur; le faux-pont en avant du puits, en planches de 22 millimètres.

Les jambettes de la lisse d'appui en avant et en arrière du puits seraient en chêne; elles descendraient, partout où ce serait possible, jusqu'à $0^m,91$ en contre-bas du pont, sur les membrures, et y seraient solidement boulonnées.

Une chaîne de garde, avec épontilles mobiles en fer, courrait de chaque côté du puits.

Une ceinture en orme ou en chêne, fixée entre deux cornières, s'étendrait le long du bateau en contournant l'avant et l'arrière.

Un puissant treuil serait fixé sur le pont, près de l'avant, pour lever l'ancre et pour manœuvres diverses.

Deux treuils, à double rapport d'engrenage, et pourvus de forts rochets et de forts lingots, seraient installés pour la manœuvre des portes. Les plaques de fondation de ces treuils seraient solidement fixées à chaque extrémité du puits.

Les poulies nécessaires pour fixer les portes seraient portées sur la poutre courbe par de forts axes tournés sur lesquels elles seraient folles. Tous les cabestans seraient munis de têtes de cheval surgissant au dehors.

Il y aurait six pompes en fonte alésées.

Le bateau aurait deux mâts simples propres à un voyage en mer et munis de la toile nécessaire.

La partie du bateau en avant du puits serait aménagée pour l'équipage.

Huit bittes en fonte seraient installées sur le bateau ainsi qu'un apôtre à bittons fixé à l'avant. Des écubiers seraient ajustés sur les points où cela serait reconnu nécessaire.

Machine. — La machine (à deux cylindres et marchant à moyenne pression avec condenseur à surface) serait à section directe.

Les cylindres auraient $0^m,56$ de diamètre et $0^m,56$ de course.

En outre de la pompe à air, il y aurait une pompe d'alimentation et une pompe de cale ayant chacune 76 millimètres de diamètre et conduites par les leviers de la pompe à air.

L'arbre moteur aurait 127 millimètres de diamètre.

Un petit cheval serait placé à bord pour alimenter la chaudière et extraire l'eau de la cale.

Chaudière. — La chaudière serait horizontale tubulaire et aurait $2^m,54$ de longueur, $2^m,34$ de largeur et $3^m,50$ de hauteur avec la partie supérieure semi-circulaire ; elle serait munie de deux foyers ayant chacun $0^m,91$ de longueur avec des barreaux de $1^m,68$ de longueur et une culotte de $0^m,76$ de diamètre. L'enveloppe aurait $9^{mm},5$ d'épaisseur, le fond du foyer 11 millimètres, et le bas de la chaudière, 13 millimètres. Les plaques tubulaires auraient 16 millimètres d'épaisseur, les côtés et le ciel du foyer, $9^{mm},5$, la culotte 11 millimètres et la boîte à feu, $9^{mm},5$.

Les tubes seraient en fer, au nombre de 144 ; ils auraient chacun $1^m,83$ de longueur et 89 millimètres de diamètre extérieur.

La chaudière serait établie pour supporter une pression de 1 atmosphère 3/4 effective. Elle serait éprouvée à l'eau à 3 atmosphères effectives.

Il y aurait trois trous d'homme à l'avant de la chaudière et des tôles de parquet striées en avant du foyer.

Des soutes à charbon seraient disposées comme d'habitude et aussi grandes que l'espace le permettrait.

Propulseur. — L'hélice aurait $2^m,44$ de diamètre et $3^m,81$ de pas. Elle aurait trois branches.

Le tube de l'étambot serait muni d'un stuffing-box et d'un chapeau de bronze.

L'arbre, de 127 millimètres de diamètre, serait en fer martelé de première qualité.

MARCHÉ DU 31 JANVIER 1865

CONDUITE DES HOPPER-BARGES DE GLASGOW A PORT-SAÏD

La Compagnie passa le 31 janvier 1865 un marché avec M. Miège aîné, agent maritime à Paris, pour la conduite, de Glasgow à Port-Saïd, des 8 hopper-barges commandés aux deux maisons anglaises.

PRINCIPALES CONDITIONS DU MARCHÉ

M. Miège s'engageait, sous sa responsabilité, à équiper, faire naviguer et conduire jusqu'à Port-Saïd les 8 bateaux à clapets qui lui seraient livrés par la Compagnie dans la Clyde.

En outre des spécifications contenues dans les marchés passés par la Compagnie avec les constructeurs, il serait fait sur lesdits bateaux, avant leur remise à M. Miège, les divers travaux énumérés ci-dessous, destinés à assurer leur bonne navigabilité en haute mer, savoir :

1° Rendre à faux-frais les portes des puits étanches ;

2° Couvrir l'ouverture supérieure de ces puits d'un pont calfaté assez solide pour résister aux paquets de mer qui pourraient tomber dessus ;

3° Enfin, établir un pavois en bordages depuis la ceinture jusqu'à la lisse d'appui.

Pour donner d'ailleurs toutes garanties à M. Miège et aux assureurs, les travaux d'aménagement pour la mer seraient effectués sur les avis de l'agent du *Veritas* à Glasgow qui serait consulté par la Compagnie toutes les fois que besoin serait.

Les dates de livraison des bateaux à M. Miège étaient échelonnées du 15 mars au 10 juin.

Lors de la remise qui lui en serait faite, il serait délivré à M. Miège un certificat émanant de l'expert du *Veritas* de Glasgow portant déclaration de bon état de navigabilité des bateaux.

Le prix de la conduite de chaque bateau était fixé à 18.000 francs.

M. Miège était autorisé à charger à bord des bateaux, sous sa responsabilité et à son bénéfice, soit du charbon en excédant de celui largement nécessaire à la traversée, soit des marchandises, mais sous la condition expresse que ce serait à destination de Port-Saïd.

La Compagnie s'engageait, lors de l'arrivée des bateaux à Port-Saïd, à prendre, au prix de revient, les vivres, vins, huiles, graisses, approvisionnements restant à bord.

M. Miège devrait faire assurer chacun des bateaux pour une somme de 151.000 francs se répartissant ainsi :

	Francs
Assurance sur corps, agrés, accessoires............	87.000
— sur avance de fret faite par la Compagnie	9.000
— sur machine à vapeur et ses accessoires.	55.000
TOTAL..................	151.000

La valeur du matériel et des approvisionnements qui pourraient être mis à bord par M. Miège n'était pas comprise dans cette somme de 151.000 francs.

Les polices d'assurances seraient faites au nom de la Compagnie.

MARCHÉS DES 15 ET 20 FÉVRIER 1865

(COMMANDES SUPPLÉMENTAIRES AUX CONSTRUCTEURS)

Comme suite aux conditions stipulées dans le marché ci-dessus relatives à l'exécution préalable de travaux destinés à assurer la bonne navigabilité des bateaux, et par application d'une des dispositions des marchés de commandes aux constructeurs, disant qu'une nouvelle convention serait conclue ultérieurement au sujet de tous équipements, fournitures et aménagements que la Compagnie pourrait demander en vue de mettre les bateaux en état de faire le voyage jusqu'à Port-Saïd, la Compagnie fit à chacun des deux constructeurs, aux dates des 15 et 20 février 1865, la commande, suivant états détaillés, des aménagements à exécuter et des fournitures et pièces de rechange à livrer pour la traversée.

Les aménagements devaient être exécutés sur les bateaux avant leur lancement de manière à éviter d'avoir à remonter ceux-ci sur cale. Les bateaux devraient d'ailleurs être livrés aux dates primitivement fixées, la Compagnie renonçant à les essayer en les remplissant de sable.

Le prix convenu à forfait pour les nouveaux aménagements et fournitures était de 243 livres sterling (environ 6.000 francs).

Une nouvelle commande fut faite un peu plus tard, à chacun des deux constructeurs, pour quelques améliorations à apporter aux dispositions primitives, moyennant le prix à forfait de 24 livres sterling (environ 600 francs).

Porteurs belges

MARCHÉ DE COMMANDE DU 11 JANVIER 1865

La Compagnie passa le 11 janvier 1865 avec la Société John Cockell, de Seraing (Belgique) un marché pour la fourniture et livraison à Port-Saïd de deux porteurs ou bateaux à clapets à vapeur.

PRINCIPALES CONDITIONS DU MARCHÉ

Les formes, aménagements, machines, chaudières et armement seraient (comme pour les huit hopper-barges commandés en Écosse) en tous points semblables à ceux du bateau à clapets n° 4 appartenant aux Syndics de la navigation de la Clyde.

Les bateaux seraient pourvus de tous les aménagements et fournitures nécessaires à leur manœuvre et à leur traversée en mer d'Anvers à Port-Saïd.

Aussitôt l'achèvement de chaque bateau, il serait procédé à son essai sous vapeur à Anvers. Le premier des deux bateaux, au moins, serait rempli de 300 tonnes de pierres ou de sable de façon à être mis dans ses lignes d'eau. Sa vitesse devrait être au moins égale à celle du bateau n° 4 de la Clyde et cette vitesse devrait être maintenue sans interruption pendant trois heures[1].

Les bateaux devraient partir d'Anvers au plus tard le 15 mai 1865. En cas d'avance dans la livraison, le constructeur recevrait une prime de 250 francs par jour d'avance et par bateau; en cas de retard, au contraire, il lui serait fait une retenue de 250 francs par jour de retard.

Le prix de chaque bateau était fixé à 120.000 francs. Les frais de la traversée, y compris les frais de rapatriement du personnel, seraient remboursés au constructeur par la Compagnie sur la production des papiers de bord. [Les frais de la traversée ont été arrêtés d'un commun accord à 18.000 francs par bateau.]

Dans le cas où les puits des bateaux étanchés pourraient être utilisés pour porter des chargements, ce chargement serait composé de charbon. A l'arrivée à Port-Saïd, ce qui resterait à bord serait utilisé au bénéfice commun des deux parties.

L'assurance du voyage d'Anvers à Port-Saïd serait faite par le constructeur et les frais en seraient payés par la Compagnie.

Le constructeur garantissait que la machine du bateau n'exigerait aucune réparation pendant deux mois après la livraison à Port-Saïd. Pendant toute la durée de ce délai de garantie, il pourrait laisser son mécanicien qui aurait charge de la machine. Le traitement du mécanicien laissé ainsi à bord et son rapatriement seraient à la charge de la Compagnie.

---

1. Les essais des deux bateaux en vue de la réception provisoire ont eu lieu à Anvers le 24 juillet 1865.

Ils se sont bornés à des constatations de vitesse et à l'examen du fonctionnement des machines, et ils ont donné lieu aux constatations suivantes :

La machine était du système dit à pilon. Le condenseur était un condenseur tubulaire à surface. Contrairement aux dispositions adoptées sur les bateaux des constructeurs anglais, le condenseur était isolé de la machine. La circulation d'eau, au lieu d'être obtenue par une pompe mue directement par la machine, était produite par une pompe rotative actionnée par une machine spéciale supportée par l'enveloppe du condenseur et qui pouvait en outre faire l'office de petit cheval pour l'alimentation de la chaudière et pour l'extraction de l'eau de la cale.

La vitesse obtenue dans les essais a été de 13 à 14 kilomètres par heure ; et, pendant les essais, le régime moyen des machines a été le suivant :

Nombre de tours par minute	80
Pression absolue dans la chaudière	$1^{atm},80$
Vide au condenseur	$0^{cm},64$

Ces résultats, comme on le voit, sont exactement les mêmes que ceux obtenus dans les essais du premier hopper-barge Henderson.

ÉCLAIRAGE DE LA COTE MÉDITERRANÉENNE D'ÉGYPTE D'ALEXANDRIE A PORT-SAID

Vues et appréciations de la Commission Internationale de 1855

Sur la question de l'éclairage de la côte méditerranéenne d'Égypte, nous devons tout d'abord rappeler les vues et appréciations de la Commission Internationale de 1855 chargée d'arrêter définitivement les conditions d'établissement du canal maritime.

Dans son rapport (décembre 1856), la Commission s'exprimait à ce sujet comme suit :

« On admettait généralement, comme règle d'un bon éclairage des côtes, que les feux devaient être assez rapprochés pour qu'un navire au large put toujours en apercevoir deux à la fois. Or, sur la côte africaine de la Méditerranée, il n'y avait que très peu de feux ; ainsi, de Tripoli jusqu'à Alexandrie, on n'en rencontrait pas un seul, et c'était là une des raisons pour lesquelles les navires s'éloignaient toujours de ces parages dangereux ; à partir d'Alexandrie, il n'y avait pas non plus de feux jusqu'à Beyrouth, et c'était pour ce motif que les navires évitaient ces atterrages.

Pour la sécurité de l'importante navigation appelée désormais à fréquenter les parages du golfe de Péluse, il ne suffirait donc pas (comme le proposait l'avant-projet des ingénieurs du Vice-Roi) d'établir un phare à la pointe de Damiette et à Port-Saïd ; il faudrait en outre, depuis la pointe du Marabout à Alexandrie jusqu'à 20 lieues au moins à l'Est de Péluse, que la côte fût parfaitement éclairée par des phares à feux bien distincts et dont les tours seraient appelées à faire l'office d'amers pendant le jour. On ne pouvait trop multiplier les précautions pour une côte aussi basse que celle d'Égypte, sur laquelle on arrivait, même de jour, sans pouvoir encore la distinguer, et où les objets qu'on apercevait en atterrissant, étaient principalement des bouquets d'arbres qui se confondaient aisément entre eux.

ÉTUDE DE M. LAROUSSE DU 31 MARS 1861

A la date du 31 mars 1861, M. Larousse, ingénieur hydrographe de la Marine, attaché au service de la Compagnie depuis l'année 1859, a présenté au Vice-Roi, sur la demande de Son Altesse, une étude d'un système complet d'éclairage de la côte méditerranéenne d'Égypte [1].

Cette étude peut se résumer comme suit :

La côte d'Égypte sur la Méditerranée serait, après l'ouverture du canal de Suez, une des régions maritimes les plus fréquentées. Il importait donc

1. Il y a lieu de rappeler que M. Larousse avait été adjoint à la Commission Internationale de 1855 chargée d'arrêter définitivement les conditions

qu'elle fût autant que possible dans des conditions propres à faciliter la navigation et à lui donner toute la sécurité nécessaire. Or, cette côte était, dans presque toute son étendue, formée d'une plage basse où se distinguaient à peine quelques dunes ; sur les points les plus favorables elle n'était guère visible qu'à 4 ou 5 milles, et sans la faible déclivité des fonds qui permettait aux bâtiments de constater par la sonde le voisinage des terres, ceux-ci seraient souvent affalés près de la terre avant d'avoir pu l'apercevoir. De même, pendant la nuit, aucun feu en dehors de celui d'Alexandrie et du petit feu de Port-Saïd ne venait donner aux navires des renseignements sur leur position.

La création sur le littoral d'un certain nombre de phares avec de hautes tours, qui serviraient ainsi de repéres aussi bien pendant le jour que pendant la nuit, était donc une mesure de première nécessité et dont il importait de s'occuper sans retard.

Description de la côte et conditions générales d'un système d'éclairage. — La côte d'Égypte, d'Alexandrie à la baie de Péluse a — comme le montre la carte — la forme d'une courbe convexe sensiblement régulière. Le cap Burlos en est le sommet; et, de part et d'autre de ce cap et à des distances sensiblement égales, se trouvent les pointes de Rosette et de Damiette qui s'avancent en dehors de la ligne générale.

Rosette, Burlos et Damiette étaient donc naturellement indiqués pour recevoir des phares.

Au-delà de Damiette, la côte redescend vers le sud-est, en présentant une légère saillie à Port-Saïd, pour se relever ensuite au-delà des ruines de Péluse jusqu'au cap Ras-Bouroun où elle tourne à l'Est.

Port-Saïd, indépendamment de son importance, et Ras-Bouroun devaient donc également être éclairés.

Mais il ne suffisait pas que ces différents points fussent signalés par des phares, il fallait autant que possible que ces phares se trouvassent répartis de manière à couvrir la côte d'un réseau lumineux sans interruption et fussent variés de telle sorte qu'un bâtiment, atterrissant sur la côte reconnut par leur moyen, non seulement l'approche de la terre, mais encore la position où il se trouve. C'était à ces conditions que devait satisfaire tout bon système d'éclairage et auxquelles on avait cherché à se conformer dans le système proposé.

Phare de Rosette. — La pointe de Rosette, située à 30 milles d'Alexandrie et à 40 milles environ du cap Burlos, n'était signalée, en outre de palmiers et de moulins en ruine, que par deux forts dont les tours avaient environ 10 mètres de hauteur et qui, à la distance de 6 milles, étaient à peine visibles.

Or, les bâtiments naviguant entre la Syrie et l'Égypte passaient au large de cette pointe ; ceux venant de l'ouest à Alexandrie étaient aussi portés quelquefois à cette hauteur par les courants qui, entre le cap Razac et Alexandrie, portent souvent dans le nord-est. Il importait donc que la pointe de Rosette fût éclairée par un feu différent de celui d'Alexandrie.

---

d'établissement du canal maritime pour faire le relevé hydrographique du golfe de Péluse; que, plus tard, en 1860, étant alors au service de la Compagnie, il avait, sur l'invitation du Gouvernement égyptien, fait une reconnaissance hydrographique de toute la côte d'Égypte sur la Méditerranée, depuis la pointe du Marabout, à l'ouest d'Alexandrie, jusqu'au delà du golfe de Péluse, ladite reconnaissance comprenant notamment une étude très détaillée des deux embouchures du Nil, de Rosette et de Damiette ; enfin, qu'à la suite de cette reconnaissance, il avait dressé une nouvelle carte hydrographique de la côte Égyptienne qui fut publiée, au cours de cette même année 1860, par la Compagnie.

On proposait un feu tournant de 2e ordre, avec éclipses de 30 en 30 secondes, d'une portée de 16 à 20 milles, se rapprochant généralement de la limite supérieure par suite de la sérénité habituelle de l'atmosphère. La tour portant l'appareil devrait avoir une hauteur de 40 mètres et pourrait ainsi, de la hune d'un bâtiment de 200 à 300 tonneaux, être aperçue à 20 milles.

Phare de Burlos. — Le cap de Burlos se faisait déjà remarquer par quelques dunes très élevées. C'était la seule partie de la côte présentant des accidents de terrain susceptibles d'être aperçus d'un peu loin ; c'était en quelque sorte le point d'atterrissage général de la côte d'Égypte.

On proposait pour ce point un phare de 1er ordre à feu fixe varié par des éclats, d'une portée de 20 à 24 milles. La tour aurait une hauteur de 55 mètres. Dans ces conditions, les rayons du phare se croiseraient, d'un côté, avec ceux du phare de la pointe de Rosette, de l'autre côté, s'étendraient à plus de demi-distance de Damiette.

Phare de Damiette. — La pointe de Damiette était généralement signalée par les bâtiments mouillés au large, par les forts du Boghaz et par le fort et la mosquée de Lesbeh.

L'importance de la position de Damiette était destinée à augmenter rapidement. Indépendamment, en effet, des bâtiments se rendant d'Alexandrie aux ports de la côte sud de Syrie, la position était surtout fréquentée par les bâtiments venant d'Europe à Port-Saïd. La pointe de Damiette était le point le plus avancé du golfe de Péluse dont elle marquait en quelque sorte l'entrée du côté ouest. C'était sur ce point qu'atterriraient tous les navires qui viendraient pour traverser le canal de Suez.

On proposait pour Damiette un feu tournant de second ordre, avec éclipses de minute en minute, d'une portée de 18 à 22 milles. La tour aurait une hauteur de 50 mètres. Dans ces conditions, le feu de Damiette se rencontrerait avec les feux voisins de Burlos et de Port-Saïd.

Phare de Port-Saïd. — Le feu provisoire actuel de Port-Saïd, feu fixe d'une portée de 10 milles et supporté par un échafaudage en charpente de 20 mètres de hauteur, devrait, dans l'avenir, céder la place à un feu plus puissant, d'une portée de 20 milles.

Phare de Ras-Bouroun. — Le phare de Ras-Bouroun aurait spécialement pour but d'indiquer leur véritable position aux bâtiments venant de Syrie et rejetés dans l'Est par les courants.

On proposait pour ce point un feu de second ordre à éclipses de 30 en 30 secondes et de 18 à 20 milles de portée. La tour aurait une hauteur de 40 mètres. Dons ces conditions le feu projeté croiserait ses rayons avec ceux du nouveau feu de Port-Saïd.

Conclusions. — Avec le système de feux de nature diverse tel qu'il était proposé, un navire atterrissant la nuit sur une partie quelconque de la côte d'Égypte connaitrait sa position par la nature du feu qu'il aurait en vue.

Pour que le navire pût, de même, reconnaître sa position pendant le jour, il importerait de varier également autant que possible l'aspect même des tours des phares. Malheureusement on ne pouvait, à cet égard, arriver à des différences aussi sensibles que celles obtenues par la diversité des feux, surtout sous la latitude du littoral d'Egypte, où, lorsque le sommet d'un édifice apparaît à l'horizon, il est presque impossible d'en distinguer la forme et la couleur : le mirage, d'une part, déforme les contours, et, d'autre part, l'éclat de la lumière donne à tous les objets situés entre l'observateur et le soleil une teinte uniforme. Toutefois, dès qu'un bâtiment aurait aperçu un phare dans le courant de la journée, il pourrait se rapprocher de terre et reconnaître bientôt, par suite de la diversité précédemment signalée dans les localités, la partie de la côte où il se trouve.

La dépense totale des quatre feux de Rosette, Burlos, Damiette et Ras-Bouroun était estimée à environ 1.310.000 francs. [On supposait alors que le nouveau phare à ériger à Port-Saïd devait être construit aux frais de la Compagnie.]

Mais il s'agissait là d'un projet complet qui pouvait ne pas être exécuté immédiatement dans son ensemble. Deux seulement des quatre phares projetés, ceux de Rosette et de Damiette, devaient être construits sans retard. Leur dépense de construction serait de 630.000 francs.

D'une manière générale, avant d'entreprendre aucun des ouvrages, il serait nécessaire d'en bien étudier l'emplacement sous le rapport de la nature du sous-sol sur lequel seraient assises les fondations. A première vue, la rive Ouest, formée presque exclusivement de sable marin, paraissait préférable à la rive Est où l'on trouvait des lagunes couvertes de vase, au moins à la partie supérieure; mais, d'un autre côté, la rive Ouest étant partout sensiblement moins avancée en mer que la rive Est, les phares érigés du côté Est auraient une portée plus éloignée.

On signalait d'ailleurs la possibilité d'adopter pour les phares projetés des tours en fer ainsi que cela avait déjà été fait sur plusieurs points.

ÉTUDES DE 1868 ET 1869

AVANT-PROJET DE PHARE POUR LE PORT DE PORT-SAÏD

(JUILLET 1868)

Pendant la période de construction du Canal, le port de Port-Saïd — ainsi qu'il a été expliqué précédemment, n'a été éclairé que par un feu fixe de 10 milles de portée, placé à terre à peu de distance en deçà de l'enracinement de la jetée Ouest et élevé à 19m,80 au-dessus du niveau de la mer. Considéré dès l'origine comme provisoire, ce feu était installé au sommet d'une tourelle en charpente.

Tant que le massif de la jetée Ouest n'eut pas dépassé l'îlot en fer garni d'enrochements établi à 1.000 mètres environ du rivage, la portée du feu avait paru suffisante. Mais la jetée devait avoir une longueur totale de 2.500 mètres qu'elle atteignit effectivement vers la fin de 1868. Or, en même temps que le massif d'enrochements de la jetée s'avançait vers le large à partir de l'îlot, les arrivages de jour et de nuit se multipliaient dans le port, et la Compagnie était vivement sollicitée par les navigateurs de remplacer pour les manœuvres de nuit l'éclairage devenu insuffisant du port par un éclairage plus puissant signalant non seulement l'entrée du port mais aussi ses atterrages, indépendamment des feux de port des extrémités des jetées.

A ce moment, la côte d'Égypte sur la Méditerranée, en outre du feu insuffisant de Port-Saïd, ne présentait que le phare à feu fixe d'Alexandrie élevé de 55 mètres au-dessus du niveau de la mer, d'une portée d'une vingtaine de milles et entretenu par le Gouvernement égyptien.

Le Gouvernement égyptien avait bien fait connaître son intention d'établir deux autres phares entre Port-Saïd et Alexandrie, mais rien n'était encore fixé sur le choix définitif de leur emplacement et encore moins sur l'époque de leur construction.

Dans tous les cas, la Compagnie jugea indispensable de s'occuper immédiatement de l'éclairage de Port-Saïd au point de vue spécial des intérêts du canal, et dès les premiers mois de 1868, elle prescrivit aux ingénieurs de faire l'étude d'un projet de phare dont le feu serait, bien entendu, mis en concordance avec ceux que devait établir le Gouvernement égyptien.

L'étude prescrite par l'Administration fut produite par les ingénieurs en juillet 1868.

Description de l'avant-projet. — Le phare projeté comportait les principales dispositions suivantes :

L'emplacement choisi pour l'établissement du phare était le point d'intersection de l'axe du canal avec le premier grand alignement de la jetée Ouest du port, de manière à indiquer à la fois deux directions : le point ainsi déterminé se trouvait à terre, sur la rive Afrique, au Sud des bassins du port ; le sol, formé de sable recouvert d'une mince couche d'argile paraissait devoir offrir une bonne base pour les fondations.

Le phare de Port-Saïd devant, d'après le projet d'ensemble de M. Larousse, croiser son feu, à l'Ouest, avec le feu de la pointe de Damiette distant d'environ 30 milles, à l'Est avec le feu du cap Bouroun, situé à environ 40 milles, on proposait de lui donner une portée de 20 milles. Pour une pareille portée et un feu fixe, l'appareil devait être de premier ordre.

En ce qui était de la hauteur du feu, comme la passerelle d'un bâtiment à vapeur, élevée d'environ 6 mètres au-dessus du niveau de la mer, a un horizon d'à peu près 5 milles, le foyer du phare projeté devait, de son côté, avoir un horizon d'environ 15 milles, ce qui exigeait de le placer à une hauteur de 54 mètres au-dessus du niveau de la mer[1].

On proposait d'adopter pour la tour du phare une charpente en fer identique à celle du phare récemment construit, dit des Roches-Douvres, avec cette seule différence que le fût ne serait pas garni de plaques : la construction serait à claire-voie sur toute sa hauteur à partir de 10 mètres au-dessus du soubassement jusqu'à la chambre supérieure. Il serait toujours facile plus tard et peu dispendieux de fermer les parois extérieures si on le reconnaissait nécessaire.

La base en maçonnerie serait fondée sur une couche de béton coulée sur le sable au-dessous de la terre argileuse.

Les dépenses étaient estimées comme suit :

	Francs
Construction de la tour	250.000
Soubassement en maçonnerie (environ 450 mètres).	27.000
Appareil d'éclairage	53.000
ESTIMATION TOTALE	330.000

On jugeait préférable d'adopter un phare en charpente de fer à claire-voie plutôt qu'une construction en maçonnerie par les motifs suivants : on n'avait

1. On sait que la formule donnant la distance d d'horizon d'un point situé à une hauteur h au-dessus du niveau de la mer est la suivante : $d^2 = \frac{2Rh}{0,84}$, formule dans laquelle R est le rayon de la terre (rayon moyen 6.367 mètres).

sur place ni bons matériaux ni bons ouvriers pour faire une maçonnerie soignée comme celle qu'exigeait un semblable édifice ; la construction d'un phare en fer serait plus rapide et l'on avait à Port-Saïd d'excellents ouvriers pour les travaux d'assemblage d'ouvrages en fer ; la pression sur le sol serait notablement moindre ; enfin la tour en maçonnerie coûterait environ, au moins, 280.000 francs, tandis que la tour en fer n'était estimée que 250.000 francs.

En produisant leur projet de phare pour Port-Saïd, les ingénieurs faisaient remarquer que le même type de phare pourrait être adopté pour chacun des quatre autres phares du projet d'ensemble d'éclairage de la côte d'Egypte, en sorte que la dépense totale d'exécution de ce projet, en calculant sur une dépense maximum de 350.000 francs par phare, ne dépasserait pas le chiffre de 1.750.000 francs.

PREMIÈRE DÉCISION DU GOUVERNEMENT ÉGYPTIEN

Il était du plus haut intérêt que la question de l'éclairage de la côte d'Égypte sur la Méditerranée fût résolue avant l'ouverture du canal à la navigation, et la Compagnie renouvela ses instances à ce sujet auprès du Gouvernement égyptien.

Dans les pourparlers qui furent alors engagés, la Compagnie dut faire remarquer que le phare de Port-Saïd faisant partie du système général d'éclairage de la côte, c'était au Gouvernement égyptien qu'incombait naturellement la charge des dépenses de construction de ce phare, la Compagnie n'ayant à pourvoir de son côté qu'à l'établissement de feux de port proprement dits. La Compagnie insistait d'ailleurs auprès du Gouvernement pour l'exécution immédiate du système complet d'éclairage Larousse, et elle offrait de se charger, au besoin de faire l'avance des dépenses en compte courant, d'exécuter même les travaux à forfait pour le compte du Gouvernement au prix maximum de 350.000 francs par phare.

A la suite de ces pourparlers, le Gouvernement égyptien voulut bien charger la Compagnie de préparer la solution de la question ; mais, en même temps, dans des vues d'économie, et sur la proposition même de la Compagnie, il décida alors que l'on ne construirait d'abord que les trois phares de la pointe de Burlos, de Damiette et de Port-Saïd.

PREMIER AVIS DE LA COMMISSION DES PHARES DE FRANCE (14 NOVEMBRE 1868)

Le Gouvernement ayant décidé la construction des trois phares de Burlos, Damiette et Port-Saïd, la Compagnie s'empressa de consulter la Commission des phares de France sur les caractères qu'il conviendrait de donner aux trois feux projetés. Communication fut d'ailleurs faite à la Commission du projet Larousse de 1861 pour l'éclairage complet de tout le littoral égyptien et d'un projet émanant d'une Commission de marins de divers pays pour les caractères à donner aux trois seuls feux alors en question.

Nous croyons devoir reproduire textuellement la délibération et l'avis de la Commission des phares :

La Commission,

Considérant que, si les trois phares actuellement proposés sont ceux qu'il est le plus urgent d'établir, il y a lieu d'espérer que S. A. le Vice-Roi, voudra, s'assurant un nouveau titre à la reconnaissance des navigateurs, compléter ultérieurement cet éclairage par l'adjonction des deux phares de la pointe de Rosette et de celle de Ras-el-Bouroun, et qu'il convient de déterminer les caractères des feux à allumer aujourd'hui de telle sorte que, tout en donnant pleine satisfaction aux besoins actuels, ils ne créent pas des difficultés pour l'avenir;

Considérant, en ce qui concerne le phare de Burlos, qu'il faut éviter autant que possible l'emploi des machines de rotation sur des points d'un accès difficile, où la surveillance ne saurait être très assidue et où les réparations en cas d'avaries ne pourraient être faites dans un court délai, et qu'il convient d'autant plus ici de se conformer à cette règle que la poussière siliceuse impalpable soulevée par quelques vents du sud paraît de nature à nuire à la conservation de mécanismes délicats ; qu'un phare à feu fixe est par conséquent préférable à un phare à éclipses; mais que, s'il était isolé, il pourrait être confondu avec celui d'Alexandrie, et que, si l'on prenait le parti de le colorer en rouge, sa portée serait réduite outre mesure, en même temps que ne serait pas évitée toute chance de confusion pendant les brumes; qu'un système plusieurs fois adopté, tant en France qu'en Angleterre, celui de deux feux, serait le plus favorable aux intérêts de la navigation qui y trouverait un caractère bien tranché ; qu'il n'est pas nécessaire que ces feux soient assez espacés pour apparaître distincts dans toutes les directions et jusqu'à la limite de leur portée, puisque les navigateurs qui suivent la côte auront, avant de les apercevoir, pris connaissance des feux voisins, et que les méprises ne sont à craindre que pour les bâtiments arrivant de la partie du nord; enfin que le phare à établir ultérieurement sur la pointe de Rosette, qui est en communication facile avec une ville où les ressources abondent, pourra sans inconvénient être à éclipses se succédant de 30 en 30 secondes, comme l'a proposé M. Larousse, avec éclats blancs ou éclats alternativement blancs et rouges ;

Considérant, en ce qui concerne le phare de Damiette, que ce point n'est pas très éloigné de Port-Saïd, et que le caractère assigné au feu tant par la Commission égyptienne que par M. Larousse paraît très convenable ;

Considérant que, si l'on établissait un phare à feu fixe à Port-Saïd, on serait obligé plus tard d'adopter un feu à éclipses pour la pointe de Ras-el-Bouroun où l'on se trouverait en présence des mêmes dangers qu'à Burlos ; que la position d'un port vers lequel se dirigera une navigation très active et de haute importance doit être signalée par un feu éclatant et bien caractérisé ; et, qu'eu égard aux ressources locales, rien ne paraît s'opposer à ce que ce phare soit éclairé à la lumière électrique qui exigera sans doute des dépenses d'entretien un peu plus élevées que l'autre, mais comportera une réduction à peu près équivalente dans les frais de premier établissement.

Émet l'avis qu'il y a lieu d'adopter les dispositions suivantes :

1° *Pointe de Burlos.* — Deux phares de premier ordre à feu fixe de 20 milles de portée, éloignés l'un de l'autre de 400 à 500 mètres sur une ligne parallèle au rivage ;

2° *Pointe de Damiette.* — Un phare de deuxième ordre à éclipses de minute en minute, de 20 milles de portée ;

3° *Port-Saïd.* — Un phare électrique à feu scintillant dont les éclipses se succéderont de 3 en 3 secondes, et dont la hauteur sera fixée de manière à lui assurer une portée de 20 milles.

DÉCISION DÉFINITIVE DU GOUVERNEMENT ÉGYPTIEN

(25 JANVIER 1869)

La Compagnie communiqua la délibération de la Commission des phares au Gouvernement égyptien en accompagnant sa communication des observations suivantes :

Tout d'abord, au sujet de l'avis de la Commission des phares sur le système de feux à adopter pour les trois phares projetés, la Compagnie croyait devoir soumettre à la sanction du Gouvernement une combinaison qui, tout en restant dans l'esprit général du système indiqué par la Commission, permettrait d'éviter la nécessité d'un double phare à Burlos ; cette combinaison consisterait à remplacer par un feu tournant le feu fixe actuel d'Alexandrie dont l'appareil servirait alors pour le phare de Burlos.

Au sujet de la construction même des phares, la Compagnie annonçait que, conformément aux instructions que lui avait fait connaître le Gouvernement, elle avait adopté un devis-programme de phares en fer, qu'elle avait fait un appel public aux constructeurs de France et d'Angleterre pour obtenir des soumissions, et que dix-huit projets accompagnés de soumissions lui avaient été adressés, parmi lesquels un projet de phare en maçonnerie d'aggloméré (système Coignet). Parmi les divers types de phares en fer, il y en avait un que la Compagnie croyait devoir recommander au choix du Gouvernement, consistant en une tour centrale en fer arcboutée extérieurement, reposant sur un massif général en béton et munie dans son soubassement de logements pour les gardiens. La Compagnie recommandait également pour le phare de Port-Saïd le projet en maçonnerie d'aggloméré. La dépense de chacun de ces deux types de construction, y compris l'appareil d'éclairage, serait de 250.000 francs. « La dépense totale des trois phares projetés ne serait donc que de 750.000 francs », alors que, d'après les estimations primitives, on la supposait devoir s'élever à environ un million. Dans ces conditions, la Compagnie sollicitait du Gouvernement de vouloir bien décider l'exécution immédiate du phare de la pointe de Rosette, la dépense totale devant rester dans la limite du chiffre précédemment prévu d'un million.

Les trois phares de Rosette, Burlos et Damiette seraient en fer ; le phare de Port-Saïd, en béton Coignet.

La Compagnie se chargerait, dans les limites des prix fixés, de traiter avec les constructeurs au nom et pour compte du Gouvernement, de surveiller l'exécution des travaux et de solder les dépenses.

Le Gouvernement donna son adhésion aux propositions de la Compagnie. Il décida implicitement, par là même, contrairement à l'avis de la Commission des phares, que le phare de Burlos serait un phare unique de premier ordre, à feu fixe, de 20 milles de portée, sauf modifications du caractère du feu d'Alexandrie.

Le Gouvernement décida, en même temps, que la construction des trois phares en fer de Rosette, Burlos et Damiette serait confiée à la Société nouvelle des Forges et Chantiers de la Méditerranée, et la construction du phare de Port-Saïd à la Société centrale des bétons agglomérés (système Coignet).

NOUVEL AVIS DE LA COMMISSION DES PHARES

(16 MARS 1869)

La Commission des phares, mise au courant par la Compagnie de la nouvelle situation créée par la décision du Gouvernement égyptien et consultée sur la modification à apporter au feu d'Alexandrie et sur le système à adopter pour le feu de la pointe de Rosette, émit l'avis suivant :

1° Substituer au feu fixe d'Alexandrie un feu de premier ou tout au moins de second ordre, blanc, à éclipses de 20 en 20 secondes ;

2° Établir sur la pointe de Rosette un phare de second ordre présentant des éclats alternativement rouges et blancs se succédant à des intervalles de 10 secondes [1].

Dispositions définitivement adoptées. Exécution des travaux

Tout se trouvant désormais arrêté et fixé pour la réalisation du système d'éclairage de la côte d'Égypte sur la Méditerranée, d'Alexandrie à Port-Saïd, la Compagnie, agissant par ordre, au nom et pour le compte du Gouvernement égyptien, procéda à la passation des marchés et en surveilla ensuite l'exécution.

---

1. Le feu du phare de Rosette a d'abord été établi conformément aux indications de la Commission des phares et l'allumage en a eu lieu dans la nuit du 1er au 2 mai 1870. Mais, avant la fin même du premier mois d'allumage, le Gouvernement signala à la Compagnie ce fait, que les feux rouges n'ayant pas la portée des feux blancs, il s'en suivait que le navigateur placé dans le rayon extrême de la lumière du phare de Rosette n'apercevait que les éclats blancs de 20 en 20 secondes et pouvait ainsi confondre ce feu avec celui d'Alexandrie qui était à éclats blancs, à intervalles de pareille durée. Le Gouvernement invitait en conséquence la Compagnie à faire changer la vitesse de rotation du feu de Rosette. Sur l'avis des constructeurs, — invités à leur tour par la Compagnie à faire ce changement, — il fut reconnu que le seul moyen à employer, et qui fut en effet employé, était de changer l'appareil même de rotation du feu, attendu que celui qui existait ne serait pas en état de donner

PHARE DE PORT-SAID

Le phare a été érigé sur la plage Ouest du port vis-à-vis du point hectométrique $3^h,04$ de la jetée Ouest, à une distance de 73 mètres (exactement $72^m,92$) de la crête du mur du quai François-Joseph, bordant le chenal d'accès du port[1].

MARCHÉ PASSÉ LE 19 FÉVRIER 1869 AVEC LA SOCIÉTÉ CENTRALE DES BÉTONS AGGLOMÉRÉS, *système Coignet*, POUR LA CONSTRUCTION DU PHARE ET DE SES ANNEXES.

Les conditions principales du marché étaient les suivantes :

ARTICLE PREMIER. — Le phare à construire comprenait la tour, le bâtiment des machines et le logement des gardiens.

ART. 3. — La tour, de forme octogonale, devait présenter les dimensions suivantes : hauteur 48 mètres, depuis le sol jusqu'à la plate-forme[2] ; diamètre intérieur, $4^m,30$; épaisseur des murs : à la basse,

---

un bon fonctionnement et même de résister longtemps avec une vitesse portée au double. Moyennant reprise par eux de l'ancien appareil, les constructeurs firent le changement pour un prix à forfait de 7.000 francs.

La réception définitive de la nouvelle machine de rotation fut prononcée le 26 septembre 1871.

1. D'après le procès-verbal de délimitation des terrains réservés à la Compagnie à Port-Saïd, la Compagnie, sur la zone de 150 mètres de largeur qui lui était réservée le long de la jetée, devait laisser libre un quai de 50 mètres de largeur. Sur la largeur restante de 100 mètres, on avait projeté de prendre pour le phare et ses dépendances un emplacement de 50 mètres de profondeur avec une façade de longueur égale.

En exécution, ces dispositions se sont trouvées modifiées comme il va être indiqué :

La tour du phare a bien été établie à la distance prévue de 73 mètres de l'arête du quai provisoire qui existait alors; mais, la largeur des terre-pleins des quais de Port-Saïd n'étant que de 30 mètres, on jugea inutile de donner une largeur plus grande à la voie longeant le chenal d'accès du port, et, en conséquence, le mur de clôture de l'enceinte du phare faisant face au quai fut, finalement, avancé de 20 mètres.

La position du phare par rapport au mur de quai (établi à 8 mètres en avant de l'axe de la jetée) est aujourd'hui la suivante :

Distance de l'axe de la tour du phare au mur de clôture faisant face au quai	$45^m,32$
Distance du mur de clôture à la crête du mur de quai	$27\ ,60$
— totale de la tour du phare à la crête du mur de quai	$72^m,92$

La largeur du terrain enclos de murs, face au quai, est d'ailleurs de $50^m,30$ sur une profondeur totale de $83^m,85$.

2. Dans cette hauteur de 48 mètres se trouvait compris le socle de la tour, de $1^m,80$ de hauteur.

1m,80, à la naissance de la voûte, au-dessous de la plate-forme, 0m,80[1]; épaisseur du massif de fondation, dans l'hypothèse d'un terrain de sable incompressible, au moins 1m,80 avec empatement à la base d'un diamètre d'environ 15 mètres[2].

L'escalier, de 1 mètre de largeur, serait en métal; les marches en tôle striée, les contre-marches et le limon en tôle; les marches ne seraient pas incrustées dans la maçonnerie, mais reposeraient sur une crémaillère métallique qui y serait scellée.

Au-dessus de la plate-forme seraient établis les murs nécessaires pour supporter la lanterne.

Les annexes, accolées à la base du phare, comprendraient : d'un côté, un bâtiment de 5 mètres de largeur sur 10 mètres de longueur pour les chaudières et les machines et pour le magasin au charbon[3]; de l'autre côté, un bâtiment symétrique à rez-de-chaussée et à un

---

1. Le diamètre de la tour, mesuré suivant les apothêmes de l'octogone, se trouvait être ainsi, à la base, au-dessus du socle, de 7m,90, et au sommet, de 5m,90. Les côtés de l'octogone étaient respectivement de 3m,29 et 2m,45.

2. En exécution, la largeur à la base du massif de fondation a été portée à 17 mètres et celle du socle de la tour à 11m,50 au lieu de 8m,70.

Le massif de fondation a été descendu jusqu'à la cote 18m,47. Le dessus de ce massif se trouve donc à la cote (18m,47 + 1,80) = 20,27, laquelle cote est en même temps celle du palier inférieur du petit perron d'accès à la porte d'entrée du phare. Le palier de la porte d'entrée est à 0m,90 plus haut, soit à la cote 21,17.

Il avait été décidé que le phare serait érigé sur le point le plus avancé de la plage au moment de la construction, et c'est ce qui a eu lieu : la laisse de la mer se trouvait lors vis-à-vis du point hectométrique 3H,60 de la jetée, c'est-à-dire à 60 mètres au-delà du point qui fut choisi pour l'érection du phare.

En ce dernier point, au début de la construction de la jetée, la profondeur d'eau au-dessous du niveau moyen de la mer était de 3m,70; le sol de la plage sous-marine s'y trouvait donc alors à la cote (18,30 — 3,70) = 14m,60. La fondation ayant été descendue jusqu'à la cote 18m,47, on voit qu'elle reposait, indépendamment de la profondeur plus ou moins grande du sous-sol primitif de sable, sur une épaisseur d'un sable également bien tassé par les eaux de (18m,47 — 14,60) = 3m,87.

Le terrain autour du phare est à la cote 20m,35, c'est-à-dire à 2m,05 au-dessus du niveau moyen de la mer.

Au moment de la construction du phare, le sol de la plage dans l'emplacement choisi pour l'érection de la tour était à la cote 19m,30. Dès le début des travaux, pour mettre les constructions à l'abri de l'atteinte des eaux de la mer dans les gros temps, on avait, tout autour, exhaussé le sol, au moyen de remblais de sable pris sur la plage même, jusqu'au niveau du dessus du massif de fondation de la tour, c'est-à-dire jusqu'à la cote 20,27.

Dans l'hiver 1869-1870, pendant une tempête, la mer s'est étendue sur la plage au-delà de l'emplacement du phare; mais elle en a simplement contourné la plate-forme et l'a environnée sans la couvrir. L'avancement rapide de la plage pendant les années suivantes a mis promptement le phare à l'abri de toute atteinte des eaux.

3. Extérieurement, 6 mètres de largeur sur 11 mètres de longueur.

étage contenant un magasin communiquant avec la tour, et trois pièces pour les gardiens.

Art. 4. — Les maçonneries de fondation seraient exécutées, partie avec un mélange composé de 4 volumes de sable et 1 volume de chaux hydraulique du Theil, partie avec un mélange composé de 5 volumes de sable, 1 volume de chaux du Theil et 1/4 de volume de ciment Portland. Au-dessus du sol, la maçonnerie serait exécutée avec un mélange composé de 4 volumes de sable, 1 volume de chaux du Theil, et 1/3 de volume de ciment.

Art. 7. — Le massif de fondation décrit ci-dessus devait comporter un cube de 300 mètres cubes. Si, par suite d'une autre nature de terrain, certains travaux de consolidation étaient reconnus nécessaires, ils seraient exécutés par les constructeurs et sous leur responsabilité exclusive, d'après des plans approuvés au préalable par les ingénieurs de la Compagnie. Les dépenses occasionnées par ces travaux spéciaux et le cube dont le chiffre excéderait les 300 mètres cubes prévus, leur seraient remboursées sur mémoire avec un quantum de 15 0/0 pour faux frais et bénéfices[1].

Art. 8. — Le phare devait être livré prêt à entrer en service dans un délai maximum de neuf mois et les annexes des machines dans un délai de sept mois.

Art. 10. — Les constructeurs seraient responsables de la bonne construction de l'édifice, conformément au code Napoléon.

Art. 12. — Le prix de l'édifice complet était fixé à 200.000 francs.

Art. 13. — Enfin, le délai de garantie était d'une année.

CONSTRUCTION DU PHARE ET RÉCEPTION DES TRAVAUX

La tour du phare, avec ses annexes, a été construite (sauf en ce qui est de l'augmentation du diamètre de l'empatement du massif de fondation mentionné à la note 3 de la page précédente) conformément à toutes les stipulations du marché.

Elle aurait dû, d'après l'article 8 du marché, être livrée prête à entrer en service le 19 novembre 1869, et elle n'a été effectivement terminée que le 20 mars 1870 (le déblai des fondations avait été commencé dans les premiers jours de juin 1869). La réception provisoire en a été faite par la Compagnie, de concert avec un délégué du Gouvernement égyptien, le 9 avril suivant; mais, dès le 14 novembre, à la veille de l'ouverture du canal à la navigation, la construction de la tour s'était trouvée suffisamment avancée, avec tous les aménagements nécessaires, pour permettre l'éclairage du phare qui, à partir de cette date avait continué de fonctionner sans interruption.

---

1. Cet article du marché n'a pas eu à être appliqué.

Une reconnaissance préalable à la réception provisoire avait été faite le 10 mars par les membres de la Commission de réception. Dans son rapport rendant compte des résultats de cette reconnaissance, la Commission signalait simplement la nécessité d'une série de menus travaux destinés à faciliter le service et à donner au phare son aspect définitif, travaux qui n'étaient pas prévus au marché et qui devraient faire l'objet d'une commande spéciale. Il en était de même du mur de clôture de l'enceinte du phare, que la Commission proposait de former d'un mur à hauteur d'appui surmonté d'une grille en fer.

Lors de la réception provisoire (9 avril 1870), une seule réserve avait été faite au sujet de la maçonnerie; elle concernait l'absence, dans l'intérieur de la tour, d'un ragréement jugé indispensable et qui a été exécuté par le constructeur avant la réception définitive.

Quelques mois plus tard, en août, la Compagnie constata que, depuis la réception provisoire, des fissures s'étaient manifestées dans la balustrade et dans la plate-forme de la chambre supérieure du phare. Sur la communication qu'elle fit à ce sujet au constructeur, celui-ci expliqua que les fissures signalées n'étaient que superficielles et étaient produites par les dilatations inégales du plancher de fer et du béton, pour le plancher de l'appareil électrique, et par des contractions dues au changement de température du jour et de la nuit pour le dallage de la plate-forme; que les mêmes causes agissaient sur la balustrade octogonale dont les angles se contractaient chacun dans son axe; que, du reste, des retraits se produisaient avec tous les matériaux; que ces petits accidents étaient insignifiants, se présentaient même dans des climats tempérés, ne devenaient jamais dangereux et étaient toujours faciles à réparer.

Un peu plus tard encore, des fissures se révélèrent au-dessus et au-dessous de toutes les fenêtres de la construction.

Le 11 mars 1871 remise fut faite par la Compagnie, du phare et de toutes ses dépendances au Gouvernement égyptien, qui, à partir de cette date, resta seul chargé d'en assurer le fonctionnement.

Enfin, le 9 avril suivant, à l'expiration du délai de garantie, la réception définitive a été prononcée par une Commission instituée à cet effet et composée des délégués du Gouvernement égyptien et de deux ingénieurs de la Compagnie. Dans son procès-verbal, la Commission constatait « que toutes les parties de la construction étaient dans le même état qu'au jour de la réception provisoire; qu'il ne s'était produit, depuis cette époque, ni tassement ni déformation pouvant faire croire à un vice de construction; enfin, que les quelques lézardes qui s'étaient manifestées en quelques points, n'étaient dues qu'à un retrait superficiel et s'étaient d'ailleurs arrêtées d'elles-mêmes ». La Commission concluait, en conséquence, qu'il y avait lieu, sous la réserve de l'article 10 du marché, de prononcer la réception définitive.

MODE D'EXÉCUTION DES TRAVAUX

RENSEIGNEMENTS SUR LA MANIÈRE DONT S'EST COMPORTÉE LA MAÇONNERIE EN BÉTON COIGNET

La construction d'une tour de phare en béton Coignet ayant été une innovation, nous croyons qu'il ne sera pas sans intérêt de compléter les renseignements ci-dessus sur le phare de Port-Saïd, en donnant ici quelques extraits d'un rapport produit par les ingénieurs de la Compagnie, dans le courant de l'année 1880, où ils donnaient quelques détails concernant les procédés d'exécution et faisaient connaître la manière dont s'était comportée la maçonnerie depuis la contruction.

Procédés d'exécution. — Le sable était pris sur la plage de l'Ouest à une profondeur de 50 à 60 centimètres au-dessous du niveau du sol afin de l'obtenir aussi pur que possible, sans mélange de vase, et il était ensuite tamisé pour le débarrasser des débris de coquilles qu'il pouvait contenir. Ce sable était très fin, et, nonobstant toutes les précautions prises, il n'était jamais d'une pureté parfaite. Le mélange des matières était effectué par un broyeur mécanique. Le béton obtenu était élevé jusqu'à la hauteur voulue par un monte-charge mû par une locomobile et il était versé entre deux cloisons en madriers maintenues à une distance invariable et permettant d'exécuter des assises de $0^m,90$ de hauteur sans déplacer les panneaux. Le pilonnage du béton avait lieu par couches de 20 à 25 centimètres d'épaisseur, et chaque matin, avant la reprise du travail, la surface supérieure de l'assise laissée inachevée la veille était piquée avec soin et arrosée à l'eau douce.

Les assises de la maçonnerie ont été reliées entre elles par 34 chaînages en fer plat de 8 millimètres d'épaisseur posés horizontalement et formant un système de 6 à 14 octogones concentriques suivant la hauteur à laquelle ils étaient placés ; en outre, un grand nombre d'équerres en fer plat ont été noyées dans la maçonnerie, avec un de leurs côtés vertical et l'autre horizontal et orienté dans une direction quelconque ; enfin, les impostes des fenêtres ont été renforcées par des cornières d'une longueur moyenne de $1^m,25$ disposées à 10 ou 15 centimètres au-dessus des ouvertures. Les dimensions des chaînages et notamment celles des cornières formant linteaux semblent avoir été trop faibles : toutes les baies de l'édifice sont fissurées à leur milieu.

Prix de revient comparé à celui d'un phare en maçonnerie. — Le phare de Port-Saïd avec ses bâtiments annexes a été payé au constructeur 200.000 francs.

Le cube total en maçonnerie a été le suivant :

	Mètres cubes
Massif de fondation	305
Socle	75
Tour octogonale	1.210
Bâtiments annexes	350
CUBE TOTAL	1.940

Pour un phare en maçonnerie ordinaire les éléments d'évaluation eussent été les suivants :

Le prix du mètre cube de maçonnerie de moellons durs et mortier de chaux hydraulique du Theil capable de supporter une charge permanente de 6 kilogrammes par centimètre carré était, au moment de la construction du phare, de 40 à 45 francs ; d'un autre côté, la plus-value accordée en France pour la construction de hautes cheminées d'usines est de 10 à 15 francs le mètre cube ; en comptant, au maximum, le double pour l'Égypte, le prix du mètre cube de la maçonnerie de la tour du phare eût été au plus de 75 francs. Mais, pour donner à l'édifice un aspect satisfaisant, il eût fallu construire les angles, cordons, corniches et encadrements en pierre de taille, et la pierre de taille dure et choisie (telle que celle de Cassis, près Marseille), valait 250 francs le mètre cube.

Dans ces conditions, le prix de revient de la construction eût été sensiblement le même que celui du phare en béton Coignet, mais il aurait fallu ne pas être trop limité par le temps afin de pouvoir approvisionner les moellons durs et la pierre de taille qui manquent sur place.

Manière dont la maçonnerie s'est comportée depuis la construction. — Au point de vue architectural, la construction a un ton uniforme moins satisfaisant qu'un édifice animé par les saillies et les couleurs de matériaux d'espèces différentes. De plus, les 8 arêtes de la tour octogonale ne sont pas restées vives.

La tour présente de nombreuses fissures verticales sur les 5 faces extérieures du parallélipipède octogonal comprises de l'est à l'ouest nord-ouest en passant par le sud. Les trois autres faces sont relativement intactes, n'accusant que des fissures peu étendues à la base du fût de la tour et dans la corniche du socle. Il était à remarquer que les faces fissurées étaient celles qui étaient les plus exposées aux rayons du soleil (pareille observation avait été faite sur les blocs en mortier de chaux du Theil des jetées de Port-Saïd ; les blocs maçonnés ne se fissuraient pas comme les précédents). Cela pouvait s'expliquer par ce fait, qu'à Port-Saïd, pendant l'été, l'écart de température entre le jour et la nuit, s'élève jusqu'à 40° ; que même pendant le jour, on observe des différences de température de 30° entre deux thermomètres placés, l'un à l'intérieur du phare, l'autre à l'extérieur, en plein soleil. Dans ces conditions, en effet, pendant le jour, l'extérieur de la maçonnerie du phare tend beaucoup plus à se dilater que l'intérieur, et le phénomène inverse se produit pendant la nuit, mais avec une moindre intensité ; et ces différences de dilatation entre les faces intérieure et extérieure tendent à produire des ruptures suivant des plans verticaux et rayonnants. A ces actions viennent naturellement s'ajouter l'effort du vent, les ébranlements de l'air lors des coups de canon tirés par les bâtiments de guerre, et peut-être aussi de légers tassements.

La tour du phare présente, en résumé, les fissures suivantes :

Chacune des quatre faces extérieures comprises entre les directions est et ouest en passant par le sud est partagée par quatre fissures verticales ayant leur origine dans le socle de la tour et s'étendant plus ou moins haut, toutes dépassant la première fenêtre, quelques-unes la seconde ; sur la face ouest une fissure s'étend de la base au sommet de la tour. Ces fissures se retrouvent à l'intérieur, mais elles y sont moins apparentes, et se perdent souvent, sauf la fissure de la face ouest qui, comme à l'extérieur, est plus accentuée entre la première et la seconde fenêtre en partant du bas.

Il était à noter que les fissures passaient toutes par les points d'attache des boulons de support des caissons ; ces boulons suivaient les rayons du cercle circonscrit à l'octogone et passaient au milieu de tuyaux en poterie, qui sont restés prisonniers dans la maçonnerie.

Le massif de soubassement présente, de son côté, une fissure passant par le centre du phare et le milieu de la porte de l'escalier d'entrée (face est).

Enfin, en outre de ces fissures générales, toutes les baies de l'édifice sont fissurées par leur milieu, en haut et en bas. Ces fissures des baies ont été observées dès la première année qui a suivi l'achèvement du phare ; elles ne paraissent pas s'être agrandies depuis lors. Il en est de même des fissures de la balustrade et de la plate-forme de la chambre supérieure du phare.

Toutes les fissures ci-dessus mentionnées ne paraissent guère avoir, au maximum, que de un quart de millimètre à un demi-millimètre de largeur.

En ce qui est des bâtiments annexes : la face nord-est de l'annexe nord est lézardée de haut en bas par deux fissures, ayant environ trois quarts de millimètre à un millimètre de largeur ; celle de l'annexe sud (bâtiment des machines) présente une seule fissure s'étendant du sol à la corniche et ayant à peu près trois quarts de millimètre de largeur. Ces fissures, qui, du reste, ont été fermées, ne peuvent surprendre si l'on considère que les bâtiments annexes sont fondés à un niveau plus élevé que la base du phare et que ces fondations reposent partie sur le soubassement de l'édifice et partie sur le sol environnant[1].

APPAREIL D'ÉCLAIRAGE

(MARCHÉ PASSÉ LE 5 MARS 1869 AVEC MM. SAUTTER ET Cie POUR LA FOURNITURE DE L'APPAREIL D'ÉCLAIRAGE DU PHARE DE PORT-SAÏD)

Contrairement à ce qui a eu lieu, — ainsi qu'on le verra plus loin, — pour les trois phares en fer de Rosette, Burlos et Damiette, la Compagnie a traité directement avec le constructeur chargé de la fourniture de l'appareil d'éclairage du phare de Port-Saïd.

Les principales conditions du marché passé le 5 mars 1869 avec MM. Sautter et Cie pour cette fourniture étaient les suivantes :

ART. 2. — Le feu serait scintillant à éclats de trois en trois secondes, et serait obtenu au moyen d'un appareil électrique ;

ART. 3. — La fourniture comprendrait : 2 machines magnétiques de six rouleaux chacune de la Compagnie « l'Alliance » ; 2 moteurs à vapeur de la force de 5 à 6 chevaux chacun ; une bâche en tôle de la capacité de 3 mètres cubes ; une transmission de mouvement pour les machines électriques ; un distributeur électrique ; 3 lampes électriques système Serrin ; un appareil lenticulaire composé d'une partie fixe éclairant 270°, et un tambour mobile de 18 lentilles pour produire les éclats ; une armature ou support et une machine de rotation ; une

---

1. Un nouvel examen très minutieux de l'état des maçonneries du phare fait en août 1900 par les ingénieurs de la Compagnie les a conduits aux conclusions suivantes :

De la comparaison des fissures nouvellement relevées avec celles qui avaient été relevées en 1880, il ressortait :

Que les fentes anciennement constatées étaient restées sensiblement les mêmes ou avaient pris peu d'extension (On estimait même que les fissures extérieures pour lesquelles étaient relevées des longueurs plus grandes avaient peut-être la même importance en 1880) ;

Que, seules, les fentes passant par les fenêtres de la façade principale du phare (exposition sud-est) et de la face opposée (exposition nord-ouest) paraissaient avoir augmenté ;

Qu'en résumé, peu de changements s'étaient produits depuis 1880 et que le phare pouvait être considéré comme présentant actuellement (1900) autant de sécurité et de stabilité qu'à cette époque.

lanterne vitrée de glaces[1]; un garde-corps à barreaux droits entourant la plate-forme de la lanterne vitrée; une coupole en tôle surmontée d'un paratonnerre; enfin, tous les outils et accessoires destinés au service.

Art. 8. — Les constructeurs devraient être mis en mesure par la Compagnie de commencer l'installation des machines deux mois au moins avant l'époque fixée pour l'allumage du phare.

Art. 9. — Les appareils devraient être prêts à entrer en service dans un délai d'un mois au plus tard après la livraison des maçonneries de la lanterne supérieure, laquelle aurait lieu vers le 1er octobre.

Une réception provisoire aurait lieu lors de la mise en service.

Art. 10. — Le délai de garantie serait de deux mois après la mise en service.

Art. 13. — Le prix de la fourniture était fixé à 65.000 francs.

Tout le matériel de l'appareil arriva à Port-Saïd à la fin de septembre; mais, par suite du non achèvement de la maçonnerie de la lanterne, les constructeurs ne purent procéder de suite à l'installation définitive de l'appareil. Sur la demande de la Compagnie, ils firent une installation provisoire qui leur permit d'allumer le feu dès le 14 novembre, c'est-à-dire trois jours avant l'ouverture du canal à la navigation, et à partir de cette date le phare ne cessa plus de fonctionner.

L'installation définitive ne fut pourtant terminée que le 25 janvier 1870, et c'était par conséquent à partir de cette date que devait courir le délai de garantie.

La réception provisoire fut constatée par un procès-verbal du 6 mars 1870, et la réception définitive prononcée le 6 avril suivant.

PHARES DE ROSETTE, BURLOS ET DAMIETTE

MARCHÉ PASSÉ LE 18 FÉVRIER 1869
AVEC LA SOCIÉTÉ NOUVELLE DES FORGES ET CHANTIERS DE LA MÉDITERRANÉE POUR LA FOURNITURE DES TROIS PHARES EN FER

Les conditions principales du marché passé avec les constructeurs étaient les suivantes :

Article premier. — Chaque phare comprendrait la tour, les logements des gardiens, l'appareil d'éclairage et ses accessoires.

Art. 2. — Les phares seraient construits aux emplacements fixés sur les lieux par les ingénieurs de la Compagnie.

Art. 3. — L'édifice du phare se composerait d'une tour centrale appuyée par trois arcs-boutants reliés avec elle, chacun, par trois entretoises, le tout en tôle de fer. La tour centrale serait surmontée

1. Postérieurement, la lanterne vitrée a été entourée d'un grillage métallique pour la préserver du choc des gros oiseaux.

d'une chambre circulaire supportant la lanterne de l'appareil d'éclairage ainsi que la galerie qui l'entoure. L'escalier serait renfermé dans la tour et assemblé avec elle de manière à contribuer à sa solidité.

La tour centrale et les arcs-boutants seraient reliés solidement aux fondations au moyen de sabots en fonte.

ART. 4. — Les dimensions principales étaient réglées comme suit :

Hauteur de la plate-forme au-dessus du sol.........	48m	»
Diamètre extérieur de la tour centrale.............	1	80
— — des arcs-boutants.... 0m,606 et	0	586
Distances d'axe en axe du pied des arcs-boutants à la tour centrale..............................	9	»
Pas de l'escalier..................................	2	811
Hauteur des marches............................	0	187

ART. 5. — Les échantillons des matériaux seraient, de leur côté, les suivants :

Tour centrale :	Première virole.................	tôle de	15	millimètres
	Les 14 viroles suivantes........	—	10	—
	Marches en tôle striée de l'escalier	—	8	—
	Contre-marches................	—	6	—
	Boulons de fondation.......	fer rond de	60	—
	Semelle en fonte......	épaisseur de 30 à	40	—
Arcs-boutants et entretoises...................		tôle de	10	—
Semelles en fonte des arcs-boutants.		épaisseur 30, 40 et	60	—

ART. 9. — Les fondations seraient exécutées au moyen de béton composé de 1 mètre cube de sable pour 333 kilogrammes de chaux du Theil en poudre sèche. Elles comporteraient un cube total de 228 mètres et étaient supposées devoir être exécutées sans épuisement.

Si, en cours d'exécution, ces dispositions étaient reconnues insuffisantes par suite de la nature du terrain, les travaux supplémentaires seraient remboursés à part aux constructeurs, sur mémoire, avec un quantum de 15 0/0 pour faux-frais et bénéfices[1].

ART. 10. — Les logements et magasins comprendraient savoir : une chambre de 5 mètres sur 5 mètres intérieurement; quatre pièces auxiliaires et chambres pour gardiens et une cuisine, de 4 mètres sur 5 mètres; un petit magasin de 4 mètres sur 5 mètres et un grand magasin de 13 mètres sur 5 mètres.

Ces logements seraient distribués en deux bâtiments laissant entre eux une cour fermée par un mur en maçonnerie.

ART. 11. — Les bâtiments seraient construits en briques cuites ou en pierre.

ART. 12. — Les caractères de l'appareil d'éclairage de chacun des trois phares seraient désignés par la Compagnie dans un délai de quinze jours.

1. Le second paragraphe de l'article 9 n'a pas eu à être appliqué.

ART. 13. — Les appareils d'éclairage proviendraient des ateliers d'un constructeur agréé par la Compagnie.

ART. 14. — Un devis des appareils et une nomenclature des accessoires et rechanges seraient fournis le plus tôt possible par les constructeurs et annexés au marché.

ART. 17 et 18. — Les phares devraient être livrés, prêts à entrer en service, dans un délai de neuf mois.

Il serait alors procédé à leur réception provisoire.

ART. 19 et 20. — Les constructeurs seraient responsables de la bonne construction et du bon fonctionnement du phare pendant une durée de 6 mois à partir de la livraison.

A l'expiration de ce délai la réception définitive serait prononcée, s'il y a lieu.

ART. 22. — Les prix de chacun des phares étaient ainsi fixés :

	Francs
Pour les phares à feu fixe	245.000
Pour les phares à feu tournant	255.000[1]

Les trois phares, qui auraient dû être livrés le 18 novembre 1869, n'ont été terminés, respectivement, qu'aux dates suivantes :

Phare de Damiette	le 4 mars 1870 ;
— de Burlos	le 26 avril — ;
— de Rosette	le 29 — — .

La réception provisoire en fut prononcée le 16 mai suivant. Le procès-verbal de réception constatait que les trois phares avaient été allumés dans la nuit du 1er au 2 dudit mois.

La réception définitive des deux phares de Rosette et de Damiette fut prononcée, à son tour, le 10 novembre 1870. Quelques travaux qui restaient à terminer au phare de Burlos en avaient fait ajourner provisoirement la réception définitive qui n'eut lieu que le 1er mars 1871.

Enfin, la remise des trois phares au Gouvernement égyptien fut constatée par des procès-verbaux en date du 14 mars 1871, lesquels

1. En conformité de l'article 12 du marché, la Compagnie, dès le 20 mars 1869, avait fait connaître aux constructeurs les caractères définitivement adoptés pour les feux de chacun des trois phares, et qui étaient les suivants:

A Rosette, un feu de second ordre à éclats alternativement rouges et blancs à des intervalles de 10 secondes (on a vu, par la note 1 de la page 278, que les intervalles ont été, un certain temps après l'allumage, réduits à 5 secondes);

A Burlos, un feu fixe de premier ordre;

A Damiette, un feu fixe de second ordre à éclipses de minute en minute.

Les deux phares à éclipses de Rosette et de Damiette n'étant que de second ordre, alors que le prix de 255.000 francs pour les « phares à feu tournant » impliquait des feux de premier ordre, il fut convenu d'un commun accord entre la Compagnie et les constructeurs que le prix ci-dessus serait réduit à 246.750 francs.

mentionnaient que le service de ces phares serait fait, à partir de ladite date et à l'avenir, par les soins du Gouvernement qui en libérait entièrement et absolument la Compagnie, celle-ci étant déchargée désormais de toute responsabilité envers le Gouvernement comme envers les tiers à raison de l'entretien et de l'éclairage des trois phares.

PHARE D'ALEXANDRIE

NOUVEAU FEU

MARCHÉ PASSÉ LE 25 MARS 1869 AVEC MM. SAUTTER ET Cie POUR L'INSTALLATION D'UN FEU A ÉCLIPSES SUR LE PHARE D'ALEXANDRIE

Les principales conditions du marché étaient les suivantes :

Article premier. — Les constructeurs s'engageaient à démonter le feu existant et à fournir et monter à la place un appareil à éclipses.

Art. 2. — Le nouveau feu serait blanc, de premier ordre, à éclipses de vingt en vingt secondes.

Art. 6. — Les constructeurs devraient utiliser, si cela était possible, la murette et la lanterne du feu existant.

Art. 8. — L'appareil devrait être livré, prêt à entrer en service, dans un délai de six mois.

Art. 9. — Le temps qui s'écoulerait entre l'extinction de l'ancien feu et l'allumage du nouveau serait d'un mois dans le cas où la lanterne existante devrait être remplacée et modifiée ; de quinze jours, si la lanterne pouvait être utilisée sans modifications.

Art. 11. — Pendant tout le temps qui s'écoulerait depuis l'extinction de l'ancien feu jusqu'à l'allumage du nouveau, les constructeurs installeraient sur la galerie extérieure du phare un abri provisoire dans lequel serait allumée et entretenue une des lampes du nouveau feu[1].

Art. 12. — Lors de la livraison de l'appareil il serait fait une réception provisoire.

---

1. Le Gouvernement aurait eu à prévenir les navigateurs, suffisamment à l'avance, par des avis publics, de la date de l'extinction de l'ancien feu et de son remplacement par un feu de moindre intensité. Or, malgré les avis publics, bien des navires auraient ignoré la réduction de portée et auraient pu courir des dangers.

Sur l'avis de la Commission des phares et d'accord avec la Compagnie, les constructeurs entourèrent la lampe provisoire d'un tambour lenticulaire de 3e ordre qui lui donna à peu près l'éclat et la portée de l'ancien feu.

Par ce moyen, l'extinction de l'ancien feu et son remplacement par un feu provisoire purent avoir lieu sans que les navigateurs s'en aperçussent. On n'avait donc pas eu à les prévenir ni à fixer d'avance une date précise pour cette extinction.

L'obligation du Gouvernement égyptien s'est trouvée ainsi bornée à prévenir suffisamment d'avance la marine du remplacement de l'ancien feu fixe par un feu à éclipses de 20 en 20 secondes et de la date de ce remplacement.

Art. 13 et 14. — Le délai de garantie serait de trois mois à partir de la livraison de l'appareil. A l'expiration de ce délai, la réception définitive serait prononcée s'il y a lieu.

Art. 17. — Le prix de la fourniture était ainsi fixé :

65.000 francs, si la murette et la lanterne n'étaient pas utilisées, ce prix ne comprenant pas les dépenses d'appropriation de la tour au nouvel appareil, lesquelles seraient remboursées aux constructeurs avec un quantum de 10 0/0[1] ;

40.000 francs, si la lanterne actuelle pouvait être utilisée, même réserve étant faite quant aux travaux en régie ;

60.000 francs, s'il y avait lieu de changer la lanterne, mais si la murette pouvait être utilisée.

Quant aux travaux d'installation provisoire et d'entretien d'une lampe mentionnée à l'article 11, ils seraient payés aux constructeurs avec quantum de 10 0/0.

Dès le commencement de mai 1869, les constructeurs firent remarquer que la lanterne existante était tout à fait insuffisante pour recevoir le nouvel appareil ; qu'en outre, la voûte en briques qui supportait l'ancien appareil ne serait pas assez solide pour supporter le nouveau, beaucoup plus lourd. Ils jugeaient donc nécessaire, d'une part, de fournir une nouvelle lanterne avec sa murette; d'autre part, de remplacer la voûte par un plancher en fer. Ils signalaient, en outre, la nécessité d'un escalier en fer ou en fonte pour monter dans la lanterne et d'une balustrade pour l'extérieur de la tour qui en était dépourvu.

La Compagnie ne put que reconnaître la nécessité du remplacement de la lanterne et de sa murette. Elle arrêta, d'ailleurs, d'accord avec les constructeurs, un prix de 3.200 francs pour le plancher en fer et la balustrade.

Vers le milieu d'août, il avait été convenu entre la Compagnie et les constructeurs que l'extinction de l'ancien feu et son remplacement par le feu provisoire auraient lieu le 1er octobre, et c'est ce qui eut lieu, en effet. Le feu définitif aurait dû, dès lors, d'après le marché, être allumé le 1er novembre. En réalité, il ne fut prêt que le 15 et ne fut effectivement allumé que le 29 dudit mois. Mais le feu provisoire n'avait pas cessé, jusque-là, de fonctionner d'une manière satisfaisante.

La réception provisoire du nouvel appareil fut prononcée le 31 décembre 1869, et la réception définitive le 16 avril 1870.

---

1. La murette ni la lanterne n'ayant pu être utilisées, c'est le prix de 65.000 francs qui a été appliqué. Quant aux dépenses avec quantum de 10 0/0 mentionnées à l'article 17, elles ont fait, lors du règlement de compte, l'objet d'un mémoire montant à 5.798 francs.

RESTAURATION DE LA TOUR DU PHARE

Les ingénieurs de la Compagnie avaient reconnu (septembre 1869) que l'on pourrait redonner à la tour du phare — sur la solidité de laquelle des doutes avaient été exprimés — toute la solidité désirable au moyen d'injections et d'un double enduit à l'intérieur et à l'extérieur en ciment de Portland. Ils avaient reconnu en même temps la nécessité de remplacer l'escalier en pierre existant, qui tombait en ruine, par un escalier en fer.

Le Gouvernement égyptien, saisi d'un projet dans ce sens, ayant autorisé la Compagnie (novembre 1869) à faire exécuter pour son compte les travaux de réparations nécessaires au phare et à ses annexes, estimés à 25.000 francs, un marché pour cette exécution fut passé avec un entrepreneur de travaux publics d'Alexandrie.

La réception provisoire des travaux eut lieu le 6 juillet 1870 et la réception définitive le 6 octobre suivant.

Le tableau ci-après, dressé d'après les renseignements recueillis au Ministère de la Marine de France, fait connaître les caractères des cinq feux d'atterrage établis sur la côte d'Égypte entre Alexandrie et Port-Saïd.

CARACTÈRES DES CINQ FEUX D'ATTERRAGE DE LA COTE MÉDITERRANÉENNE D'ÉGYPTE ENTRE ALEXANDRIE ET PORT-SAÏD

NOMS DES FEUX	POSITION GÉOGRAPHIQUE		HAUTEUR DU FEU au-dessus de la mer	PORTÉE par temps clair	CARACTÈRES DES FEUX OBSERVATIONS
	LATITUDE NORD	LONGITUDE EST	Mètres	Milles	
Alexandrie ..... (Pointe Eunostos)	31° 11' 43"	27° 31' 25"	55 »	20	Feu dioptrique de premier ordre, blanc, à un éclat blanc chaque 20". Etabli dans une lanterne blanche supportée par une tour grise, dans le fort de Ras-el-Tin.
Rosette.........	31° 29' 30"	27° 58' 50"	54,10	20	Feu dioptrique de deuxième ordre, à un éclat chaque 5", alternativement blanc et rouge, révolution totale en 10". Etabli dans une lanterne noire portée par trois colonnes blanches, à l'embouchure de Rosette.
Burlos..........	31° 35' 48"	28° 43' 10"	54,30	20	Feu dioptrique de premier ordre, fixe blanc. Etabli dans une lanterne rouge supportée par trois colonnes, rouge, blanche, noire, à l'Est de la pointe de Burlos.
Damiette.......	31° 31' 30"	29° 30' 0"	54,30	20	Feu dioptrique de deuxième ordre, à un éclat chaque minute. Etabli dans une lanterne blanche sur colonnes à bandes noires et blanches, à l'embouchure de Damiette.
Port-Saïd [1]...... (Grand phare)	31° 15' 48"	29° 58' 40"	53 »	25	Electrique, un éclat blanc toutes les trois secondes. Etabli sur une tour octogonale blanche en dedans de l'origine de la jetée. Fait parer le Banc des Porteurs.

1. Un avis, publié par le *Journal Officiel égyptien*, le 14 juillet 1902, a informé le public qu'une nouvelle lanterne avait été installée au sommet de la tour du phare de Port-Saïd et a donné sur le nouveau feu, qu'il annonçait devoir être visible d'une façon permanente à partir du 1er septembre, les renseignements suivants :

Le feu est placé à une hauteur de 184 pieds (56m,08) (*) ;

Il est dioptrique de première classe et électrique ;

Il est tournant et opère sa révolution chaque 10 secondes ;

Son arc de visibilité est Sud 70° Est à Nord 55° Ouest par le Sud ; soit, relèvements exacts du côté de la mer : 202°.

(*) D'après les renseignements donnés par l'ingénieur en chef du canal, l'axe de la nouvelle lanterne a été placé à 2m,83 au-dessus de l'axe de l'ancienne lanterne et la hauteur du nouveau feu au-dessus du niveau moyen de la Méditerranée (cote 18m,30) est de 56m,49.

FIN DU TOME VI-2

TABLE DES MATIÈRES

EXÉCUTION DES TRAVAUX (*Suite*)

ANNEXES

Tours, imp. Deslis Frères, 6, rue Gambetta.

ERRATA

PAGES	ENDROITS DES ERRATA	AU LIEU DE	LIRE
		ERRATA SUPPLÉMENTAIRE DU TOME VI-1	
88	7e ligne à partir du bas de la page........	3 dragues Burnichon..........................	3 dragues Combe.
		ERRATA DU TOME VI-2	
72	3e ligne du 3e alinéa....................	aux cours des travaux........................	au cours —
152	7e ligne du 4e alinéa....................	employés toutes les traverses....................	employer —
154	2e ligne à partir du haut de la page......	on prit le parmi	— le parti
186	2e ligne du 5e alinéa................	319.567.163,37..............................	319.567.167,37

Tours, imprimerie DESLIS FRÈRES, 6, rue Gambetta.

www.ingramcontent.com/pod-product-compliance
Ingram Content Group UK Ltd.
Pitfield, Milton Keynes, MK11 3LW, UK
UKHW012016240726
13965UKWH00002B/392